Hans Jendritzki
Reparatur antiker Penderluhren

Anmerkungen des Verlages

Der Autor Hans Jendritzki ist sicherlich einer der bekanntesten Autoren im Bereich der Uhrenreparatur.

Für diesen Reprint haben wir die 4. Auflage des Buches „Reparatur antiker Pendeluhren" (erschienen 1991 bei Edition Scriptar) ausgewählt. Starke Unterschiede zwischen den Auflagen konnten wir nicht entdecken, so haben wir uns für die letzte Ausgabe entschieden. Leider sind in allen Ausgaben die Fotos von minderer Qualität. Teilweise konnten wir sie durch Material aus dem Archiv Jendritzkis ersetzen. So erscheinen auf manchen Seiten Fotos sehr unterschiedlicher Qualität.

Am Ende des Buches finden Sie einen Artikel von Manfred Lux „Die vier Leben des Hans Jendritzki, 1907–1996" aus der Zeitschrift „Klassik-Uhren". Herzlichen Dank dafür an Herrn Lux und Herrn Pfeiffer-Belli. Gedacht sei auch an Frau Jendritzki, die uns alle Rechte an den Jendritzki-Werken überließ.

Haftungsausschluss

Die in diesem Buch enthaltenen Informationen wurden von dem Autor damals nach bestem Wissen erstellt. Allerdings haben sich im Laufe der Zeit Arbeitsverfahren, physikalische Einheiten und Begriffe geändert. Das Buch gibt den Verfahrens- und Technologiestand um 1980 wieder. Weiterhin wurden die vorgestellten Kaliber in der Produktion weiterentwickelt und modifiziert.

Die Beteiligten an diesem Buch übernehmen keinerlei Verantwortung bzw. Haftung für mögliche Schäden. Dies gilt auch für durchgeführte Arbeiten gemäß den hier vorgestellten Beschreibungen und Darstellungen – diese sind immer nur als Anregung zu verstehen.

© Historische Uhrenbücher
Verlag: Florian Stern, Berlin 2012
www.uhrenliteratur.de
service@uhrenliteratur.de
Alle Rechte vorbehalten
Digitalisierung: Stern, Berlin
Druck: SDL, Berlin

ISBN 978-3-9810461-7-5

H. JENDRITZKI

Reparatur antiker Pendeluhren

Reprint aus 1984

Historische Uhrenbücher
Berlin 2012

INHALTSVERZEICHNIS

Einleitung

I. Das Räderwerk ... 7
Aufbau der Pendeluhren (Schema) ... 7
Zapfen ... 7
Zapfen polieren ... 8
Zapfenpolierfeilen ... 8
Zapfen ersetzen ... 9
Zapfenlager ... 11
Triebe ... 13
Rad-Eingriffe ... 16
Räder schneiden ... 18
Berechnung von Zahnrad-Eingriffen ... 19
Federhaus und Zugfeder ... 24
Schnecke ... 27
Gewichts-Antriebe ... 28

II. Hemmungen und Pendel ... 32
Spindelhemmung ... 32
Haken-Hemmung ... 34
Anfertigung eines Hakenankers ... 34
Graham-Hemmung ... 37
Anfertigung eines Graham-Ankers ... 40
Aussergewöhnliche Hemmungen ... 42
Schwerkraft-Hemmungen ... 43
Mysteriöse Uhren ... 45
Pendel-Aufhängungen ... 46
Kompensationspendel ... 49
Regulieren einer Pendeluhr ... 51
Pendel-Tabelle ... 52
Pendel-Berechnung ... 54
Comtoiser Pendeluhr ... 56

III. Zeit-Anzeige ... 57
Zeiger ... 59
Zeigerwerke ... 59
Kalender-Angaben ... 60
100jähriger Kalender ... 62
Mondphasen ... 62
Zeitgleichungs-Anzeige ... 63
Sternzeit ... 65
Zifferblatt-Teilung ... 66
13- und 25-teilige Zifferblätter ... 66
Digitale Stunden-Anzeige ... 66

IV. Die Schlagwerke ... 69
Bezeichnungen und Funktion ... 69
Schlossscheiben-Schlagwerk, Schema ... 69
Rechenschlagwerk, Schema ... 70
Schlagwerk-Auslösung, Übersicht ... 71
Hammer-Betätigung und Umschaltung, Übersicht ... 74
Nacht-Abstellung für Schlagwerke ... 78
Windfänge, Übersicht ... 79

Klangkörper, Übersicht	80
Entwicklung der Schlossscheibe	83
Schlossscheiben-Schlagwerk bei der Reparatur	86
Anfertigung einer Schlossscheibe	87
Wenn eine Uhr falsch schlägt	88
Schwarzwälder Uhren, Kuckuck und Wachtel	88
Schlossscheiben-Schlagwerke mit Repetition	90
Der ‹Surrer›	91
Wiener Rechenschlagwerk	91
Rechen-Transport, Übersicht	92
Besondere Rechenschlagwerk-Konstruktionen	94
Comtoise-Uhren	95
Schlagwerk ohne Rechen oder Schlossscheibe	96
Stundenstaffel	96
Dreiviertel-Schlagwerke	97
Konstruktion von Stundenstaffel und Rechen	99
Schlagwerk-Melodien	101
Westminsterwerke mit selbsttätiger Regelung	104
Stilarten von Pendulen	106
Grande sonnerie	107
Pendulen mit 4/4 Schlagwerk	107
Zug-Repetition, Beschreibung von Berthoud	108
Neuenburger Pendule mit Viertel-Rechenschlagwerk und Zug-Repetition	111
‹Alles oder nichts›	112
Grande et Petite sonnerie von P. Jaquet-Droz	112
Zwei Neuenburger Pendulenwerke	113
Automatische Umschaltung der Grande sonnerie	116

V. Reinigen - Zusammensetzen - Ölen und Ingangsetzen ... 117

Reinigen	117
Zusammensetzen	117
Ölen	118
Aufstellen der Uhren	118

Anhang:

Rezepte zur Pflege von Gehäuse und Zifferblatt ... 119

Werkzeug ... 124

Sach-Register ... 139

Einleitung

Die Arbeit an alten Uhren erfordert oft mehr Neuarbeit als die Pflege der modernen Uhren, für die alle Ersatzteile schnell und billig erhältlich sind. Bei der Instandsetzung antiker Uhren sind die alten Techniken der Uhrmacherkunst wieder nötig. Mehr noch, mit Geschick und Stilgefühl soll der alte Zeitmesser wieder das werden, was er früher war. Auch wenn es natürlich nicht möglich ist, daraus eine Uhr mit den Gangleistungen einer modernen Uhr zu machen.

In welchem Zustand kommen solche Uhren zum Uhrmacher! Nicht nur, dass sie meist sehr verschmutzt und verrostet sind. Und nicht nur, dass vielleicht einige Teile verloren gegangen sind. Oft haben auch rohe Hände versucht, die Uhr auf jede erdenkliche Art zu ‹reparieren› und haben ihre Murks-Spuren für immer hinterlassen.

Der Uhrmacher kommt allerdings auch in Situationen, wo er entscheiden muss, ob die vorzunehmende Arbeit nicht etwa den Altertumswert der Uhr herabsetzt; oder ob er – dem Wunsche des Auftraggebers entsprechend – die Uhr auf jeden Fall in Gang bringen soll. Der berühmte Uhrensammler Ernst v. Bassermann-Jordan schrieb: ‹Werden aber in einer alten Uhr originale Teile erneuert, so ist das eben ein Verlust an Altertumswert der Uhr und nahezu eine Fälschung!›

Professor Dr. v. Bertele sagt hierzu: ‹In der Mehrzahl der Fälle hat aber der Gebrauch Abnutzungen, Beschädigungen beim regelmässigen Reinhalten und Störungen bei den unvermeidlichen Reparaturen mit sich gebracht. – Vergessen wir nicht, dass besonders bei solchen Uhren, die aus den Werkstätten guter Meister kommen, immer in irgendeiner Hinsicht spezielle Intentionen des Meisters verborgen sind; bei Reparaturen solle man diesen Absichten nachspüren und den ursprünglichen Stand durch Behebung der Abnutzung wiederherstellen. – So halten wir es auch für heute noch richtig, im Sinne der alten Meister Instandsetzungen durchzuführen. – Eine scharfe Trennung muss aber zwischen diesen pfleglichen Ergänzungen zur Instandhaltung und Bewahrung der originalen Meisterleistungen und dem grossen Gebiet der Fälschungen eingehalten werden. Als Fälschung möchten wir alles bezeichnen, was zur beabsichtigten Steigerung des historischen oder des Kunstmarktwertes durch Vortäuschen ursprünglich nicht vorhandener Qualitäten geschehen ist.›

Beim Ersatz fehlender Teile ist es manchmal zeitsparend, aus dünnem Messingblech *provisorisch* die unbekannte Konstruktion zu ergänzen und ‹nachzuerfinden›. Erst wenn das Teil funktioniert, führt man es im erforderlichen Material aus. Für eine fachgerechte Wiederherstellung einer antiken Uhr müssen wir aber Fachliteratur, alte Vorbilder oder Fotos aus Museen zu Hilfe ziehen.

Wenn eine derartige Arbeit übernommen wird, sollte ein angemessener Preis nach der Vorbesichtigung – aber vor Inangriffnahme! – vereinbart werden, um Enttäuschungen auf beiden Seiten vorzubeugen. Unvorhergesehene Erhöhung des Preises muss schnellstens berichtigt werden.

Der Uhrmacher sollte in diesen Fällen ganz besonders kaufmännisch kalkulieren und wie andere Handwerker auch seinen Preis verlangen. Bei Neuanfertigungen sind oft Berechnungen und Konstruktions-Zeichnungen anzufertigen, die Zeit beanspruchen und oft vergessen werden. Ferner sind die Kosten für eine etwaige Montage im Hause des Kunden oder auch nur das Aufstellen zu berechnen, einschliesslich der Wegekosten – Kalkulationsposten, ohne die Rechnungen anderer Handwerker völlig undenkbar sind!

Ein klares Bild über den Zustand der Uhr wird sich oft erst nach einem ersten Reinigungsbad ergeben, wozu die Uhr noch nicht zerlegt wird. Es wird empfohlen, die Uhrwerke zu zerlegen, nachdem sie das erste Reinigungsbad durchlaufen haben. Viele Mängel können nur in zerlegtem Zustand erkannt werden. Man hüte sich davor, ein unbekanntes Werk – auch wenn es zunächst einfach erscheint – zu zerlegen, ohne davon zuvor mindestens eine Skizze, besser aber bei komplizierten Mechaniken ein Foto anzufertigen. Da sich die Reparatur dieser Uhren erfahrungsgemäss oft über einen längeren Zeitraum erstreckt, ergeben sich später oft genug Schwierigkeiten beim Zusammenbau. Ausserdem sind solche Fotos an sich interessant und früher oder später auch in der Werbung erfolgreich verwendbar.

Da in den alten Uhren jedes Teil individuell angefertigt ist, sind die Keile und Schrauben nicht austauschbar – sie passen nur dort, wo sie eingepasst wurden. Insbesondere die Pfeiler müssen dort wieder eingebaut werden, wo sie gefunden wurden. Man beachte auch, ob Merkzeichen vorhanden sind; sonst sind eigene Zeichen oder sonstige Hilfen vorbeugend anzubringen. Es stellen sich leicht Fehler oder Klemmungen ein, die nur mit unnötigem Zeitaufwand wieder zu beseitigen sind.

I Das Räderwerk

Aufbau der Pendeluhren (Schema)

Gehwerke mit Gewicht- und Federantrieb:
- A   Anker
- B   Ankerrad (Hemmungsrad)
- C   Kleinbodenrad
- D   Minutenrad
- E   Walzenrad
- H   Zeigerwerk (Minutenrohr + Stundenrad)
- I   Wechselrad
- K   Beisatzrad
- L   Federhaus
- M   Federkern
- N   Zugfeder
- O   bewegliche Rolle
- P   Gewicht
- Q   Pendel

Zapfen

Die richtige Funktion aller beweglichen Teile einer Uhr hängt weitgehend davon ab, dass die Antriebskraft mit möglichst geringem Verlust an die Hemmung übertragen wird. Nicht nur der richtige Abstand der miteinander wirkenden Teile ist wichtig, sondern auch die Drehung der Achsen in ihren Lagern. Dazu gehört, dass die Zapfen glatt poliert und die Lager nicht ausgelaufen sind.

1) In den alten Uhren finden wir ausschliesslich **Stirnzapfen**. Das Nachpolieren erfolgt wie üblich in der Polierbrosche der Drehbank oder mit den modernen Polier-Apparaten, die durch die rotierenden Hartmetallscheiben bessere Polituren erzielen als die Druckpolitur mit der traditionellen Polierfeile.

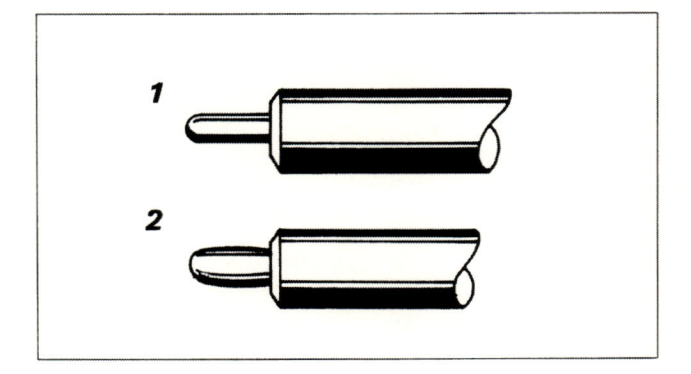

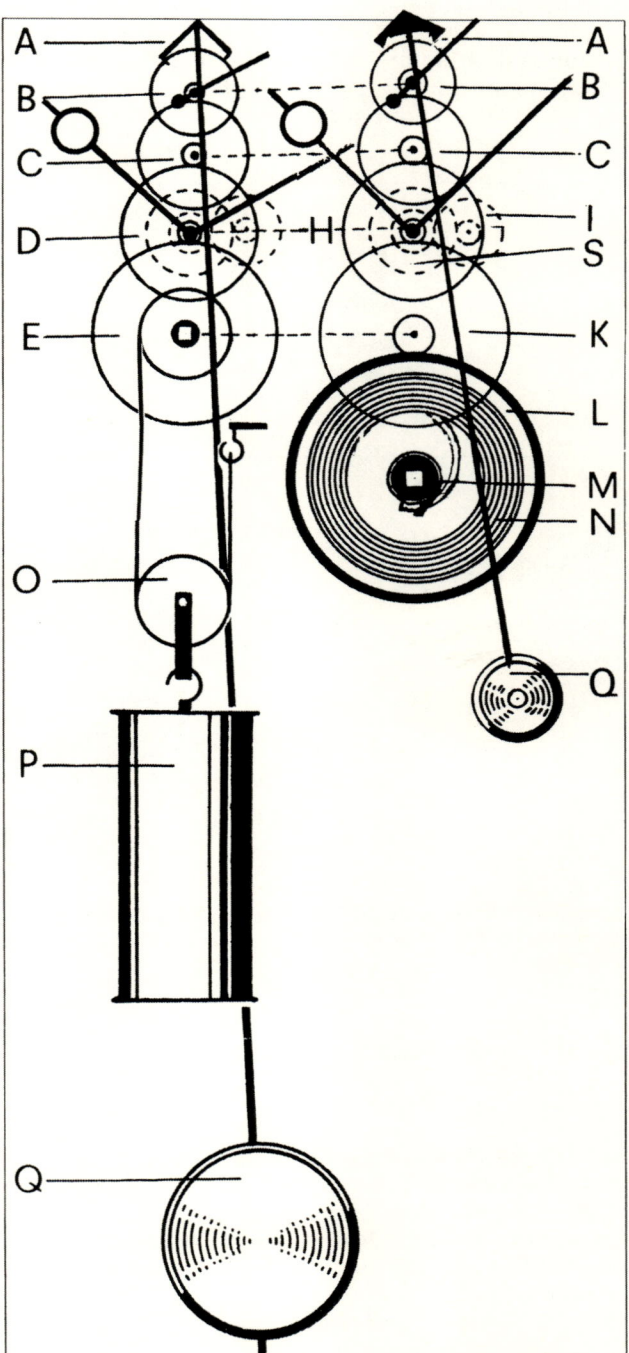

2) **Schwarzwälder Uhren** mit Holzgestellen weisen **Tonnenzapfen** auf, damit es keine Klemmungen gibt, wenn durch Verziehen des Holzes die Achsen sich schief stellen, zudem läuft das Öl dank der Kapilarwirkung nicht weg.

Zapfen polieren

Das Polieren der Tonnenzapfen lässt sich nur auf die primitive Art mit einer Polierfeile auf dem Feilholz ausführen.

3) **Für zylindrische Zapfen** ist eine entsprechende Unterstützung durch eine Universalbrosche mit den Lagern für die Zapfen nötig.

3

Boley

Scheibe mit 18 Zapfenlagern von 35 bis 140/100 mm, wird in die Universal-Brosche zum Polieren von Zapfen grosser Uhren gespannt.

Zapfenpolierfeilen

3a) **Die Zapfenpolierfeile** ist eine harte Feile ohne Hieb – die glatte Fläche wird auf einem Schleifstein (Schellack, Silit oder ähnliche) in nur einer Richtung mit feinem Hieb versehen; dieser reicht mit Öl aus, um die Oberfläche der Zapfen zu glätten und ausserdem zu ‹härten›.
Ein nicht mehr ‹griffiger› Schellackstein wird mit Bimsstein und Wasser abgeschliffen.

Der Schellack-Abziehstein muss jedoch gut flach sein; er wird von Zeit zu Zeit flach gemacht werden müssen, was auf einer Glasplatte mit Schmirgelpulver geschieht. Hartmetallpolierfeilen gibt es jetzt auch für grosse Zapfen. Diese Feilen arbeiten schneller als die bekannten Polierfeilen und müssen lange Zeit nicht nachgeschliffen werden.

Um den Ansatz der Zapfen nicht zu verkratzen, muss darauf geachtet werden, dass die Seitenkanten der Zapfenfeilen etwas gewölbt sind! Ebenso darf die Welle nicht klemmend in die Drehbank eingesetzt werden!

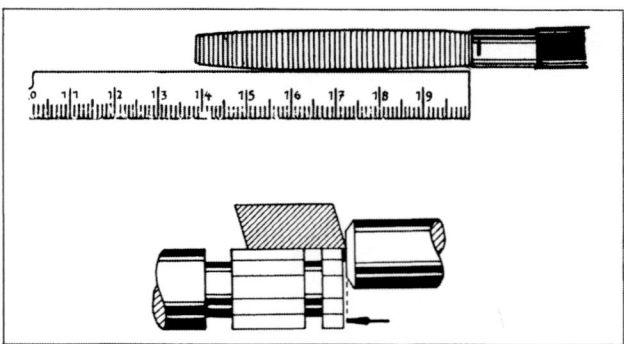

Ansatz darf nicht klemmen.

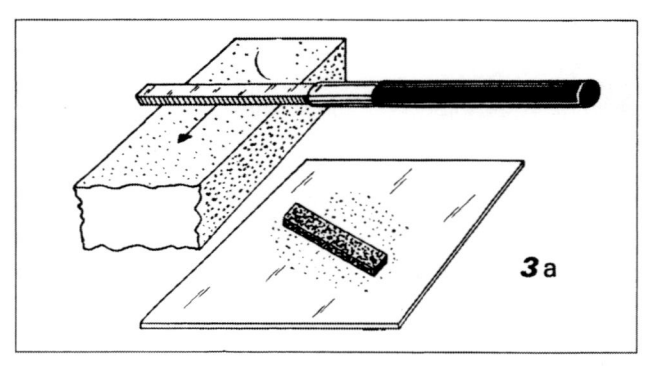

3a

Abziehen der Polierfeile auf dem Schellackstein und Abrichten des Steines auf der Glasplatte mit Schmirgelpulver.

3b) **Polieren freistehender Zapfen:** Grössere Zapfendurchmesser lassen sich freistehend mit einer Eisenfeile ohne Hieb und einem Poliermittel (Diamantine, Polierrot – beide mit etwas Öl angerührt) oder mit einem Putzmittel wie Wenol etc. polieren, wenn sie durch die Zentrierscheibe hindurchragen, während die Ansatzschräge in einer der konischen Senkungen geführt wird.
Auf langen Zapfen hat eine schmale Feile genügend Führung, um den Zapfen flach zu polieren. Falls der Zapfen stärker eingelaufen ist, muss eventuell mit einer Eisenfeile und Ölsteinpulver vorgeschliffen werden;

gründliche Reinigung danach ist Vorbedingung für die nachfolgende Politur.

Diese Schleif- und Polierfeilen haben keinen spanabhebenden Hieb, sondern nur einen **Feil-Querstrich**, damit sich die Schleif- oder Poliermasse darin halten kann, um zu wirken. **Als Schleiffeile** dient ein Eisen- oder Stahlband von etwa 2-3 mm Dicke, das nach vorn verjüngt zugefeilt ist. Zum Schleifen wird (Arkansas)-Ölsteinpulver verwendet, das mit etwas Öl angerührt ist und auf die Feile aufgestrichen wird. Falls Ansätze zu bearbeiten sind, muss darauf geachtet werden, dass – wie bei den Zapfenfeilen – die Seite etwas gewölbt und angeschrägt ist.

Zum Polieren lässt sich zwar auch die gesäuberte und frisch gefeilte Eisenfeile verwenden, doch ist damit keine Hochglanz-Politur zu erzielen. Hierzu wird meist eine Feile aus Spezialmaterial benutzt, entweder eine Kompositionsfeile – eine Bronzelegierung – oder eine **Zinnfeile** (kein Lötzinn, sondern möglichst reines Zinn), die zwar sehr weich ist, mit der aber die beste Politur erreicht werden kann. – Während früher **Polier-Rot mit Öl** (eignet sich besonders für Messing und Bronze) angerührt oder **Diamantine-Pulver, das mit (Oliven- !) Öl geknetet** werden musste, verwendet wurde, ist es heute mit fertigen Polierpasten sehr viel bequemer. Sowohl **Messingpolierpasten wie Wenol oder Silberpolierpaste** eignen sich sehr gut; auch sie werden dünn auf die Feile aufgetragen und mit kreisenden Bewegungen verarbeitet, wobei der Druck recht kräftig sein kann. Sobald die Bewegung sich schwerer ausführen lässt, ist dies ein Zeichen, dass das Poliermaterial trocken ist und nicht mehr arbeitet. Mit Benzin wird vorsichtig gesäubert, und falls die Politur noch nicht ausreichend ist, muss die Prozedur wiederholt werden. Diamantine hingegen darf nicht mit Druck verarbeitet werden. Die gute Politur ergibt sich erst, wenn das Poliermaterial trocken ist.

3c) **Bei kurzen Zapfen** ist eine ‹Polierschaufel› empfehlenswert, deren Gegenseite auf einem exzentrischen Stift gleitet, der in der Gegenspitze des Reitstockes der Drehbank auf eine der Zapfendicke entsprechende Höhe gedreht werden kann.

3d) **Ein Verrunden der Zapfenenden** – das **Arrondieren** – geschieht, während der Zapfenansatz in der Zentrierscheibe der Drehbank rotiert, zum Schluss ebenfalls mit einer Polierfeile. Ein etwaiger Drehkörner wird natürlich zuvor abgedreht oder mit dem Schleifstein abgeschliffen. – Obwohl die Verrundung bei allen ohne Deckplatte laufenden Zapfen unwichtig für die Funktion der Uhr ist, wird kaum ein Uhrmacher diese Vollendung unterlassen, wenn die übrigen Teile der Uhr ebenso gearbeitet sind.

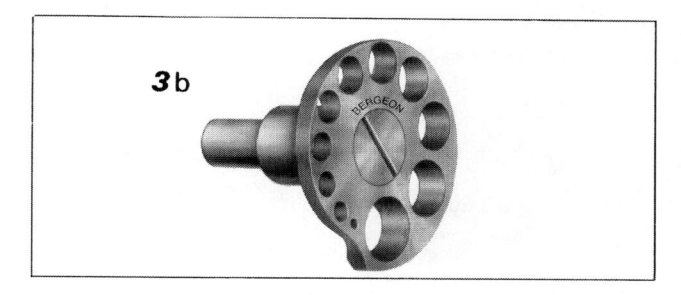

Zentrierscheibe mit 10 konischen Löchern mittel und gross für Grossuhren, wird in die Universalbrosche für Spezialarbeiten gespannt.

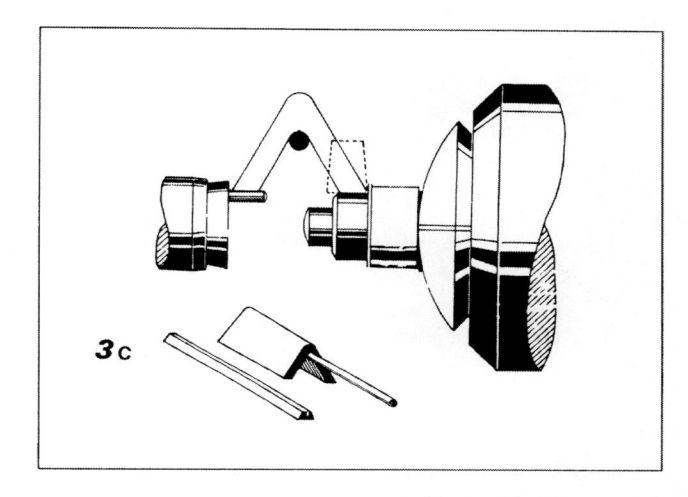

Zapfenpolieren in der Spannzange mittels Polierfeile oder Polierschaufel.

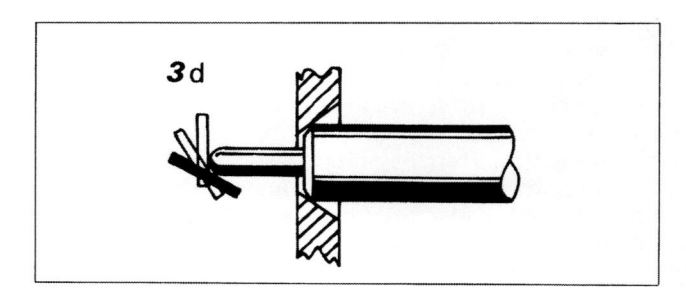

Zapfen ersetzen

4) Häufig ist der **vordere Minutenradzapfen** angegriffen. Wenn man die Verschleisspuren restlos abgedreht und den Zapfen neu poliert hat, ist er entweder fast so dünn wie die Zeigerwelle selbst, und meist muss das Lager ausgebuchst werden. Eine bessere Lösung ist jedoch, auf den dünner gedrehten Zapfen einen Stahlring zu schlagen; hierbei wird der Ansatz erhalten und der neue Zapfen kann zum Lager passend gearbeitet werden. – Für andere Zapfen eignet sich das

Verfahren nur, wenn die zu übertragende Kraft den geschwächten Zapfen nicht gefährdet.

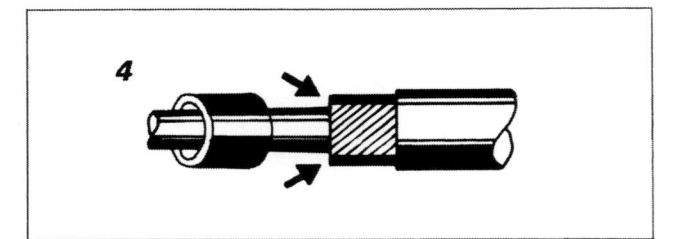

4

5) **Die lange Zeigerwelle** ist als exponierter Zapfen öfter abgebrochen. Ihr Ersatz ist auf zweifache Weise möglich: entweder wird nur die Zeigerwelle eingebohrt, wobei der ursprüngliche Zapfen erhalten bleibt, oder aber – falls der vordere Zapfen schlecht oder zu dünn ist – wird er gleichzeitig mit ersetzt. Dann muss die Zeigerwelle mit einem dickeren Ansatz versehen werden, der zum vorhandenen Lager passend gedreht und poliert wird.

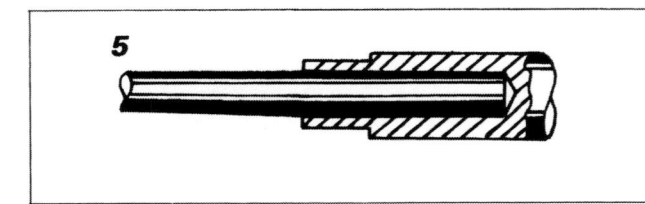

5

6) **Abgebrochene Zapfen** werden wie üblich eingebohrt: Der Wellenstumpf wird in der Zentrierscheibe der Drehbank aufgenommen und angekörnt. Das Loch wird etwas dicker als der Zapfen später sein muss gebohrt, und zwar mindestens in einer Tiefe vom dreifachen Durchmesser. Die Passung muss auf der ganzen Länge luftlos sein. Ist die Welle zu hart, kann sie angelassen werden. Wenn Hartmetallbohrer verwendet werden, muss die Welle nicht angelassen werden. **Warnung bei französischen Pendulen, wenn der Radbutzen in der Nähe ist: diese Radbutzen sind oft mit sehr viel Zinn ohne jede Passung auf die Welle gelötet!**

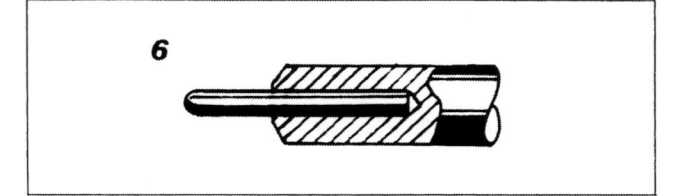

6

7) **Aufsetzen auf einen Wellenstumpf** ist eine andere Methode, die allerdings manchmal eine Verdickung der Welle mit sich bringt und die technisch nicht immer tragbar ist, falls ein grosses Rad hier läuft. Wenn es jedoch möglich ist, die Welle etwas dünner zu drehen, lässt sich auch dann ein neues Stück Welle aufsetzen. Da die Welle ohnehin etwas gekürzt werden muss, ist die Arbeit im gleichen Arbeitsgang auszuführen. Weil es leichter ist, eine Welle passend zu einem gebohrten Loch zu drehen, als umgekehrt, wird zuerst das aufzusetzende Stahlstück vorbereitet: bohren, härten, anlassen und vordrehen. Nicht immer wird ein solcher aufgesetzter Teil genau rundlaufen. Das Rundsetzen muss dann meist durch Verfeilen des Drehkörners erfolgen nach Massgabe der Kontrolle am Trieb oder am Rad.

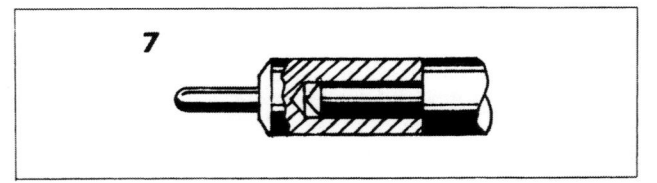

7

8) **Bei entsprechendem Triebdurchmesser** ist es aber möglich, ein neues Stück der Welle mit dem neuen Zapfen in das Trieb einzubohren, wobei jedoch auf das Rundlaufen der Welle und des Triebes zu achten ist.

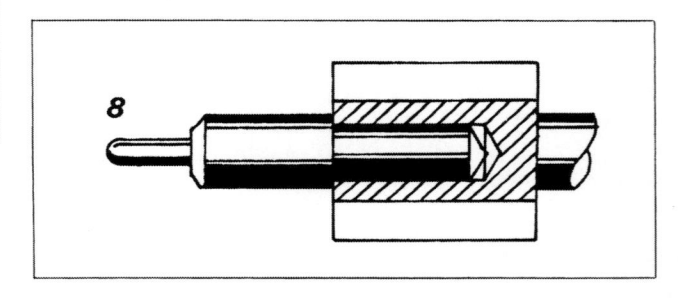

8

9) **Wenn die Triebe alter Uhren ‹eingeschlagen› sind**, können bei diesem Verfahren gleich zwei Zahnrad-Eingriffe so versetzt werden, dass die Räder mit

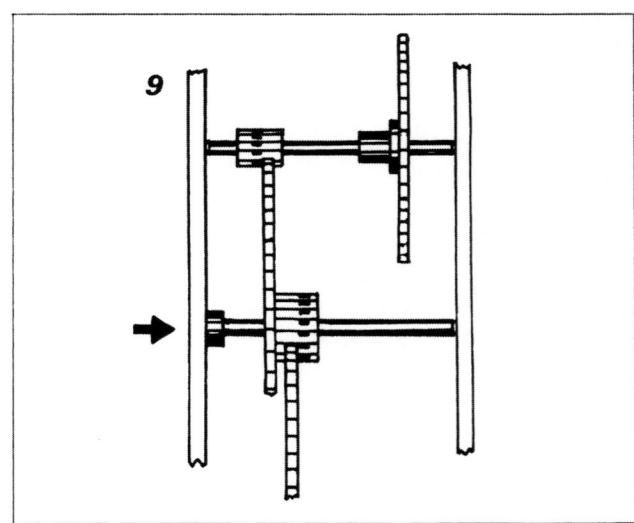

9

einwandfreien Triebstellen zusammenarbeiten: die Welle wird an dem abgebrochenen – oder schadhaften – Zapfen nachgesetzt, und auf der andern Seite ist das Trieb fachgerecht zu verlängern (nach Abb. 7). Bevor die Arbeit begonnen wird, muss man sich die Folgen des Versetzens der Eingriffe genau überlegen (Schlagwerkhebel!).

Zapfenlager

10) **Zu weit ausgelaufene Zapfenlager** müssen mit passenden Buchsen versehen werden. In den meisten Fällen wird man rationell die Lagerfutter einpressen, die in ausreichender Auswahl heute zur Verfügung stehen. Sie werden von innen eingepresst, nachdem das alte und zu grosse Zapfenloch mit dem für den Durchmesser der Buchse passenden Senker aufgebohrt wurde. Die Platine wird dabei in die Einpress-Apparatur (siehe Werkzeug-Anzeigen) eingespannt. – Ob man die aussen vorstehende Schräge der neuen Lager entfernt (abfeilen, fräsen oder schleifen) hängt vom Gesamtaussehen der Uhr ab, ob die neuen Buchsen sich einfügen oder als Fremdkörper wirken. Wenn zahlreiche neue Futter eingepresst werden müssen, empfiehlt es sich, zum Beginn alle nötigen Futter mit den Zapfendurchmessern und Aussendurchmessern auf einer Tabelle zu notieren. Danach werden die Buchsen ausgesucht, sowie die zugehörigen Senker. Mit einem Senker können dann oft mehrere Löcher in einem Arbeitsgang ausgesenkt werden. Bei antiken Uhren müssen die Lager innen abgesenkt und die Ölsenkungen nachgeschnitten werden. Es ist darauf zu achten, dass die Zapfen in jedem Fall aus dem Loch ragen.

11) **In Holzgestellen (Schwarzwälder Uhren)** sind die langen dünnen Messingbuchsen heute nicht mehr so leicht wie früher zu ersetzen, da es den gebohrten Futterdraht (nahtlos oder mit Naht, und aussen gerieft!) nicht mehr gibt. Sind also verschiedene derartige Buchsen zu stark ausgelaufen, wird man selbst solche Lager bohren und drehen müssen. Rundmessing wird auf den gewünschten Durchmesser gedreht und gerieft (Randrierzange). – Zapfenloch auf den erforderlichen Durchmesser bohren, Buchse auf ca 2/3 der Länge (der Zapfen soll aus dem Loch ragen) so gross ausbohren, dass eine Wandstärke von 2-3/10 mm stehen bleibt; abstechen. Buchse kann von innen in die Holzplatine eingepresst werden und mit einem Rundpunzen – von der Ölsenkungsseite her – leicht vernietet werden.

12) Da die Nietmaschine nicht so weit ausladend ist, dass man Zapfenlager in der Mitte einer Grossuhrplatine vernieten oder sonstwie weiter bearbeiten kann, benutzt man den **Punzen-Halter mit der Stellfläche**. Damit ist der senkrechte Stand eines Flach-Punzen oder – wo es noch wichtiger ist – eines Flachsenkers gesichert. Allerdings vermeidet ein für ‹Press-Sitz› genau auf die richtige Länge gedrehtes Futter jede Nacharbeit; zweckmässig ist dabei auch eine zylindrische Reibahle, wie in Abb. 14 gezeigt.

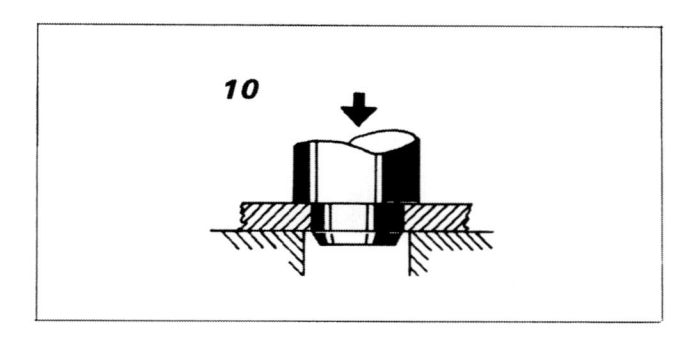

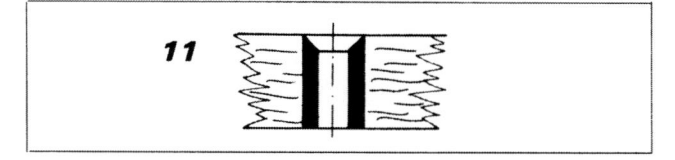

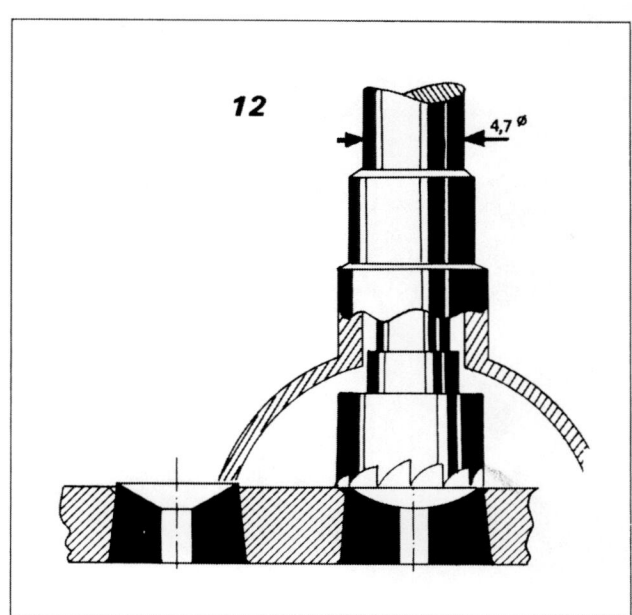

Einsteckfutter für Schwarzwälder Uhren.

12a) **Aussergewöhnliche Abmessungen von Buchsen** erfordern Sonder-Anfertigungen, wenn fertige Futter nicht aufgebohrt oder kleiner gedreht werden. Beim Vorhandensein einer arbeitsbereiten Drehbank ist die Anfertigung neuer Lager aus hartem Rundmessing gar nicht so zeitraubend wie es zunächst scheint: Loch ankörnen, Bohrung, Aussendurchmesser einpassen, Nietsenkung drehen, hinten in ausreichender Länge flach abstechen; Vernietung mit ausreichend grossem Rundbunzen.

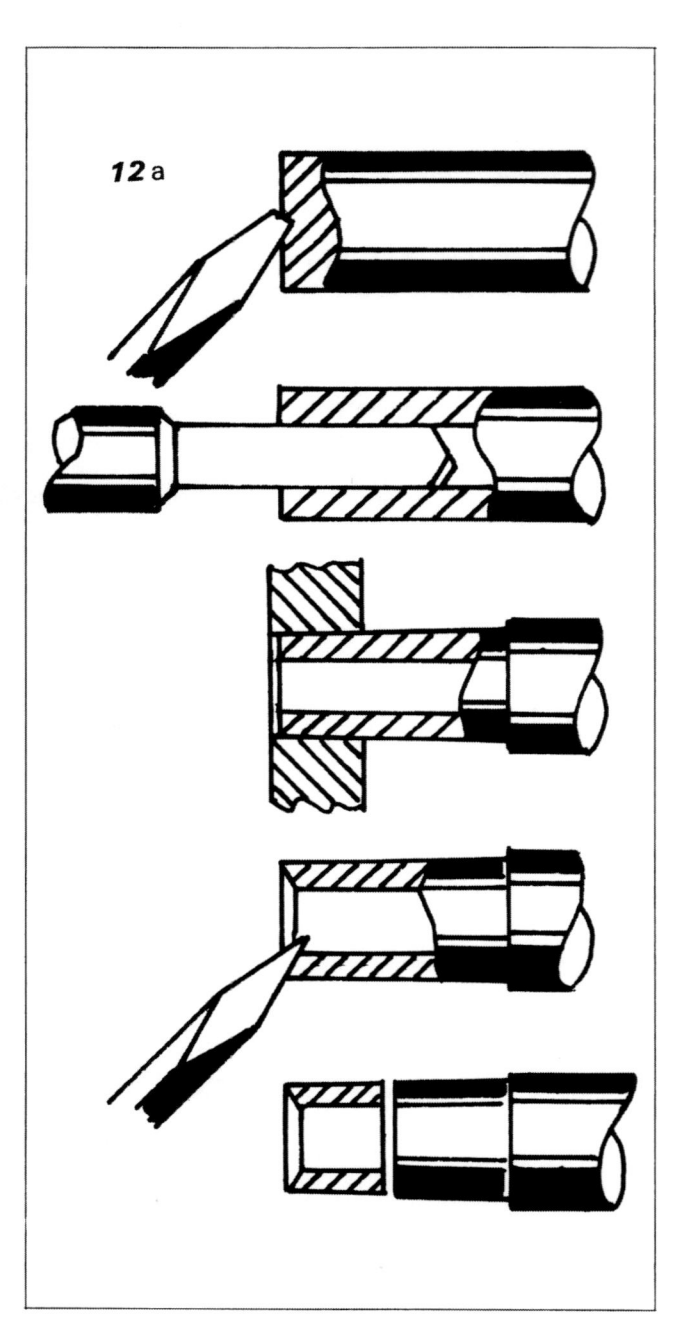

12 a

13) **Grosse Buchsen in relativ dünnen Platinen** oder Federhäusern sollten beidseitig vernietet werden, zumal hier auch grössere Kräfte wirken. Einseitig ausgelaufene Lager müssen natürlich auf den richtigen Drehpunkt zurückgeführt werden. Meist kann nach Augenmass das Zapfenloch ringsum dort, wo es nicht langgelaufen war, nachgefeilt werden, um danach mit genügend grossem Senker rund aufzubohren.

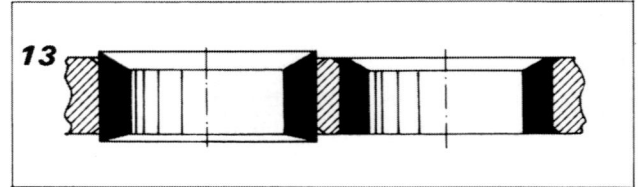

13

14) **Das Zufüttern und Neuzentrieren** ausgelaufener Lager ist eine andere Möglichkeit. Hierbei wird das Lager nur ungefähr zentrisch ausreichend vergrössert und mit einem Stück Rundmessing zugefüttert.
Eine moderne Einpress-Apparatur gestattet – wie beim ‹Burin fix› – den Drehpunkt nach dem von unten her zentrierten Gegenlager anzukörnen. (Eine Geradbohrmaschine ist meist zu klein, um hierbei Anwendung zu finden.)

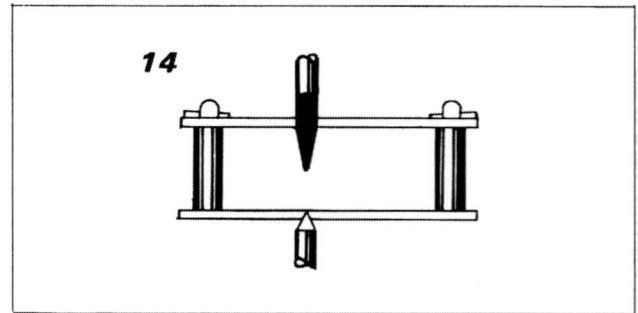

14

15) **Mit dem alten ‹Dreibein-Werkzeug›** ist die ursprüngliche Lage des Drehpunktes auch wiederzufinden, wenn das Lagerloch völlig zugefüttert werden soll. Ein Körner wird in die – frühere – Mitte des Lagers gesetzt; die beiden anderen Körner markieren sich nach leichtem Hammerschlag in der Platine (zweckmässig auf der Innenseite!). Nach dem Zufüttern werden die beiden Körner in ihre Markierung eingesetzt und ein leichter Hammerschlag körnt nun das zu bohrende Zapfenloch an.

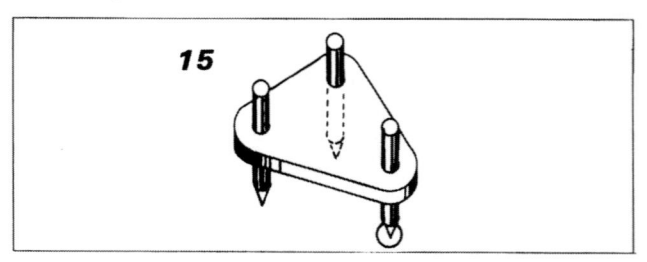

15

16) **Ist die Lage des Drehpunktes unsicher,** weil der Eingriff nicht stimmt, sollte der Eingriffzirkel zu Hilfe genommen werden. Das betreffende Rad wird nacheinander mit den beiden mit ihm in Eingriff stehenden Rädern und Trieben bestmöglich eingestellt und auf der Platinen-Innenseite von jedem anderen Lager ein Kreisbogen angerissen. Der Schnittpunkt beider Bögen über dem Voll-Futter wird sorgfältig angekörnt und notfalls noch vor dem Bohren korrigiert. Ein Eingriffszirkel muss in jeder Werkstatt, in der antike Uhren repariert werden, vorhanden sein.

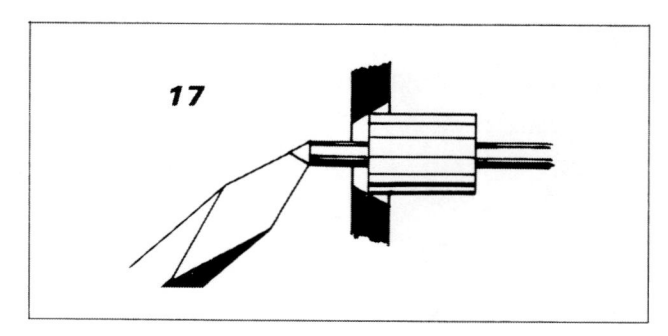

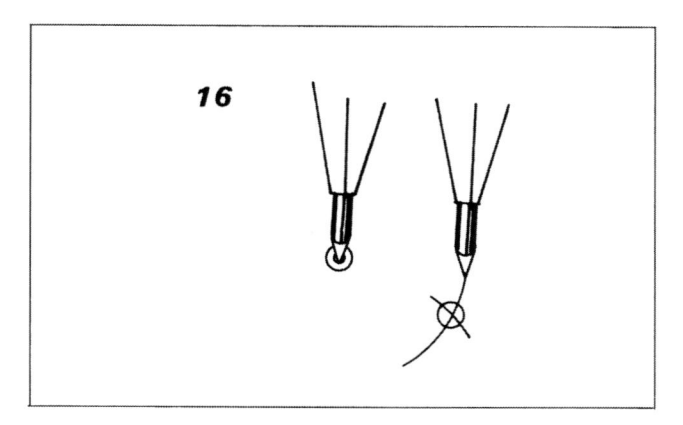

Triebe

17) **Eingeschlagene Triebe** sind bei hohem Alter der Uhren leider häufig anzutreffen. Sind die Triebe zu stark eingeschlagen, zerstören sie mit der Zeit auch das im Eingriff stehende Rad. Stark eingelaufene Triebe sind nach alter Form (flacher Zahngrund) anzufertigen. (HSS Triebfräser sind im Handel erhältlich.)
Ein neues Trieb einzudrehen kann also bei einer alten Uhr eher nötig sein, als bei einer modernen.
Das Rundsetzen des Rohtriebes ist die erste und wichtigste Arbeit. Nicht immer ist es möglich, das Trieb in einer Zentrierscheibe laufen zu lassen und an beiden Seiten die Körner einzeln rund zu drehen.

18) Etwa für die Übertragung der Gestellhöhe auf eine Achse wurde früher ein interessantes Instrument benutzt, das als ‹**Tanzmeister**› zwar in die Geschichte eingegangen, aber heute vergessen ist. Wie man sieht, entspricht das untere Mass der Innenmessung genau den Zirkelspitzen oben. Wie das Werkzeug zu der bemerkenswerten Ausgestaltung und dem amüsanten Namen gekommen ist, vermag wohl niemand mehr zu sagen. Abb. aus ‹Encyclopédie Diderot et d'Alembert›, pl. XV, fig. 58.

18a) **Auch zwischen den Gestellplatten** etwas anzureissen, ist oft schwierig, da man mit der Schieblehre selten weit genug in das Werk gelangen kann. Mit einem kleinen Mess-Ständer ist man in der Lage, auch weit im

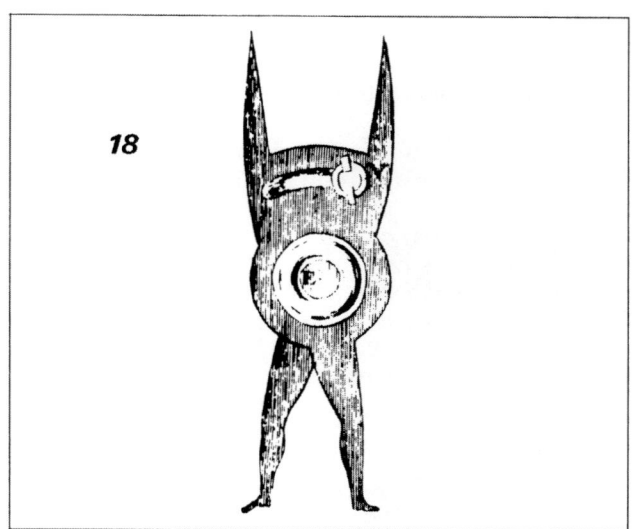

‹Tanzmeister›, maître à danser.

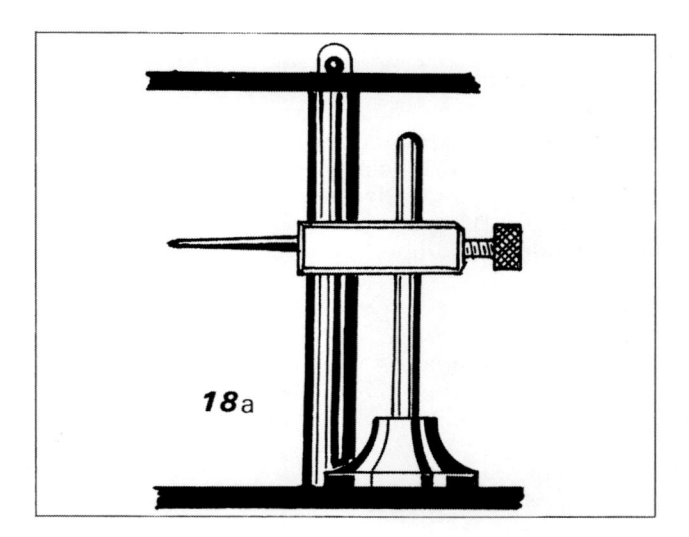

Reinhard.

Werk irgendein Mass abzunehmen oder anzureissen. Die Reissnadel ist in der Höhe auf dem Ständer verstellbar und notfalls ist die senkrechte Säule schnell gegen eine längere oder – noch schneller – eine gekürzte auszuwechseln, falls es sich im letzteren Falle um ein besonders schmales Werk handelt.

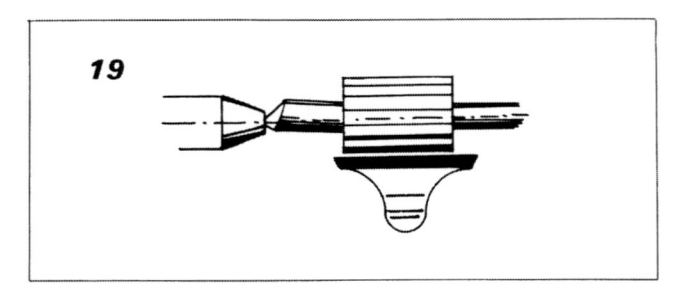

19) **Der Lichtspalt zwischen Trieb und Stichelauflage** ist die einzige Möglichkeit, den Rundlauf zu beobachten: die Körner sind nacheinander immer wieder so zu verfeilen, bis das Trieb – ohne Rücksicht auf die unrunde Welle – rund läuft.
Mit einem Kreidestrich lassen sich die unrunden Stellen anfangs anzeichnen; der Körner muss dann nach der gegenüberliegenden Seite hin verfeilt werden. Falls das Trieb noch zu lang ist, kann bei den geringen Abweichungen mit spitzem Stichel an den Triebspitzen die höchste Stelle festgestellt werden.

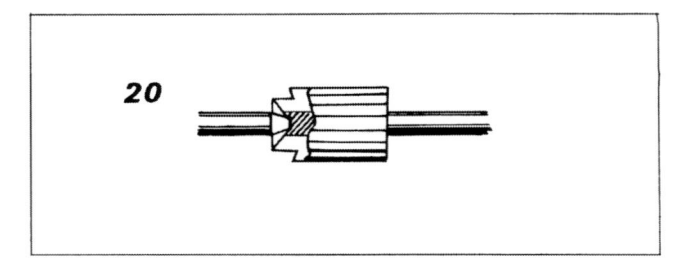

20) **Der Radansatz** muss sowohl genügend konisch gedreht als auch genügend unterstochen werden. Nur durch das Eindrücken dieser Stahlspitzen in das weichere Messing des Rades werden beide Teile ausreichend gegen Drehung gesichert. Oft genug müssen bedeutende Kräfte übertragen werden, wie etwa bei den Beisatzrädern von Achttage-Uhren.
Falls kein genügend grosser Lochpunzen zur Verfügung steht, wird der benötigte Punzen angefertigt oder das Rad umgekehrt auf einen Loch-Amboss gelegt und das Trieb hineingeschlagen. Die Nietung lässt sich auch mit einem Teil-Lochpunzen umlegen, der ringsum die Nietung des langsam gedrehten Rades festschlägt.
Ist das Rad auf einen Butzen aufgeschlagen gewesen, kann dieser meist wieder verwendet werden, wenn er vorsichtig nachgedreht wird.

21) **Das Schleifen und Polieren der Trieb-Facetten** wird mit einer Eisenscheibe vorgenommen, die mit einem Loch – etwas grösser als der Wellendurchmesser – versehen ist. Das Rohr als Haltegriff ist angelötet, die Welle ragt hier hindurch. Wichtig ist die hin- und hergehende Bewegung (Drehbogen!) und genügend Spiel der Welle in dem von hinten her ausgesenkten Loch der Schleifscheibe, damit nicht nur Kreisschliff entsteht. Falls das Rad als Mitnehmer dient, sollte der Mitnehmerstift zur Schonung mit Plastik umhüllt werden.

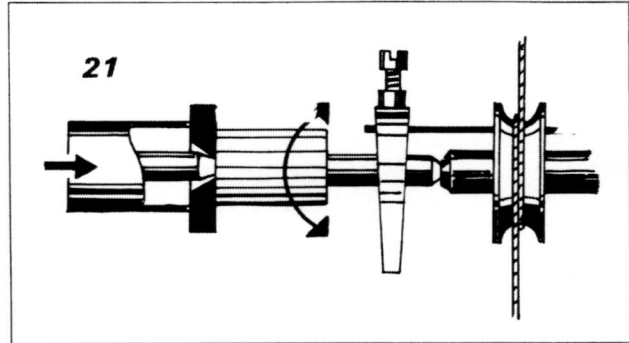

22) **Die Schleif- und Polier-Werkzeuge** lassen sich auch auf einfachere Weise herstellen. In passendes Rundeisen (Nagel!) wird ein Loch – grösser als die Welle dick ist – und vorn eine flache Rundung angedreht. Wenn mit dem Hammer diese Rundung rundum flach geschlagen wird, entsteht hier von selbst eine Senkung, in der sich der Kegel der Unterstechung frei bewegen kann.
Besser zu reinigen – wichtig für feine Politur! – ist die andere Art. Nach Ausfeilung wird vorn ein Loch gebohrt. Um von hinten her aussenken zu können, wird das Eisen einfach abgebogen. – Alle Werkzeuge werden auf der Arbeitsfläche mit Feilstrich versehen. Das Schleifen erfolgt mit Ölsteinpulver, das Polieren je nach eigener Erfahrung mit Diamantine, Rental, Pariser Rot, am bequemsten jedoch mit einem modernen Metallputzmittel, wie ‹Wenol›, etc.

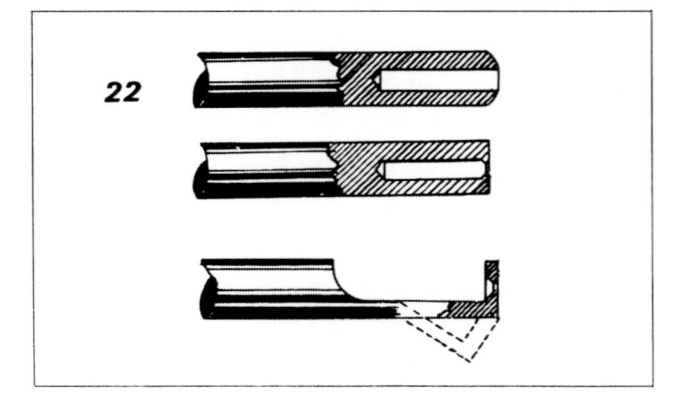

23) **Alte englische Penduluhren** weisen oft hochfein polierte Triebe – Stirnflächen und Wellen – auf. Die Facetten sind tief unterstochen bis auf den dünnen ‹Faden›, der eine Garantie ist für den Rundlauf des Triebes. Aus der Unterstechung ragt die Welle kegelig

23

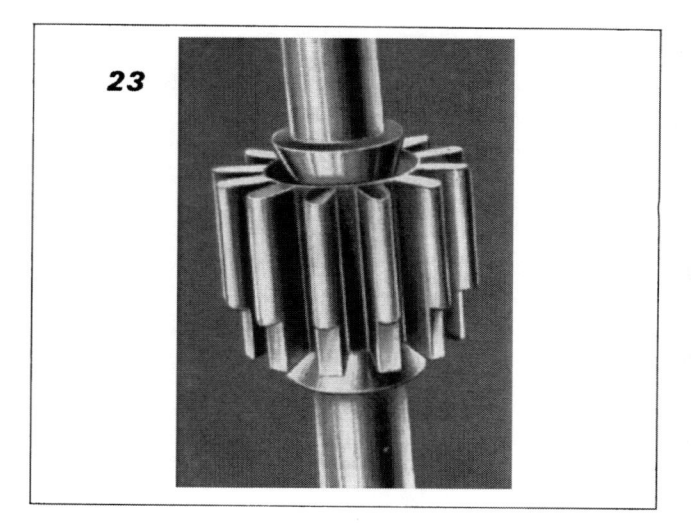

Holz-Rades mit den spitzen, gleichschenkligen Zähnen. Da ein massiver Fräser leicht ‹reisst›, ist es günstiger, mit einer Kreissäge die Flanken einzeln zu sägen, sodass das überflüssige Material herausfällt.
Als Material eignet sich nur feinfaseriges Holz, wie es Apfel-, Birn- und Kirschbaum bieten.
Meister Reinhard hat sich eine spezielle Fräswelle für diese Arbeit angefertigt, womit er in einem Arbeitsgang beide Zahnflanken gleichzeitig sägt. Zwischen den beiden Kreissägen sind entsprechend lange Muffen eingesetzt und die genaue Einstellung – nach dem Muster – erfolgt durch die zweigeteilte Gewinde-Muffe in der Mitte; diese besitzt obendrein Millimeter-Gewinde und kann so ‹nach Mass› verdreht werden.

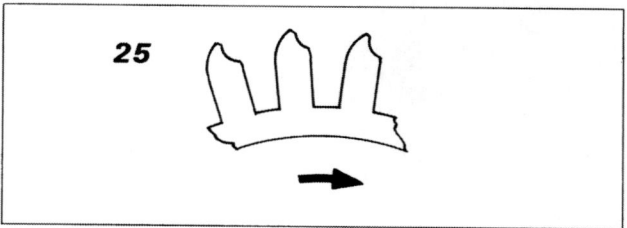

heraus; sie ist abgesetzt, damit die Welle bis an diesen Ansatz heran poliert werden kann, ohne das Trieb zu beschädigen. Auch die Vernietung kann geschliffen und poliert werden. Die ‹englische Vernietung› wird derart flach unterstochen, dass sie in fertigem Zustand wieder völlig flach geschliffen und poliert ist, so dass auch auf dieser Seite eine Stirnfläche entsteht.

24) **Eingeschlagene Hohltriebe** verlangen den Ersatz der schadhaften Triebstäbe. Die alten Stifte werden mit spitzer Flachzange durch die Nietung herausgedrückt, oder aber es wird diese Scheibe etwas zurückgeschlagen, um die neuen Stifte einführen zu können. Hierbei ist eine etwas unterschiedliche Länge der Stifte von Vorteil. Falls die Nietung nicht wieder ausreichende Sicherung bietet, sollte eine neue Scheibe darüber geschlagen werden.

25

25a

24

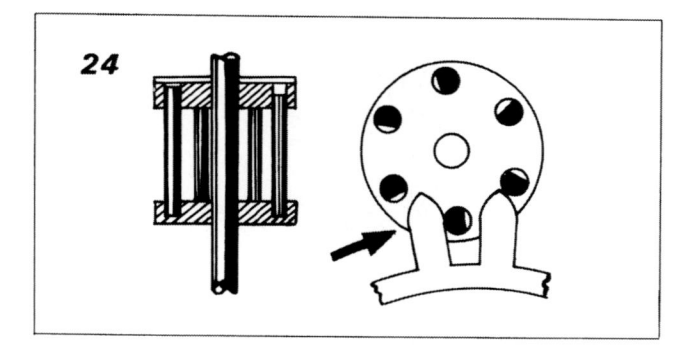

Manchmal ist es möglich, in ‹billigen› Fällen die Stifte einfach um 180 Grad herumzudrehen, so dass die schadhaften Stellen auf die Rückseite gelangen. Dann muss die Nietung jedoch so stark erfolgen können, dass die Stifte auch gegen Drehung gesichert sind.
25) Ein Rad mit stark eingeschlagenen Zähnen, wie in Abb. 25 gezeigt (was grundsätzlich auf einen etwas zu seichten Eingriff hindeutet), muss ersetzt und der Eingriff entsprechend korrigiert werden.
25a) Einen Sonderfall bildet **das Schneiden eines**

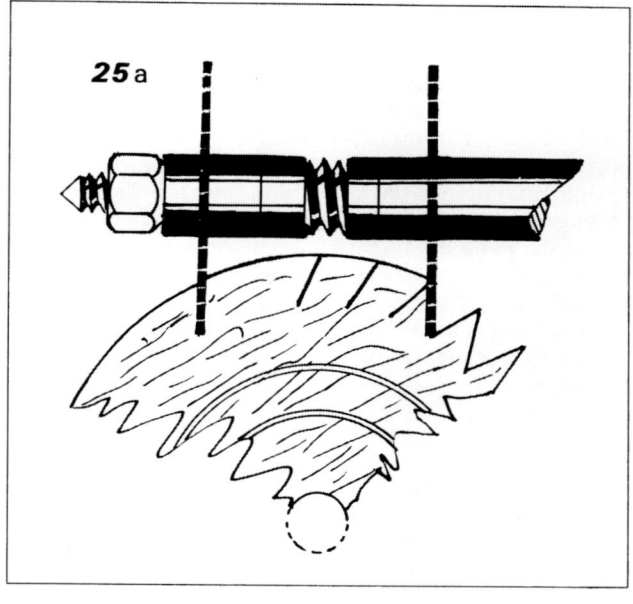

26) **Für das Einsetzen neuer Radzähne** gibt es verschiedene Möglichkeiten. Der Rest der abgebrochenen Zähne wird abgefeilt und sodann eine Lücke in den Radkranz gefeilt, in den ein genau passendes Stück Messing eingelötet wird. Die Form der Lücke richtet sich auch etwas nach der Anzahl der zu ersetzenden Zähne. Am bekanntesten ist zwar der ‹Schwalbenschwanz›, doch bietet die ‹L-Form› bessere Passung. Auch der ‹Hirschfuss› wird angewendet. Für mehrere Zähne wird meist die Schwalbenschwanzform benutzt. Das Ausfeilen der Zähne nur nach Augenmass vorzunehmen, ist höchstens bei einem einzelnen Zahn mit

Schneiden von Holzrädern (Foto Reinhard).

ausreichender Genauigkeit möglich. Bei mehreren Zähnen ist eine Lehre – am besten aus Stahl – eine Erleichterung und eine Gewähr für die Form. Zuerst wird die genaue Länge angezeichnet und gefeilt, danach werden die Lücken eingefeilt. Die Form der Wälzung ist natürlich möglichst genau zu arbeiten; sie darf nur bis zum Teilkreis reichen, der zweckmässig anzureissen ist. Das Rad ist beim Ausfeilen der Zähne so einzuspannen, dass die eingesetzten Zähne nicht wieder ausbrechen, was leider sehr schnell geschieht, wenn die Feile hakt. Um eine gleichmässige Zahnform zu erhalten, müssen die eingesetzten Zähne (unter Umständen das ganze Rad) gewälzt werden. – Selten anzuwenden ist das Verfahren, ein Stück Radkranz auf das Rad aufzunieten, um auf diese Weise fehlende Zähne zu ersetzen.

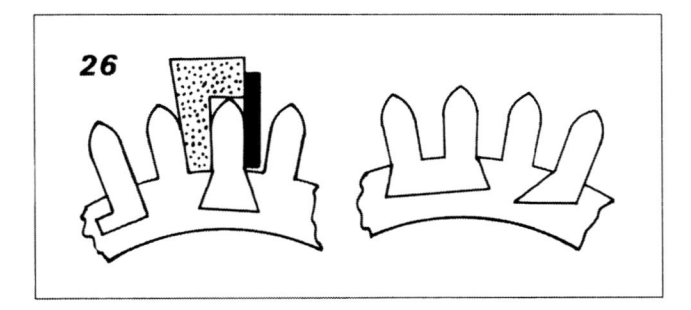

Rad-Eingriffe

26a) Das Prüfen eines Zahn-Eingriffes geschieht unter kräftigem Abbremsen der getriebenen Achse, während die andere Hand das Rad langsam führt. Entweder wird mit einem Finger der anderen Hand die Welle gebremst oder aber mit einem stumpf-spitzen Putzholz der Zapfen in der Ölsenkung. Man kann auf diese Weise die ‹Zapfenluft› im Lager ausnutzen, um einen schwachen Fehler im Eingriff besser zu erkennen. Ist der Eingriff zu tief, hat aber nur schwachen ‹Nachfall›, so merkt man den Fehler stärker, wenn man das Trieb an das Rad drückt.

26b) Umgekehrt wird ein Eingriff noch seichter und der fehlerhafte ‹Stoss› verstärkt sich, wenn das Trieb vom Rad fort gedrückt wird während der Prüfung.

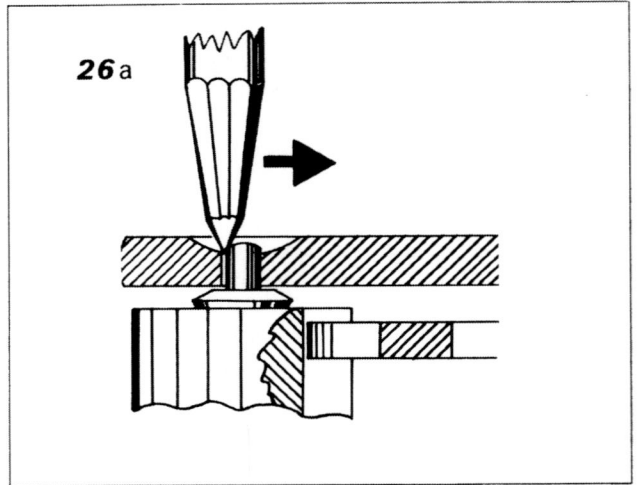

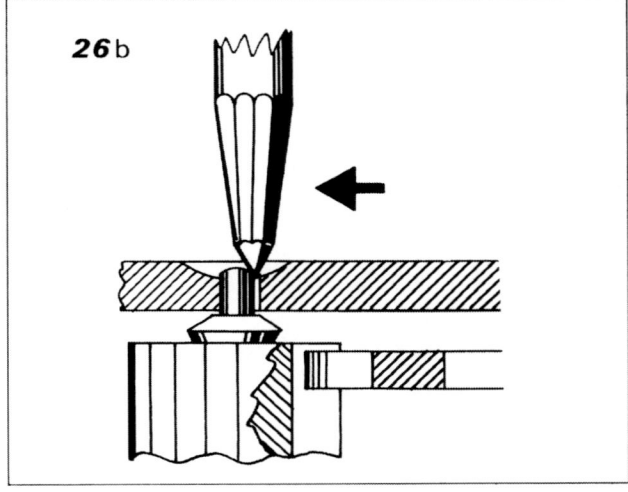

26c) Durch zu geringe Eingriffsentfernung wird ein Eingriff zu tief. Die Folge davon ist, dass jeder Radzahn das Trieb zu weit führt. Der nächstfolgende Triebflügel ist seinem korrespondierenden Zahn schon ein Stück vorausgeeilt und dieser Zahn ‹fällt› nun ein kleines Stück hinterher.

Die Abhilfe ist einfach: im Eingriffszirkel werden die richtigen Eingriffsentfernungen gesucht und auf die Platinen übertragen. Bei den Schnittpunkten der Linien wird angekörnt und gebohrt. Die alten Zapfenlöcher werden vorher mit ungebohrten Buchsen zugefüttert.

26d) Ein zu kleines Trieb verursacht ebenfalls Nachfall. Bei gleicher Wirkung ist die Ursache etwas anders. Das Trieb wird auch hier zu weit geführt, weil ja die Teilung des Rades grösser ist als die des Triebes; jeder Zahn des Rades fällt dem Triebzahn nach.

Zur Abhilfe ist hier ein Trieb richtiger Grösse einzusetzen.

26e) Zu grosse Eingriffentfernung lässt den Eingriff zu seicht werden. Hierdurch entsteht der gefürchtete ‹Stoss›, weil der Radzahn mit seiner Wölbung gegen den Triebzahn stösst, der noch nicht weit genug geführt wurde.

Die Abhilfe ist entweder ein grösseres Rad oder – wie es meist bei der Reparatur sein wird: wir strecken das Rad etwas grösser und wälzen es nach.

26f) **Da es kein Spezial-Werkzeug zum Strecken grosser Räder** gibt, kann die Radachse in ein Ambossloch gesteckt werden, so dass die Hammerbahn derart von der Amposskante aufgehalten wird als Anschlag, **dass nur die Zähne etwas angeschrägt** werden. Das Rad wird langsam während des Schlagens gedreht. Die Hammerschläge müssen möglichst von gleichmässiger Stärke ausgeführt werden; ausserdem dürfen **nur die Zähne, jedoch niemals der massive Radkranz** getroffen werden, da sich sonst das Rad eckig verzieht! – Da unvermeidlich die Zähne vorn auch etwas breiter werden, ist beim Durchprüfen des Eingriffes im Werk auch sehr auf die ‹Zahnluft› (Eingriffs-Spiel) zu achten. Wenn ein Rad gestreckt wurde, muss es unbedingt nachfolgend ‹gewälzt› werden.

26g) **Ein zu grosses Trieb** wird durch die kleinere Radteilung nicht weit genug geführt, wodurch ebenfalls der nächstfolgende Zahn gegen den Triebzahn stösst und sich erst mit einem kurzen Teil der Wölbung an ihm vorbeiarbeiten muss, bevor die Wölbung korrekt mit dem radialen Teil der Triebzahnflanke zusammenarbeiten kann. Die korrekte Abhilfe ist auch hier, ein Trieb richtiger Grösse einzusetzen.

26h) **Im Zweifelsfall ist ein Eingriffzirkel** nützlich, in dem gegebenenfalls die Zusammenarbeit der Radzähne mit den Triebzähnen besser zu beobachten ist. Falls die genaue Achsentfernung nach Mass festgestellt werden soll, muss vom Gesamtmass **ein** Spitzendurchmesser abgezogen werden, sofern beide Spitzen den gleichen Durchmesser haben – was meist der Fall ist. Andernfalls ist die Hälfte der Summe **beider** Spitzendurchmesser zu subtrahieren (arithmetisches Mittel).

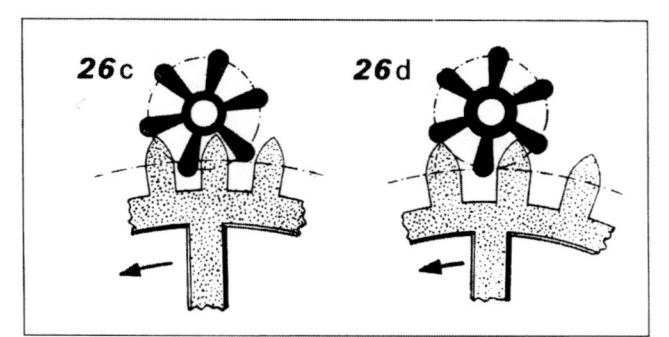

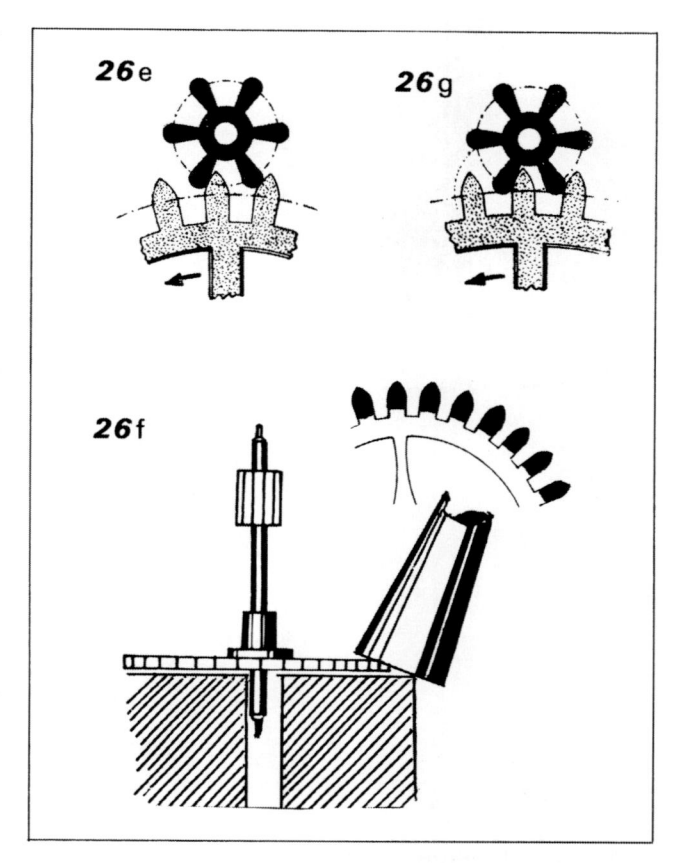

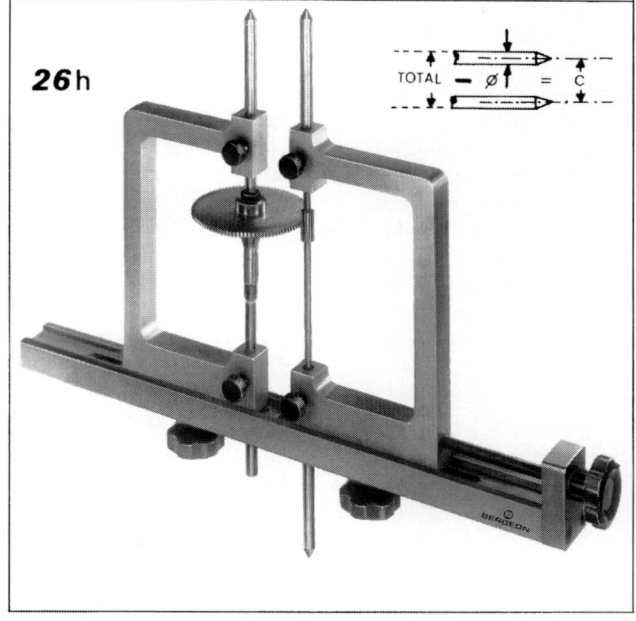

Modell Reinhard.

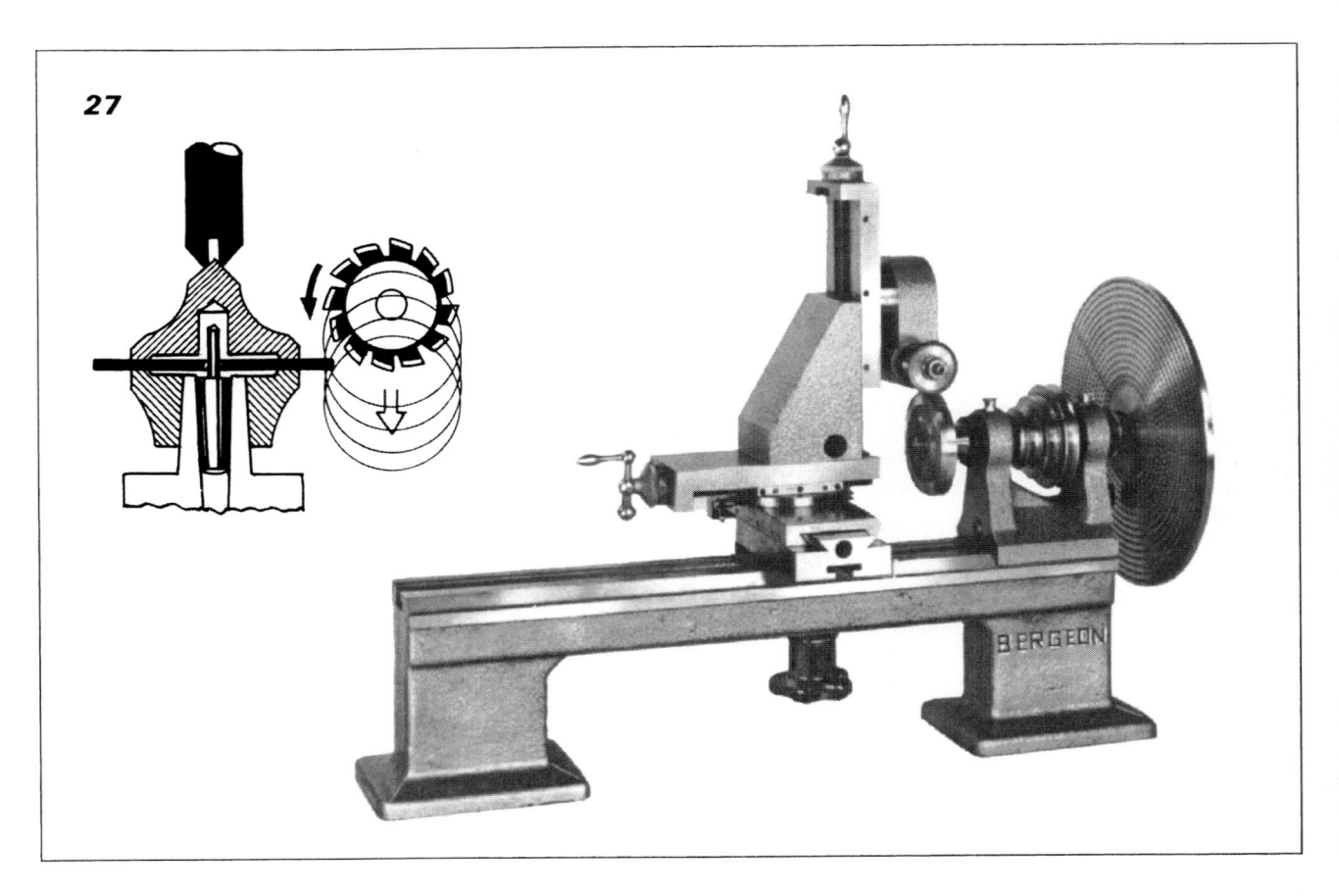

Räder schneiden

27) Das Schneiden eines grossen Rades ist praktisch nur auf einer Räderschneidmaschine auszuführen. Die Radscheibe wird aus Flachmessing ausgesägt, mit einem genau passenden Mittelloch für einen Aufspanndorn versehen und in der Drehbank rundgedreht auf einen etwa 2/10 mm grösseren Durchmesser. Die Räderschneidmaschine ist mit einer Auswahl von Tellern ausgerüstet, die entsprechend der Radgrösse ausgesucht werden, um das Rad möglichst weit vorn aufzunehmen. Der ‹Helm›, der das Rad sehr fest auf den Teller drücken muss, ist unter dem Körner gut zu schmieren, damit er sich nicht unter dem grossen Druck festfrisst.

27a) Mit einem Höhensupport der Drehbank können kleinere Räder geschnitten werden. Meist sitzt dann der Fräser auf der Spindel des Höhensupports und das zu schneidende Rad wird auf einen Einsatz des Spindelstockes gespannt. Dies empfiehlt sich besonders, wenn der Zahnzahl wegen eine grosse Teilscheibe nötig ist, die auf dem Höhensupport nicht montiert werden kann. Bei kleineren Zahnrädern kann umgekehrt das Rad auf den Höhensupport gespannt werden und der Fräser rotiert im Spindelstock, wodurch weniger Umbau erforderlich und der Antrieb einfacher ist.

Eine grosse Räderschneidmaschine mit halb-automatischer Schaltung oder einem Universal-Teilkopf ist natürlich bei entsprechendem Anfall von solchen Neuarbeiten empfehlenswerter.

27b) **Das Schneiden erfolgt mit Hinterdreh-Fräsern** (Spezial-Zahnradfräser siehe unter ‹Werkzeug›), die beim Nachschleifen ihr Profil behalten. Sie werden auf den Fräsdorn gesetzt und festgeschraubt. Die Spindel muss zwar frei, aber absolut spielfrei laufen; der hohen Tourenzahl wegen ist sie stets gut geölt zu halten. Der Handhebel, mit dem der Fräser durch das Rad geführt wird, muss sehr, sehr langsam und möglichst gleichmässig bewegt werden.

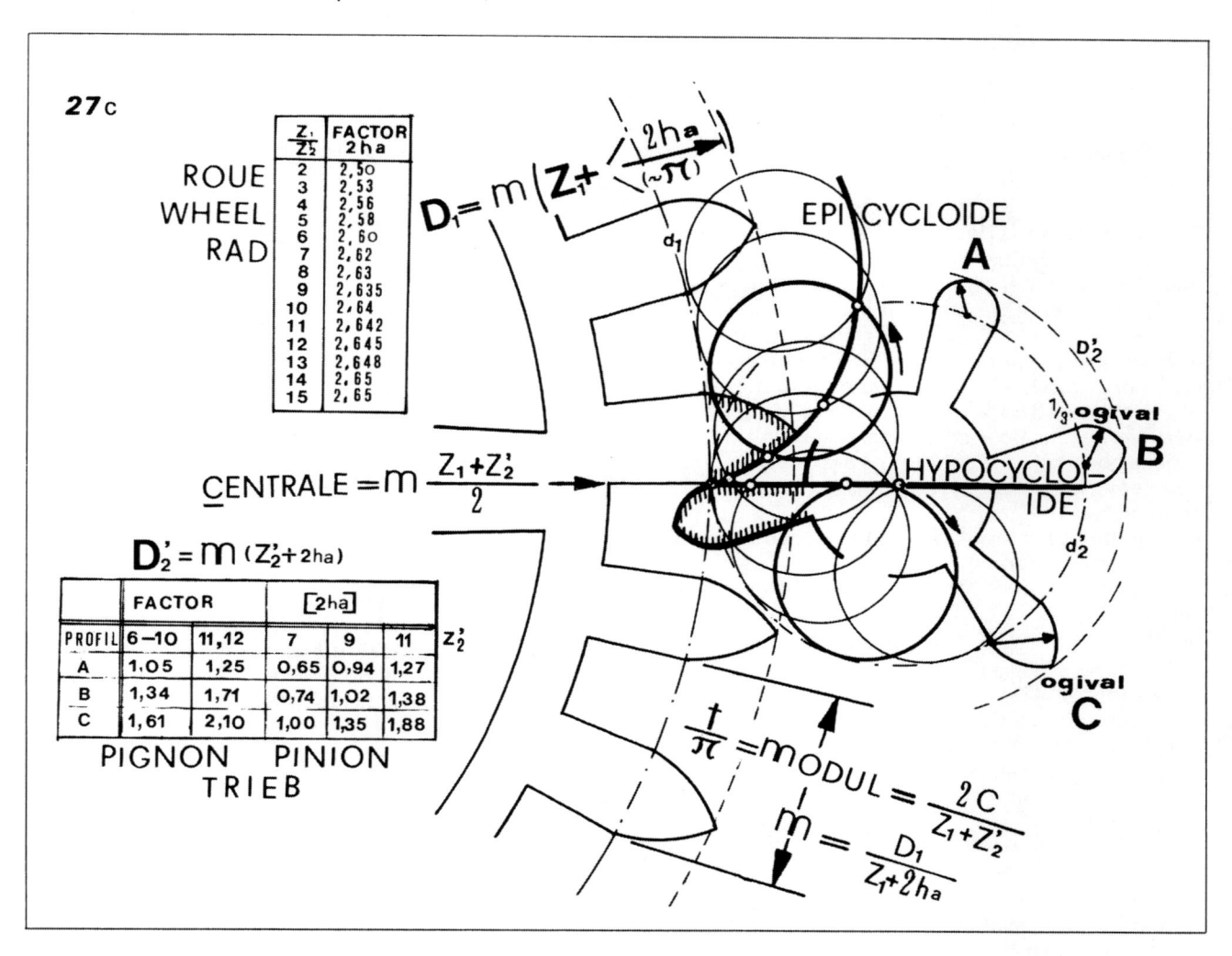

27c

ROUE / WHEEL / RAD

$\frac{Z'_1}{Z'_2}$	FACTOR $2h_a$
2	2,50
3	2,53
4	2,56
5	2,58
6	2,60
7	2,62
8	2,63
9	2,635
10	2,64
11	2,642
12	2,645
13	2,648
14	2,65
15	2,65

$$D_1 = m\left(Z_1 + \frac{2h_a}{(\sim \pi)}\right)$$

EPICYCLOIDE

$$\underline{C}\text{ENTRALE} = m\,\frac{Z_1 + Z'_2}{2}$$

HYPOCYCLOIDE

$1/3$ ogival

$$D'_2 = m\,(Z'_2 + 2h_a)$$

PIGNON / PINION / TRIEB

PROFIL	FACTOR		[2h_a]		
	6–10	11,12	7	9	11
					Z'_2
A	1,05	1,25	0,65	0,94	1,27
B	1,34	1,71	0,74	1,02	1,38
C	1,61	2,10	1,00	1,35	1,88

ogival

$$\frac{t}{\pi} = \text{MODUL} = \frac{2C}{Z_1 + Z'_2}$$

$$m = \frac{D_1}{Z_1 + 2h_a}$$

Bezeichnungen:
C Centrale (Achsentfernung)
d Teilkreisdurchmesser
D Voller (Kopfkreis) Durchmesser
$2h_a$ Factor (früher Korrekturfactor)
m Modul (Durchm.-Teilung)
i Übersetzung
t (Umfangs-) Teilung
Z_1 Zahnzahl des (treibenden) Rades
Z'_2 Zahnzahl des Triebes (getriebenen Rades)

Berechnung von Zahnrad-Eingriffen

27c) **Die Berechnung von Zahnrad-Eingriffen** basiert heute auf der **Durchmesser-Teilung, dem ‹Modul›,** der natürlich für Rad und Trieb gleich gross ist. Der Modul entspricht grundsätzlich der ‹Teilung›, **die auf dem Umfang des ‹Teilkreises› abgeteilt wird** und dessen ‹wirksamer Durchmesser› bei Rad und Trieb durch den Beginn der ‹Wälzung› verläuft: **ein Eingriff ist richtig und einwandfrei, wenn sich die beiden Teilkreis-Umfänge berühren.** Die Wälzung – auch Kopfhöhe genannt – ist ausserhalb dieser Teilkreise.
Der Begriff ‹Modul› vereinfacht alle Zahnrad-Berech-

nungen dadurch, dass bereits hier die Multiplikation oder Division mit $\pi = 3{,}14$ erfolgt: Modul 1 ist $= 3{,}14$; Modul 0,5 ist $= 1{,}57$.

Den gemeinsamen Modul von Rad und Trieb errechnet man aus dem Achsabstand – auch Centrale genannt – Kurzzeichen hier C:

$$\text{Modul } m = \frac{2 \cdot \text{Achsabstand}}{(\text{Radzahnzahl} + \text{Triebzahnzahl})}$$

$$\text{Kurzformel: } m = \frac{2 \cdot C}{(Z_1 + Z'_2)}$$

Der Achsabstand C ist stets zu verdoppeln, da in ihm nur die beiden **Halb**messer von Rad und Trieb Platz finden, der **Durch**messer jedoch besser zu messen ist. – Da der **Teilkreis**-Durchmesser in der Praxis unwichtig ist, sondern nur der volle Durchmesser oder ‹**Kopfdurchmesser**› interessiert, wird dieser direkt errechnet, wozu früher übrigens **angenähert** die Zahnzahl des Rades um 3,14 vermehrt mit dem Modul multipliziert wurde. Genauer ist die Rechnung mit den in der Tabelle oben links aufgeführten **Faktoren $2 h_a$**, die sich mit dem Übersetzungsverhältnis zwischen Rad und Trieb ändern.

Der volle Durchmesser oder Kopfdurchmesser errechnet sich dann
Kopfdurchmesser = Modul · (Zahnzahl des Rades + Faktor $2 h_a$)
Kurzform $D_1 = m \cdot (Z_1 + 2 h_a)$.

Da in alten Uhren keine Modul-Berechnung angewendet wurde, ist allerdings oft wertvoller zu wissen, wie gross die **Teilung** bei Rad und Trieb ist. Sie wird sinngemäss auch aus dem (doppelten) Achsabstand berechnet, multipliziert jedoch mit 3,14:

$$\text{Teilung} = t = \frac{2 \cdot \text{Achsabstand } C \cdot \pi}{(\text{Radzahnzahl } Z_1 + \text{Triebzahnzahl } Z'_2)}$$

Zur Unterscheidung des ‹Treibers› vom ‹getriebenen Trieb oder Rad› werden sie statt mit Z und Z' auch mit Z_1 und Z_2 bezeichnet; in den Formeln sind beide Angaben, die wahlweise benutzt werden können.

Berechnungsformeln

$$m = \text{Modul} \quad \frac{d}{Z} ; \frac{2 C}{Z_1 + Z'_2} ; \frac{D_1}{Z_1 + 2 h_a} ; \frac{t}{\pi}$$

$$t = \text{Teilung} \quad m \cdot \pi ; \frac{d \cdot \pi}{Z}$$

$$C = \text{Achsentfernung} \quad m \frac{Z_1 + Z'_2}{2} ; \frac{d_1 + d'_2}{2}$$

$D_1 =$ Voller Durchmesser des Rades $\quad m (Z_1 + 2 h_a)$;

angenähert $m (Z_1 + \pi)$

$D'_2 =$ Voller Durchmesser des Triebes $\quad m (Z'_2 + 2 h_a)$

$[2 h_a] =$ Faktor für gemessenen Durchmesser eines Triebes mit ungerader Zahnzahl

$i =$ Übersetzung (Rapport) $\quad \frac{Z_1}{Z'_2} ; \frac{d_1}{d'_2}$

$Z_1 =$ Zahnzahl eines verlorenen Rades $\quad \frac{2 C}{m} - Z'_2$

$Z'_2 =$ Zahnzahl eines verlorenen Triebes $\quad \frac{2 C}{m} - Z_1$

Die **Zykloiden-Verzahnung** beruht auf den Kurven, die ein Punkt am Umfang eines Kreises beschreibt, der **in** oder **auf** einem anderen Kreise rollt. Ist der rollende Kreis **halb so gross** wie der Kreis, **in** dem er rollt, so entsteht eine **gerade Linie**: sie bildet die **geradlinige Triebflanke** (Hypocycloide). Der Radzahn **rollt – ohne zu gleiten** – an dieser Triebflanke ab. Die Form der **Wälzung des Radzahnes** entsteht durch einen Punkt des gleichen kleinen Rollkreises, wenn er auf dem Teilkreis des Rades abrollt (Epicycloide).

27d) Das schadhafte Rad sollte jedoch zuvor noch einmal in der Uhr mit dem Gegentrieb geprüft werden, ob es nicht etwa grösser sein müsste, soweit noch Zähne vorhanden sind. Da die Aufnahmedorne der neuen Fräser TECNOLI eine sofortige Kontrolle im Eingriffzirkel zulassen, ist eine Korrektur möglich, ohne das Rad vom Dorn abzunehmen. Der neue grosse Eingriffzirkel Modell REINHARD gestattet, auch besonders grosse Räder auf diese Weise zu prüfen.
Selbstverständlich ist, **dass das Rad erst nach dem Fräsen geschenkelt wird**: erstens ist das Rad nicht durch das Aussägen geschwächt und zweitens besteht die Gefahr, dass beim Fräsen irgendein ‹Unglück› passiert und die mühsame Arbeit des Ausarbeitens der Schenkelung vergeblich war.
Das Abschlagen des defekten Rades vom Trieb ist unter Umständen erst nach dem vorsichtigen Abdrehen der Vernietung möglich, die manchmal sehr kräftig umgelegt ist. Der Ansatz für das Rad ist nachzuarbeiten: um das Rundlaufen des Radansatzes zu gewährleisten, wird diese Arbeit immer mit Hilfe des Kreuzsupportes ausgeführt. Die Unterstechung für die Nietung muss wieder scharfkantig gedreht werden, damit sie sicher über das Rad umgelegt werden kann. Bei

grossen und kräftigen Trieben wird zweckmässig jeder Flügel einzeln umgenietet.

Unnötig zu erwähnen, dass in alten Uhren wohl nur **Fräser für flachen Zahngrund** angewendet werden, da Räder mit rundem Zahngrund dort nie anzutreffen sind und einen ‹Stilbruch› darstellen würden. Sie werden in den modernen Uhren verwendet, um einem Ausbrechen oder Verbiegen der Zähne grösseren Widerstand entgegenzusetzen.

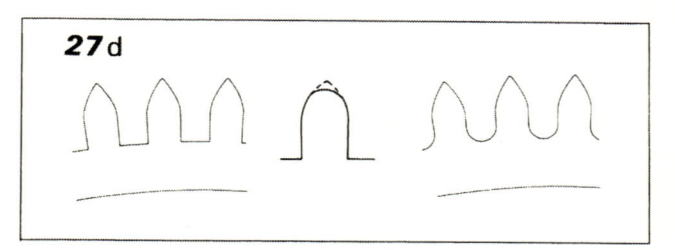

27d

‹Gerstenkorn›-Verzahnung ist in alten Uhren früher angewendet worden. Eine annähernde Verzahnung ist auch mit den TECNOLI-Fräsern herzustellen. Der Scheibendurchmesser wird dazu etwas grösser gedreht. Nach dem Verzahnen wird dann mit einer feinen Feile oder Schmirgelfeile so viel abgenommen, dass etwa die ‹Gerstenkorn›-Form entsteht, wie sie zwischen den beiden normalen Zahnformen abgebildet ist. – Zuvor sollte jedoch im Eingriffszirkel geprüft werden, ob etwas ‹Nachfall› vorhanden ist, was hierbei wichtig ist. Das Anbringen der äusseren Verrundung hat den Zweck, diesen ‹Fall› zu verkleinern.

27e) Berechnungs-Beispiele für Zahnrad-Eingriffe

1. Fräsen eines neuen Zahnrades:
Ein schadhaftes Federhaus mit 84 Zähnen greift in ein Trieb mit 12 Zähnen. Der Modul ist m = 0,78. Wie gross ist der Kopfkreis-Durchmesser? Wie gross ist der Achsabstand?
Die Formel ist: $D_1 = m (Z_1 + 2 h_a)$.
Der zur Zahnzahl zu addierende Faktor $2 h_a$ beträgt 2,62 bei der Getriebe-Übersetzung von 84 : 12 = 7.
Die Ausrechnung ist:
$D_1 = 0,78 (84 + 2,62) = \underline{67,56 \text{ mm}}$ als äusserer Kopfdurchmesser des Federhauses.
Der Achsabstand C errechnet sich mit der Formel

$$C = m \frac{(Z_1 + Z'_2)}{2}$$

Achsabstand $C = 0,78 \frac{84 + 12}{2} = \underline{37,44 \text{ mm}}$

2. Berechnung eines verlorenen Rades zu einem vorhandenen Trieb:
Das Stundenrad ist verloren. Das Minutenrohr hat 14 Zähne, das Wechselrad 42 Zähne, dessen Trieb 12 Zähne. Der Achsabstand beträgt 16,80 mm.
Da die Übersetzung zwischen dem Wechselrad und dem Minutenrohr 42 : 14 = 3 beträgt, muss das Stundenrad bei einem Wechselradtrieb mit 12 Zähnen 4 × 12 = 48 Zähne erhalten.
Der Modul errechnet sich aus dem Achsabstand C = Centrale mit der

Formel Modul $m = \dfrac{2 C}{(Z_1 + Z'_2)}$

Modul $m = \dfrac{2 \cdot 16,80}{(48 + 12)} = \underline{0,56}$

Der Korrekturfaktor $2 h_a$ ist 2,56 bei der Übersetzung 48 : 12 = 4. Der Kopfkreisdurchmesser des Stundenrades ergibt sich mit der

Formel $D_1 = m (Z_1 + 2 h_a)$

$D_1 = 0,56 (48 + 2,56) = \underline{28,31 \text{ mm}}$

(Falls der Achsabstand 17,20 mm wäre statt 16,80 mm, ergäbe dies den Modul mit 0,57 statt 0,56, und der Kopfkreisdurchmesser würde sich auf 28,98 mm erhöhen; es könnte jedoch der gleiche Fräser benutzt werden.)

3. Ein Rad und das folgende Trieb fehlen:
Ein Rad und das folgende Trieb müssen ersetzt werden. Das Rad muss 70 Zähne haben, das Trieb 7 Zähne. Der Achsabstand ist 14,12 mm. Wie gross ist der Kopfkreisdurchmesser des fehlenden Rades und des Triebes?
Der für beide Teile gleiche Modul beträgt nach der Formel

$$m = \frac{2 C}{Z_1 + Z'_2} = \frac{2 \cdot 14,12}{70 + 7} = \underline{0,367 \text{ mm}}$$

Der Kopfkreisdurchmesser des Rades ergibt sich mit der Formel

$D_1 = m (Z_1 + 2 h_a) = 0,367 (70 + 2,64) = \underline{26,64 \text{ mm}}$

(Der Faktor $2 h_a$ ist nach der Tabelle bei der Übersetzung 70 : 7 = 10 für das Rad 2,64.)
Für den errechneten Modul von 0,367 ist kein genau passender Fräser vorhanden und man muss die Wahl treffen zwischen den zwei benachbarten Grössen (6 und 7). Da man bei einem zunächst kleineren Fräser notfalls mit der nächsten Grösse nacharbeiten kann, aber niemals umgekehrt, wird zuerst der kleinere Fräser verwendet.
Der Kopfkreisdurchmesser des Triebes zu diesem Eingriff mit der Zahnzahl $Z'_2 = 7$ und dem errechneten Modul m = 0,367 und dem
Faktor $2 h_a = 0,65$ für Profil A (rund) 7 Zähne

Formel: $D'_2 = m(Z'_2 + 2h_a) = 0{,}367\,(7 + 0{,}65) =$ **gemessener** Triebdurchm. 2,807 mm

Der **volle** Durchmesser wäre dagegen mit dem Faktor $2h_a = 1{,}05 = 0{,}367\,(7 + 1{,}05) =$ voller Durchmesser = 2,95 mm

4. Zwei ineinandergreifende Räder sollen gefräst werden:

Der Achsabstand beträgt 19,20 mm. Die Anzahl der Zähne beider Räder kann beliebig gewählt werden, da sie gleiche Grösse haben müssen für ein Zeigerwerk als Minutenrohr und Wechselrad; man richtet sich nach den übrigen Modulen des Werkes. Bei der Zahnzahl

$Z = 25$ ergibt sich ein Modul $m = \dfrac{19{,}20}{25} = 0{,}768$ mm

Der Kopfkreisdurchmesser errechnet sich mit dem für ineinandergreifende Zahnräder allgemeinen Faktor $2h_a = 2{,}6$

$D = 0{,}768\,(25 + 2{,}6) = 21{,}20$ mm

Der verwendete Fräser muss jedoch bei zwei ineinandergreifenden Zahnrädern stärker gewählt werden, um auch hier die Zahnluft zu erhalten, die sonst durch die dünneren Triebzähne entsteht.

28) Wichtig ist die **Einstellung des Fräsers genau auf die Mitte**, da andernfalls die Zähne schief stehen, und zwar umso mehr, je kleiner das zu schneidende Rad ist. Diese Kontrolle erfolgt, indem der Fräser dicht an einen Spitzkörner geführt wird, der in die Mitte der Radauflage gesetzt ist (oder mit Hilfe einer Zentrierlunette). Der Fräser muss dabei natürlich stillstehen.

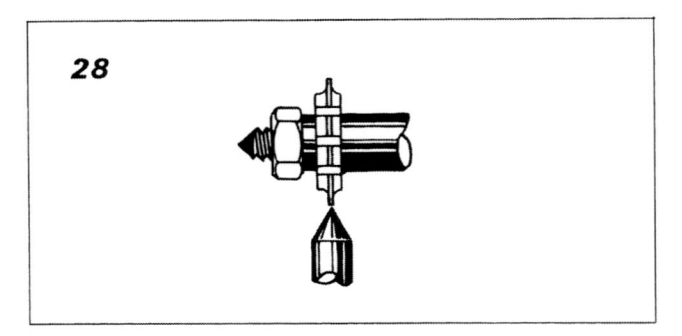

29) **Für besondere Fälle** ist den Räderschneidmaschinen als Zubehör auch ein Halter für **Stichelfräser** beigegeben. Hierzu lässt sich auf einfachste Weise ein Fräser anfertigen und einsetzen. Da er nur als Einzahn-Fräser arbeitet, muss er mit grosser Tourenzahl besonders langsam durch das Rad geführt werden beim Schneiden. Aber auch ein Scheiben-Einzahn-Fräser lässt sich anfertigen und anwenden, der wie die üblichen Fräser aufgespannt wird.

30) **Um ein genau gleiches Profil zu beiden Seiten des Fräsers** zu erhalten, kann man ihn mit Hilfe eines Stichels andrehen. Dieser Stichel besteht aus einem harten Rundstahl des richtigen Durchmessers, der auf einem Stichel vorn eingesetzt ist.

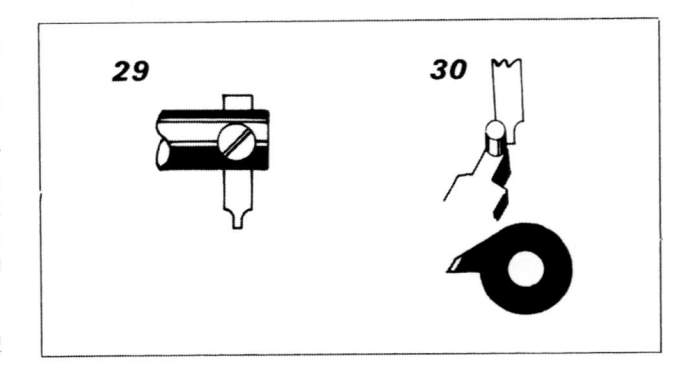

31) **Das Schenkeln der Räder** ist eine relativ mühsame Arbeit! Die – wohl meist fünf – Speichen müssen sorgsam angerissen werden, wobei die anderen Räder die Richtlinie geben für die Breite an der Nabe und am Radkranz. Zum Wenden des Sägeblattes werden in allen Ecken – im Abstand – kleine Löcher gebohrt. Das Aussägen erfolgt am besten auf einem Sägebrett mit dreieckiger Aussparung und sollte möglichst sorgfältig vorgenommen werden – es erleichtert das Ausfeilen beträchtlich!

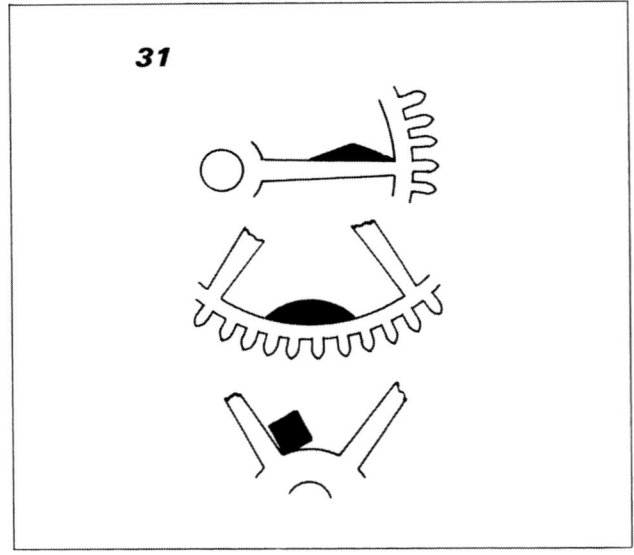

Für das Ausfeilen sind Barettfeilen, Vogelzungen und Vierkantfeilen nötig. Um nicht in die scharfen Ecken hineinzufeilen, schleift man die Seitenkanten nach, so dass sie ohne Hieb sind. Besonders die Vierkantfeile, mit der die Nabe bearbeitet wird, sollte an den Seitenkanten ohne Hieb sein.

31a) Um das umständliche Konstruieren der Schenkelung zu vereinfachen, hat sich A. Reinhard eine **Schablone** angefertigt, die er auf das zu schenkelnde Rad aufschraubt. Natürlich kann die Schablone auch eine andere Form der Schenkel aufweisen.

Auch mit dem Höhensupport auf dem Kreuzsupport lässt sich mit einem kleinen Fräser die Schenkelung ausfräsen, wobei der Radkranz innen durch Drehen des Rades kreisförmig ausgefräst wird.

Wer eine Graviermaschine zur Verfügung hat oder sich einer solchen durch einen entsprechenden Auftrag bedienen kann, vermag sich mit Hilfe einer Gravier-Schablone ebenfalls die Arbeit des Räderschenkelns zu erleichtern.

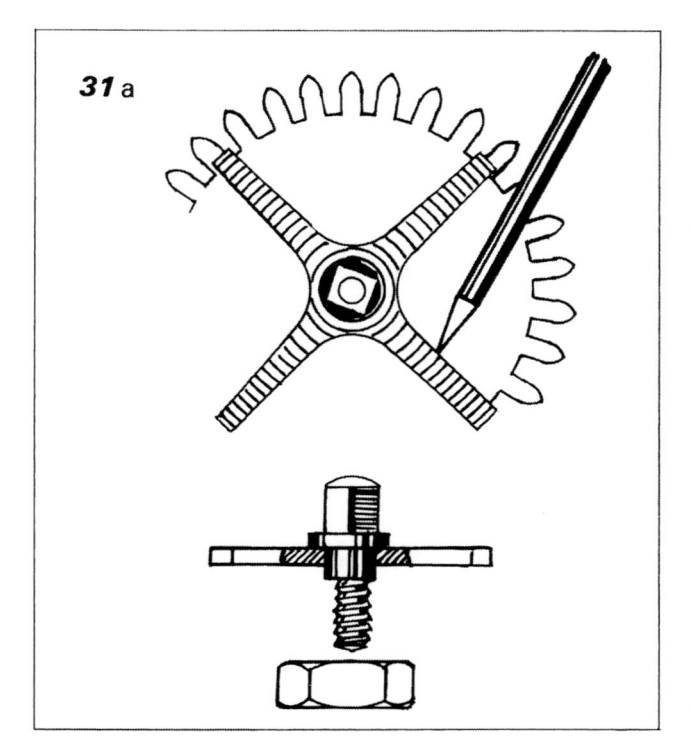

32) Ein Rad, das auf einem gut passenden und genau rund laufenden Aufnahmedorn gedreht und gefräst – und zwischen den Arbeitsgängen nicht ausgespannt – wurde, läuft rund. Bei andern Methoden kann es vorkommen, dass der Rundlauf des Rades nicht immer gesichert ist. Dann sollte das Mittelloch vor dem Aufnieten zentrisch passend ausgedreht werden. Die beste Methode ist, das Rad in ein gut rundlaufendes Stufenfutter einzuspannen. Eine andere Methode – besonders für empfindliche Hemmungsräder geeignet – ist eine in die Planscheibe eingespannte Scheibe aus Holz oder Zink, in die eine Ausdrehung zur Aufnahme der Radscheibe eingedreht wird; sie sollte also möglichst genau passen, so dass das Rad ohne weiteres hält. Natürlich kann im anderen Fall das Rad auch eingelackt werden. (Malakoff-Perlkitt löst sich in Benzin, ist also bequemer als Schellack.)

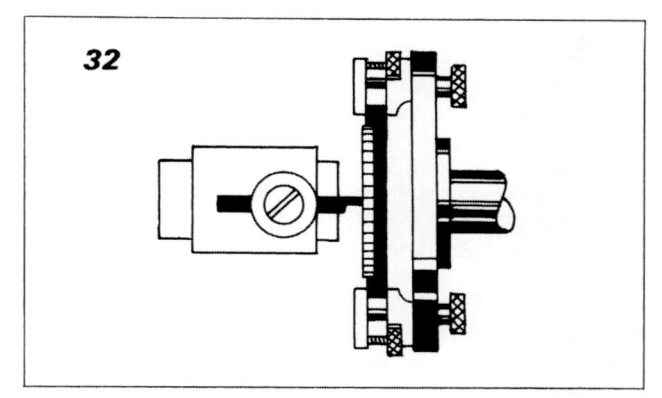

33) **Die einfachste Schenkelung** wird durch zwei Kreisbögen gebildet, die sowohl bei 3 und 4 als auch 5 Schenkeln anzuwenden ist. Schutzbacken aus Holz, Aluminium oder Zink sind unerlässlich, um das Rad zur Bearbeitung schonend einzuspannen. Die Oberfläche soll sehr glatt sein, um ein Überdrehen nach dem Zahnen zu vermeiden, da der Grat nur mühsam entfernt werden kann aus den Zahnlücken.

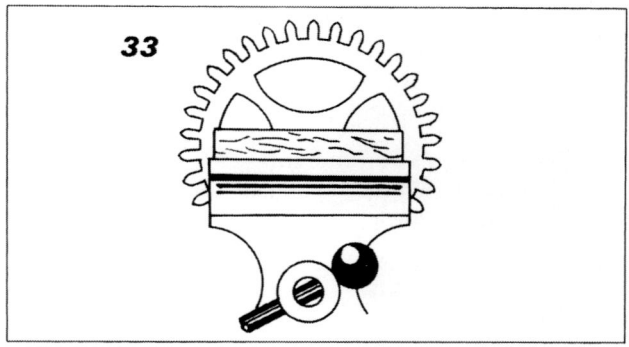

34) **Ein Stufen-Feilholz** ist sehr zeitsparend, um das lästige Ein- und Ausspannen zu vermeiden. Das Rad wird vor die passende Stufe gestellt und stützt sich beim Ausfeilen gegen die rückwärtige Wandung.

Falls das Uhrwerk polierte Räder aufweist, sollte auch das neue Rad poliert werden. Dies geschah früher mit Lindenholz und Wiener Kalk, der mit Stearin-Öl angerührt wurde. Jetzt ist das Polieren erleichtert durch moderne Poliermittel auf einer weichen Holzplatte.

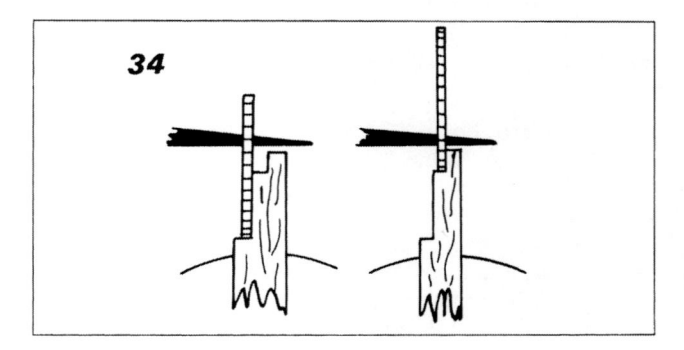

35) **Der sogenannte ‹Spiegel›** an den Rädern feiner Uhren lässt sich am besten in der in 32) angegebenen Aufspannung eindrehen, obwohl es auch noch nach dem Vernieten möglich ist. Wie aus dem Querschnitt hervorgeht, verläuft die Eindrehung derart, dass die Schrägen gegenläufig stehen. Zwar kann die Schräge auch mit Poliermitteln poliert werden, jedoch ist die haltbarste Art das ‹Poliert drehen›. Hierzu muss der Stichel hochfein poliert werden, damit die Schneide keinerlei Rillen mehr aufweist. Nachdem die Form gedreht wurde, wird der Stichel nochmals nachpoliert und nun nur ganz sanft über die Fläche hin- und hergeführt. Er schneidet nicht mehr, sondern schabt nur noch feinste Spänchen ab, wodurch alle Unebenheiten verschwinden. Natürlich kann zum Schluss noch mit Poliermitteln der Hochglanz verbessert werden.

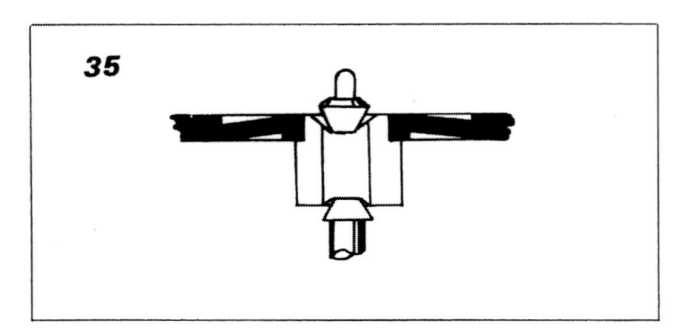

35

36) **Verbogene Federhauszähne** lassen sich richten, indem mit dem Schraubenzieher als Hebel der Zahn gerade gebogen wird.

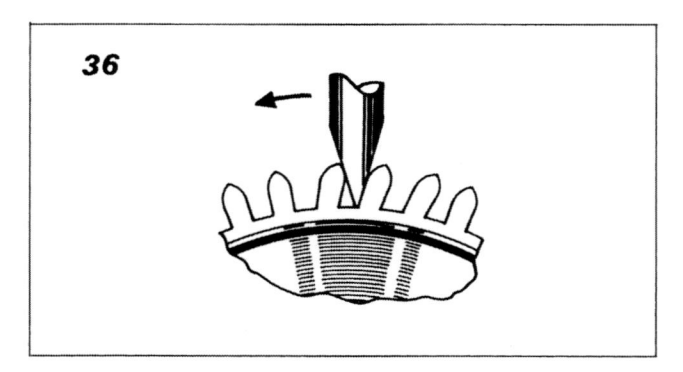

36

Federhaus und Zugfeder

37) **Abgebrochene Zähne im Federhaus:** Ist der Zahnkranz des Federhauses sehr viel grösser als die Federhaustrommel, können die im Abschnitt 26 beschriebenen Arbeiten Verwendung finden. Oft überragt der Zahnkranz die Trommel nur um eine Zahnlänge. Das Einsetzen der Zähne wird so recht schwierig. Die Stelle mit dem oder den abgebrochenen Zähnen wird zunächst an der Trommel eingesägt und sorgfältig ausgefeilt. Nach dem Verlöten des Einsatzstückes muss die Trommel auch innen nachgedreht werden. Sorgfältig werden die Zähne eingefeilt und nachgewälzt. Die Lötarbeit darf nur mit Weichlot ausgeführt werden. Verwendet man Hartlot, leidet das Material durch zu starke Erwärmung und wird bald wieder brechen.

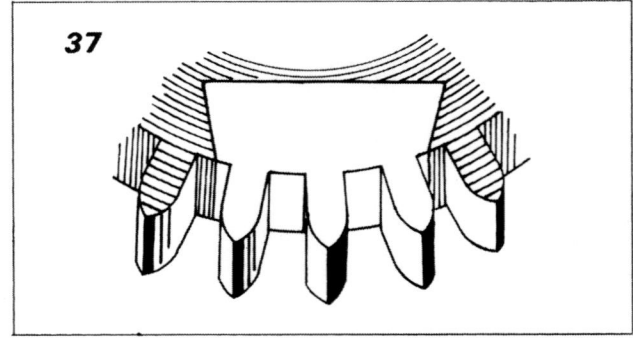

37

38) Ein Schweizer Spezialist (A. Reinhard, Sarnen) ersetzt Federhauszähne in der Weise, dass er eine parallele Einfräsung an der Stelle der zu ersetzenden Zähne anbringt.
Der Durchmesser des scharfkantigen Fräsers ist 25-30 mm, je nach Grösse des Federhauses. Er entspricht aber genau dem Durchmesser einer runden Messingscheibe, die in die Lücke eingesetzt wird; die Dicke der Scheibe richtet sich nach dem gemachten Einschnitt, so dass Rundung und Fläche genau aufliegen.
Ohne jegliche Passungsarbeit sitzt das entsprechende Stück Scheibe in dem Fräseinschnitt und wird mit Zinn von innen verlötet. Nach dem Absägen des überstehenden Teiles erfolgt das Bündigdrehen innen und aussen; danach werden die fehlenden Zähne gefräst oder eingefeilt.

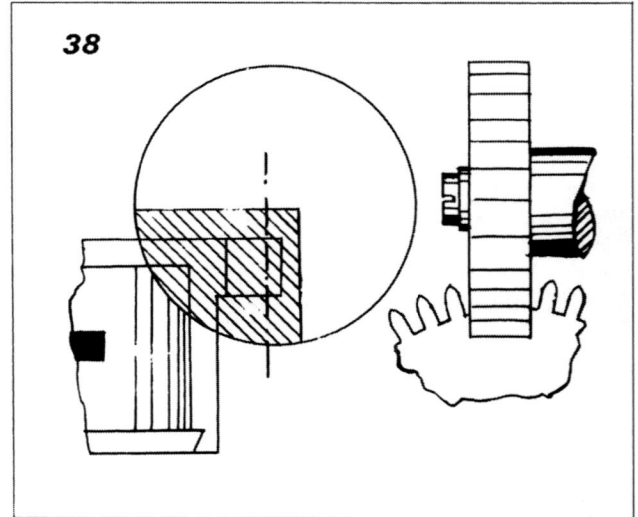

38

A. Reinhard.

39) **Ein neuer Federhaus-Zahnkranz** ist angebracht, wenn zu viele Zähne ausgebrochen sind oder alle Zähne durch einen zu seichten Eingriff angegriffen sind. In alten Uhren ist die Federhaustrommel in den ausgedrehten Zahnkranz eingeschlagen und verlötet. Beide Teile können nach Erhitzen voneinander getrennt werden, andernfalls wird der Zahnkranz völlig abgedreht. Der neue Zahnkranz wird mit leichter Unterstechung (wie beim Federhausdeckel) passend gedreht. Zweckmässig ist es, die Trommel nicht bis auf den Boden der Ausdrehung gelangen zu lassen, sondern hier Platz für Lötzinn zu schaffen.

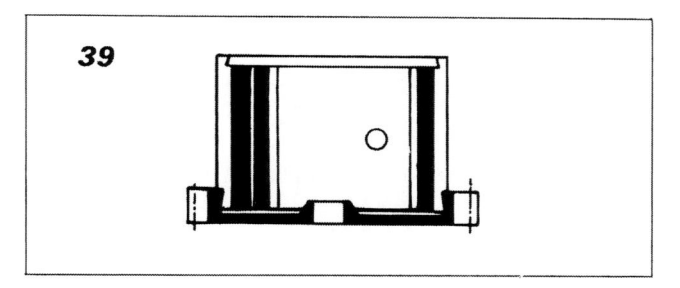

40) **Das Abspannen kräftiger Zugfedern** mit dem Schlüssel, während man die Sperrklinke immer wieder aushebt, ist nicht ganz gefahrlos. Mit dem **Kombinations-Werkzeug** (siehe Werkzeug-Anhang) lassen sich alle Uhren nicht nur aufziehen, sondern vor allem ohne jedes Risiko abspannen, wobei nicht nur Sicherheit gewonnen wird: eine Zugfeder wird im Bruchteil der üblichen Zeit entspannt!

Aufzug – Vierecke sind im Laufe der Jahre oder gar Jahrzehnte oft stark abgenutzt, besonders wenn ein etwas zu grosser Schlüssel benutzt wurde. Sie müssen unbedingt so weit wie möglich nachgefeilt werden. Es wird dann allerdings ein neuer Schlüssel mit passendem Viereck nötig werden.

41) **Der Federkern** soll theoretisch etwa 1/3 des Federhausdurchmessers betragen; dieses Verhältnis wird bei Grossuhren jedoch nicht immer eingehalten. Der Kerndurchmesser ist meist kleiner, dafür wurde das ‹Herz› der Zugfeder länger ausgeglüht. Hierdurch legen sich einige Windungen tot um den Federkern und vergrössern ihn auf diese Weise, so dass trotzdem die Zugfeder nicht über Gebühr auf Biegung beansprucht wird.

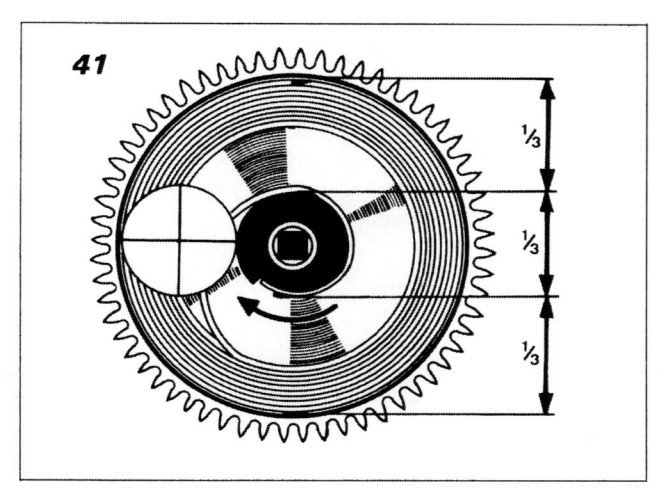

42) **Die Zugfeder** ist aussen fast immer mit einem Loch am Federhaushaken eingehängt. Der Nachteil dieser Befestigung ist, dass die Federklinge bei Vollaufzug am Haken sofort scharf abknickt. Ein Federzaum würde diesen gefährlichen Knick verhindern und ausserdem die freiere Entwicklung des Federpaketes fördern. – Bei alten Uhren findet man manchmal nur einen **schrägen Schlitz im Federkern**, in den die Federklinge hineingehängt wird. Diese ältere Art ist fast günstiger als der moderne Niethaken, der bei zu grosser Höhe mehrere Federklingen durchzuknicken vermag. – Zugfedern alter Uhren können in ihren Abmessungen so aussergewöhnlich sein, dass ein Ersatz bei den Normgrössen nicht beschafft werden kann. In diesem Fall müssen in einer Zugfederfabrik Federn in den Original-Abmessungen bestellt werden.

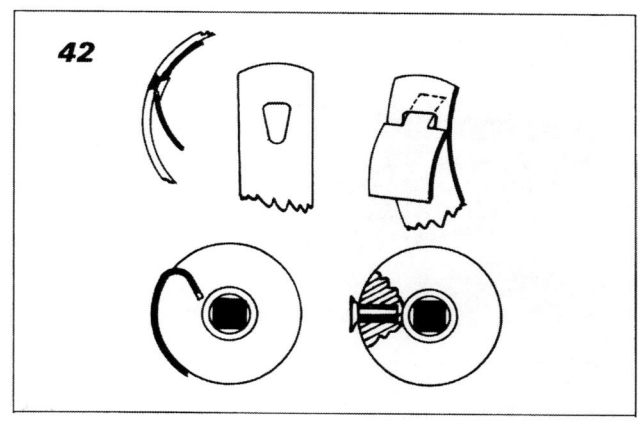

43) **Mit einem Federlocher** werden die Löcher in die Federklinge gestanzt, die vorher – allmählich verlaufend – ausgeglüht wurde. Der Federlocher wird im

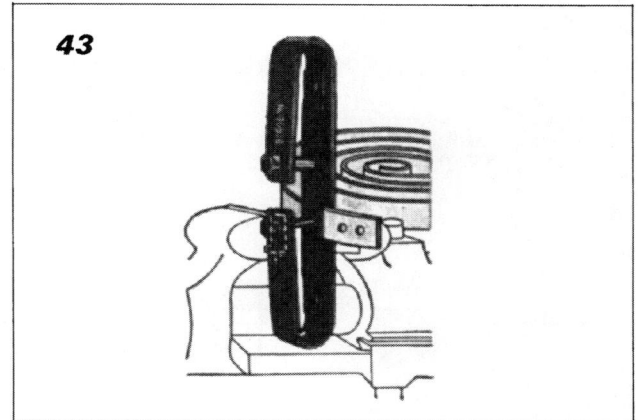

Schraubstock zusammengeschraubt. Durch Aneinandersetzen mehrerer Löcher lässt sich die ungefähre Form der Aufhängeöse erreichen, so dass nur wenig Nacharbeit übrig bleibt. Die Wandungen werden mit Feil-Längsriss versehen, um die Bruchgefahr zu verringern. Die Kante, mit der die Öse unter den Federhaushaken greift, sollte etwas unterschrägt sein.

44) Ein kräftiger Federwinder ist ebenfalls unerlässlich, um die oft sehr starken Zugfedern in die Trommel zu winden. Das Einwinden von Hand über den Trommelrand verdirbt die Zugfeder, indem es sie spiralig auseinander zieht – ganz abgesehen von der unvergleichlich grösseren Kraftanstrengung! Klebende Zugfedern verringern die Antriebskraft für die Uhr beträchtlich; daher sollte man jede Zugfeder zur vorsichtigen Reinigung der Federwindungen herausnehmen, um sich spätere Unannehmlichkeiten zu ersparen. Die Kraftkurven von Zugfedern, die mit einem graphitierten Öl oder Fett geschmiert wurden, sind wesentlich gleichmässiger als bei reinem Öl oder Fett.

Der moderne Federwinder bietet Sicherheit:

44a) Die Zugfeder wird in eine Trommel eingewunden, die etwas kleiner ist als das Federhaus.

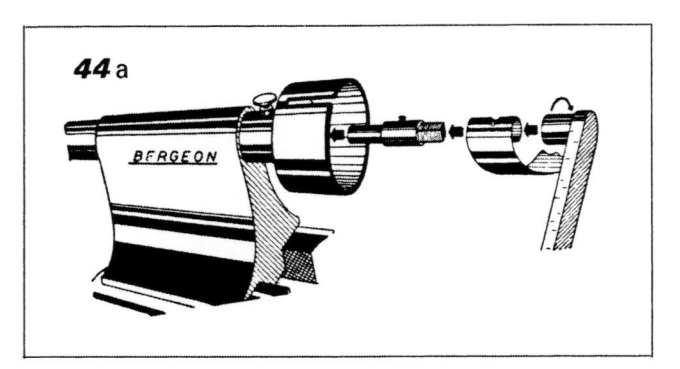

44b) Das Federhaus wird über die Federwinder-Trommel gesteckt und mit der grossen Kurbel links drückt man die eingewundene Feder in das Federhaus hinüber.

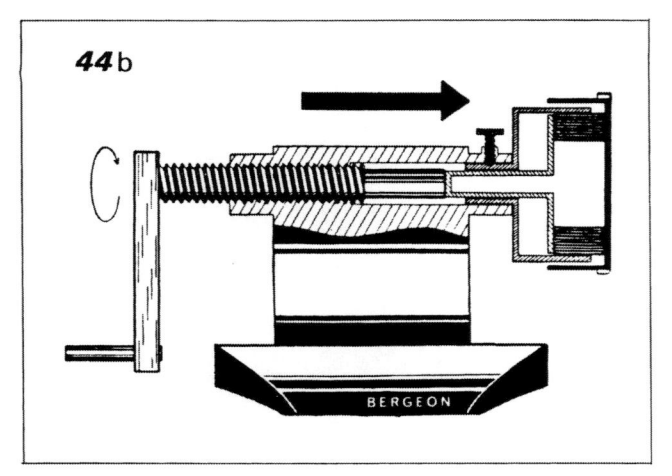

45) **Abweichend von der klassischen Federhausform ist beim festen Federhaus** die beiderseits offene Federhaustrommel auf die Platine aufgeschraubt. Das Gesperr sitzt nicht auf der Platine, sondern auf dem Federrad. Dadurch ergibt sich der Nachteil, dass das Werk rückwärts geht beim Aufzug. Fast alle derartigen Uhren besitzen jedoch eine Begrenzung für Aufzug und Ablauf und zwar als ‹Fingerstellung›. Wichtig ist hierbei, dass die Federung in der Ausdrehung des Stellungsrades kräftig genug wirkt, um ein unbeabsichtigtes Verdrehen zu verhindern.

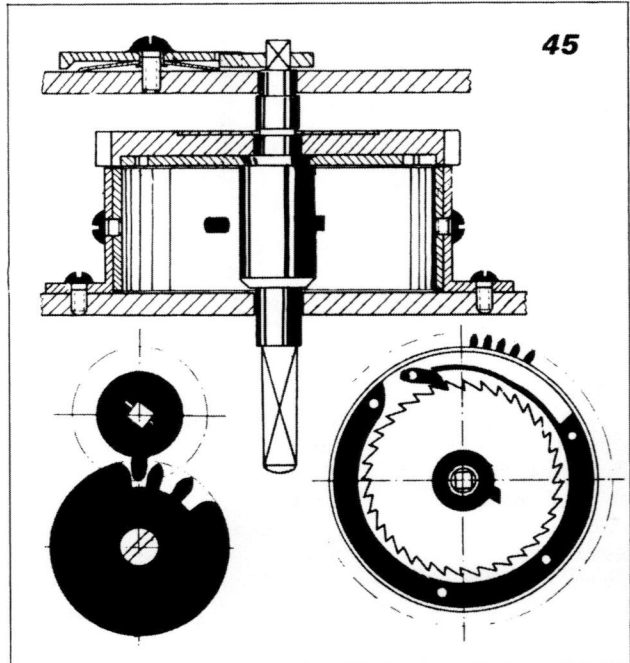

46) **Die Malteserkreuz-Stellung** vermeidet diesen Nachteil durch die zwangsläufige Sicherung des Kreuzes am Umfang des ‹Fingers›. Der Stellungsfinger wird erst nach Prüfung und Zählung der Federhaus-Umdrehungen aufgesetzt und zwar derart, dass sowohl am Anfang als auch am Ende etwas Spielraum bleibt. Die Zugfeder sollte nicht voll aufgezogen, sondern etwa 1/3 bis 1/2 Umgang vorher gesperrt werden. Entsprechend wird der Stellungsfinger ‹abgelaufen› aufgesetzt, nachdem man das Federhaus mindestens einen Umgang aufgezogen hatte.

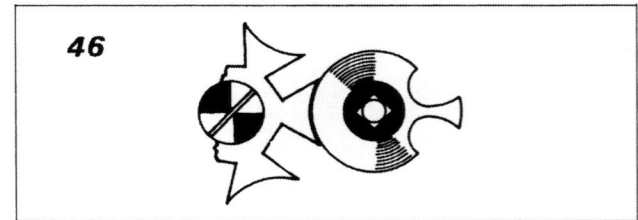

Schnecke

47) **Die Schnecke** ist schon früh in alten Uhren angewendet worden, um den Kraftunterschied zwischen ‹abgelaufen› und ‹aufgezogen› auszugleichen. Die Hebelarme verändern sich gemäss dem wechselnden Kraftmoment, sodass das Ergebnis ‹Kraft mal Kraftarm› praktisch gleich bleibt, jedenfalls individuell bei der Originalfeder. Bei einem Zugfeder-Ersatz wird sich das Verhältnis möglicherweise etwas verändern. In alten Grossuhren wird die Darmsaite einfach mit Knoten eingehängt. Die in kleineren Uhren verwendeten stählernen Ketten sind mit unterschiedlichen Haken versehen: auf dem Federhaus-Umfang legt sich der gebogene Haken an; um den Stift der Schnecke wird der runde Haken eingehakt, weil der völlige Ablauf so weit vor sich geht, dass der Haken vor den Drehpunkt der Schnecke zu stehen kommt. Der grosse Vorteil dieses Antriebes besteht in dem ganz allmählichen Aufhören der Antriebskraft beim Ablauf.

Falls die Kette gerissen ist, wird eine neue Niete so gesetzt, dass die Beweglichkeit beibehalten wird. Schwergängige oder auch angerostete Ketten werden in Petroleum oder dünnes Öl gelegt und hierin bewegt.

Das Gesperr in der Schnecke ist verhältnismässig empfindlich, da die Sperrklinke sehr klein und nur mit einem massiven Zapfen im Messing des Rades gelagert ist. Man sollte nicht vergessen, auch diesen Zapfen zu ölen. – Früher gab es fertig vorgearbeitete lange Stahlstangen mit dem Profil der Sperrklinken; man brauchte nur ein Stück abzuschneiden und den Zapfen anzufeilen. Um der Abnutzung weitgehend vorzubeugen, soll die Klinke an der Spitze sehr hart sein, zum Vernieten muss jedoch der Zapfen weicher sein.

Beim Einwinden der Kette nach der Reparatur muss die Uhr bis auf die Spindel zusammengesetzt sein. Dann stellt man das Loch im Federhaus und den Stift in der Schnecke nach vorn und hakt sie ins Federhaus ein. Falls die Uhr statt der Kette eine Saite hat, die wie üblich schon im Federhaus befestigt ist, erübrigt sich dies. Mit einem Schlüssel auf dem Federkernzapfen wird Kette oder Saite so weit aufgewunden, dass das Ende noch bis zum Einhängen in der Schnecke reicht; hierbei muss verhindert werden, dass Kette oder Saite unter das Federhaus abgleiten.

Nach dem Einhängen in die Schnecke lässt man das Werk so weit ablaufen, dass Kette oder Saite gänzlich auf dem Federhaus liegt. Jetzt wird das kleine Sperrad auf dem Federkern etwa einen halben Umgang angespannt; da die Sperrklinke ohne Sperrfeder ist, muss sie festgeschraubt werden.

Nun zieht man die Uhr auf, bis die Kette ganz auf der Schnecke liegt und schiebt währenddessen Saite bzw. Kette nach und nach auf dem Federhaus nach unten, damit sie sich richtig auf die Schnecke wickelt. Ist die Uhr voll aufgezogen, so legt sich der ‹Kettenvorfall› von der Kette hochgedrückt an die ‹Kettenschnauze›, das auf die Schnecke geschraubte Stahlplättchen mit Nase.

Man setzt nun die Hemmung ein oder lässt die Uhr ablaufen, da ein Abspannen ja unmöglich ist. Beim Zusammensetzen wird im Werk die Kette oder die Saite auf das Federhaus gewunden und mittels des kleinen Sperrades die Zugfeder einige Zähne angespannt. Gut ist, wenn man sich beim Zerlegen zuvor merkt, um wieviel Zähne vorgespannt war. Da übrigens beim Aufziehen an der Schnecke das Werk kraftlos wird und eine empfindliche Hemmung Schaden nehmen könnte – abgesehen von dem Zeitfehler! – sind manche Uhren mit einem Gegengesperr ausgerüstet, wie es auch beim Gewichtsantrieb zu finden ist.

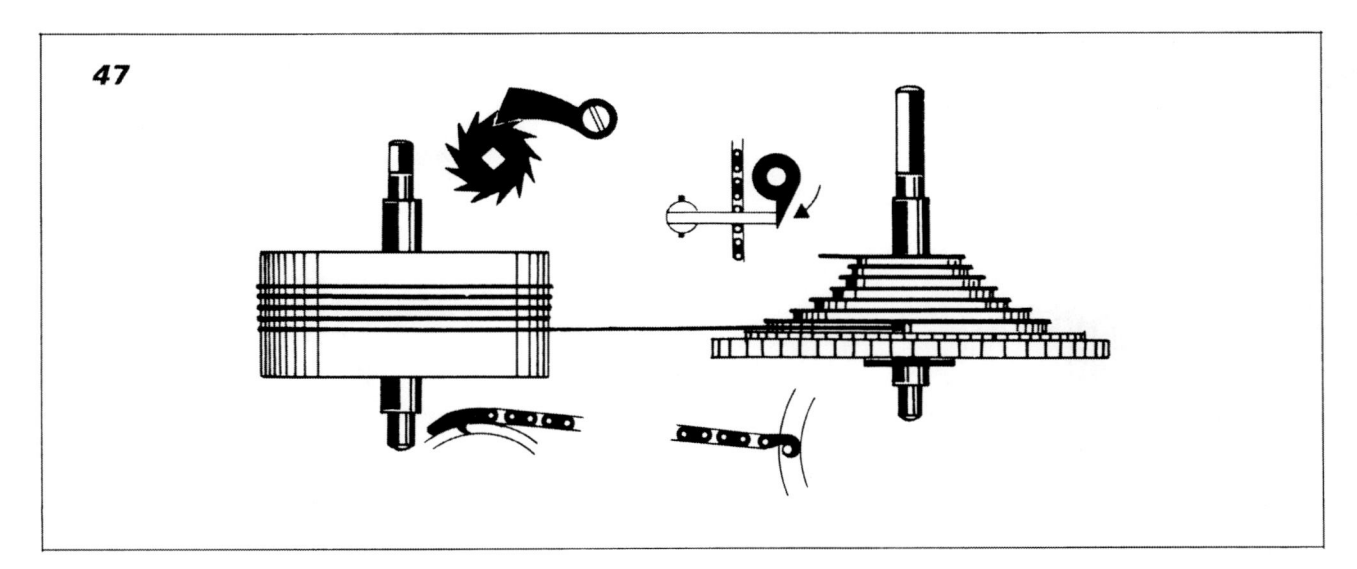

Gewichts-Antriebe

48) Der Gewichts-Antrieb ist nur für ortsfeste Uhren geeignet. Er hat den Vorteil des ideal gleichmässigen Antriebes. Zur **Verlängerung der Gangdauer (Verdoppelung)** wird meist die bewegliche Rolle angewendet, wodurch zwar auch das Antriebsgewicht verdoppelt werden muss. (Kraft wirkt an der Mitte eines einarmigen Hebels). Die Darmsaite oder das Seil ist mit einem Knoten in der Trommel eingehängt, während das andere Ende in einer Öse am Werk befestigt wird. Die Lagerung der Rolle muss wegen der starken Belastung ebenso sorgfältig behandelt und geschmiert werden wie eine andere Zapfenlagerung.

Das Walzenrad ist durch **das ‹Gegengesperr›** kompliziert. Um zu verhüten, dass das schwere Pendel die Gangradzähne beschädigt, wenn es während des Aufzuges rückwärts dreht, werden Gewichtsuhren meist mit dem Gegengesperr (Harrison 1750) ausgerüstet.

49) Das Gegengesperr treibt die Uhr praktisch ständig an, da die Hilfsfeder vom Antriebsgewicht dauernd gespannt wird. Die Form dieser Hilfsfedern ist sehr verschieden; sie sind innen oder aussen so angeordnet, dass sie das lose Walzenrad antreiben, wenn beim Aufzug die Gegensperrklinke die Rückwärts-Entspannung verhindert. Die Federscheibe, die auf dem Walzenrad sitzt und in eine Nut der Welle eingreift, soll das ganze System zwar zusammenhalten, darf aber keine Bremsung ausüben, damit die Hilfsfederung zur Wirkung kommen kann.

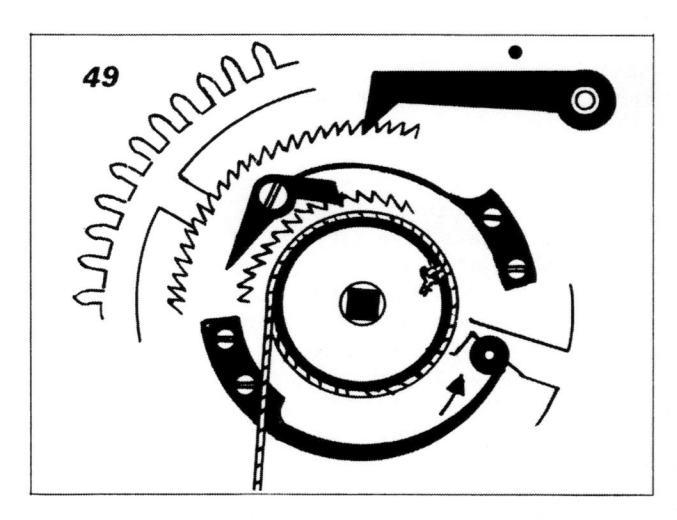

50) Eine andere Art von Hilfsaufzug – bei alten englischen Uhren – muss vor dem Aufzug des Gehwerkes von Hand eingeschaltet werden. Hierbei treibt – wie etwa beim Hilfsaufzug von Berthoud – eine Federkraft oder ein Gewicht das Zwischenrad über eine Klinke stets vorwärts und verhindert eine Rückwärtsbewegung während des Aufzuges.

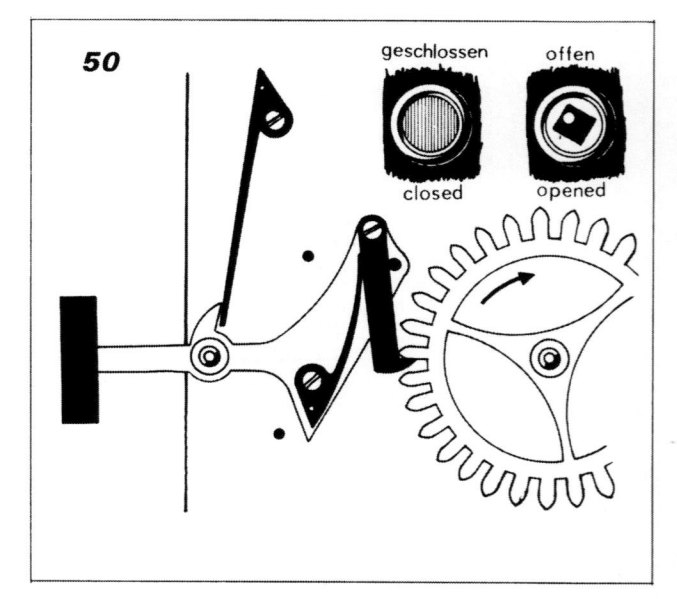

Damit nicht vergessen wird, diesen Hilfsaufzug vor dem Aufziehen einzuschalten, ist der Hebel mit einer Scheibe gekoppelt, die das **Aufzugloch für das Gehwerk verschliesst: erst nach Einschalten des Hilfsaufzuges wird das Aufzugloch freigegeben** zum Einsatz der Kurbel!

51) **Der ‹Huygensche Antrieb›** benötigt kein Hilfs- oder Gegengesperr. Die endlose Kette wird entweder durch eine Hilfswalze aufgezogen, wenn es sich nur um eine Gehwerk-Uhr handelt, oder aber die Uhr wird an der Schlagwerk-Walze aufgezogen. In jedem Falle behält die Gehwerk-Walze auch während des Aufzuges die volle Antriebskraft. Die Ring- oder Bandkette wird in der unteren Schleife durch ein Hilfsgewicht gespannt gehalten. Bei den ‹Friesen-Uhren› gleitet die Gesperrscheibe über die Walzenradschenkel, die manchmal dadurch stark ausgeschlissen sind; sie müssen notfalls ersetzt werden.

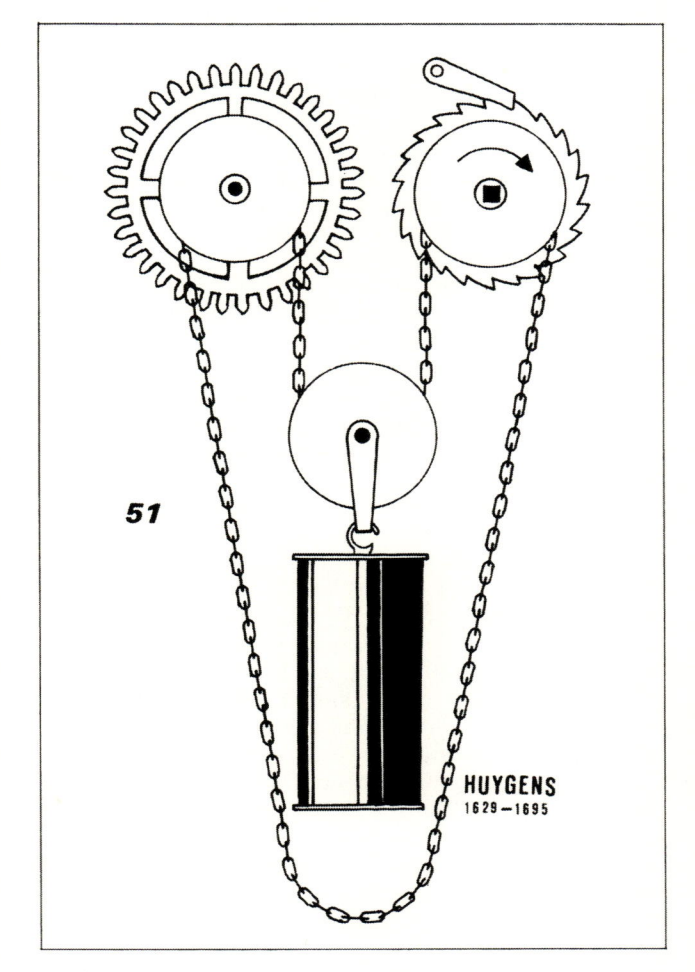

51 HUYGENS 1629—1695

52) **Bei den Seil-Antrieben** ist oft keine derart zwangsläufige Haftung vorhanden wie bei der Kette. Lediglich die Keilnut in Verbindung mit der Riffelung im Holz hält das Seil, was jedoch nur möglich ist, wenn das Seil um den halben Umfang schlingt. Daher ist das – viel leichtere – Gegengewicht auf der anderen Seite des Antriebes wichtig, das für Spannung des Seiles sorgen muss.

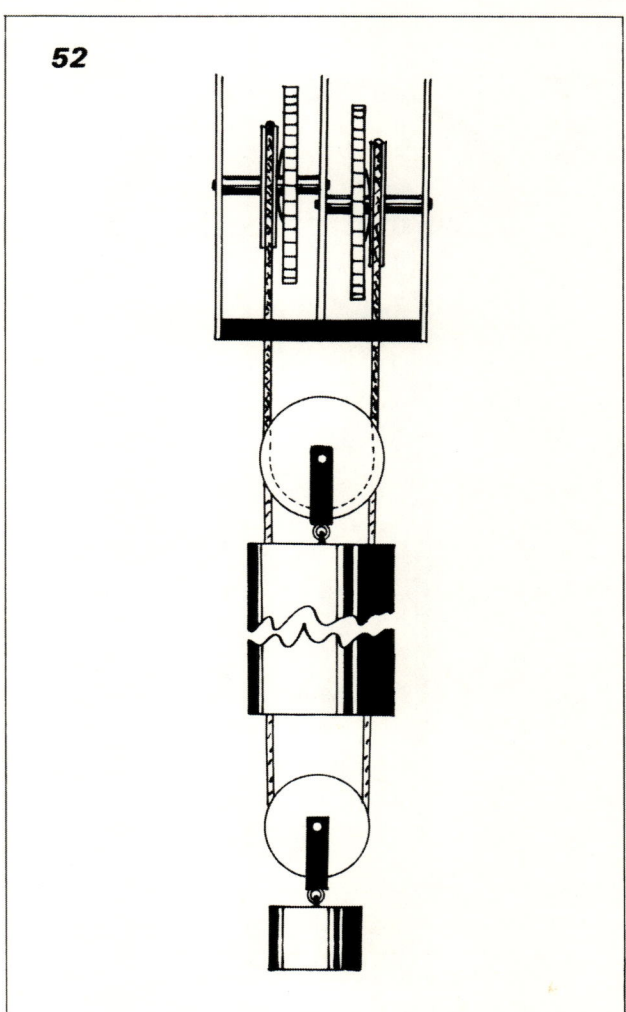

52

Sehr oft treibt ein einziges Gewicht sowohl das Gehwerk als auch das Schlagwerk, wobei dann nur das Schlagwerk aufgezogen werden muss; durch diese Anwendung des ‹Huygens-Prinzips› (Huygens 1629-1695) ist für das Gehwerk kein Gegengesperr notwendig. Ausserdem wird die Aufhängung der Uhr wesentlich entlastet, die sonst das doppelte Antriebsgewicht aushalten müsste; bei der Schwere der früheren Uhrgewichte durchaus nicht zu unterschätzen! Unter anderen wurden die Lantern-Uhren und die Friesen-Uhren auf diese geniale Weise angetrieben.

53) **Ein Weckerwerk** der frühen Uhren wird ebenfalls mit Seil angetrieben und das Antriebsgewicht am Durchrutschen von dem leichteren Gegengewicht gehindert. Das Weckwerk bestand nur aus der Seilwalze, die zugleich die Stifte trug für die Betätigung der Weckerhammer-Spindel.

29

Die Einstellung der Weckzeit wird fast immer durch eine drehbare Scheibe unter dem Stundenzeiger vorgenommen, wobei die Spitze gegenüber dem eigentlichen Stundenzeiger als ‹Weckerzeiger› dient.

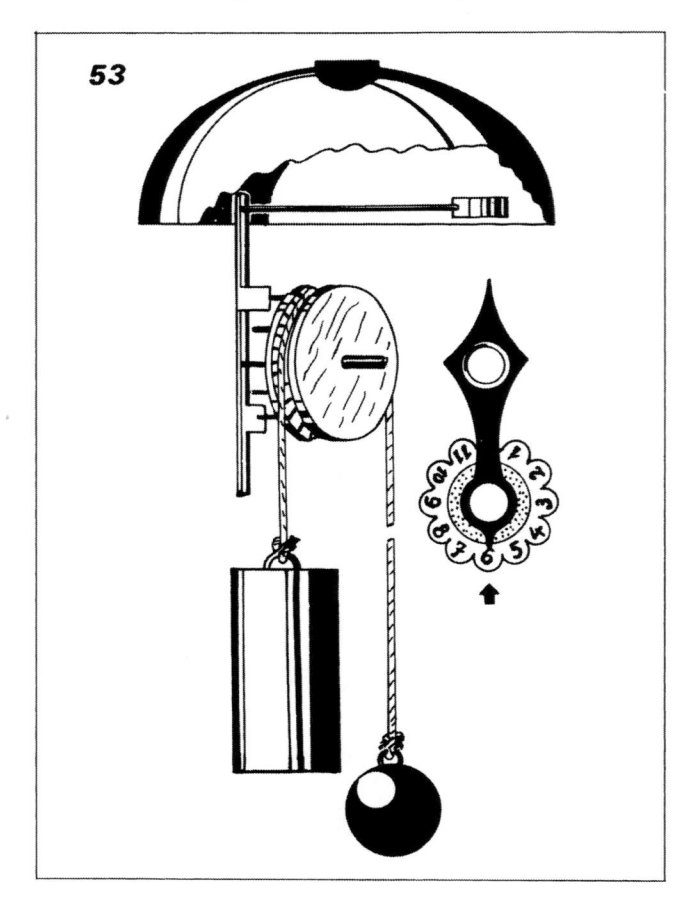

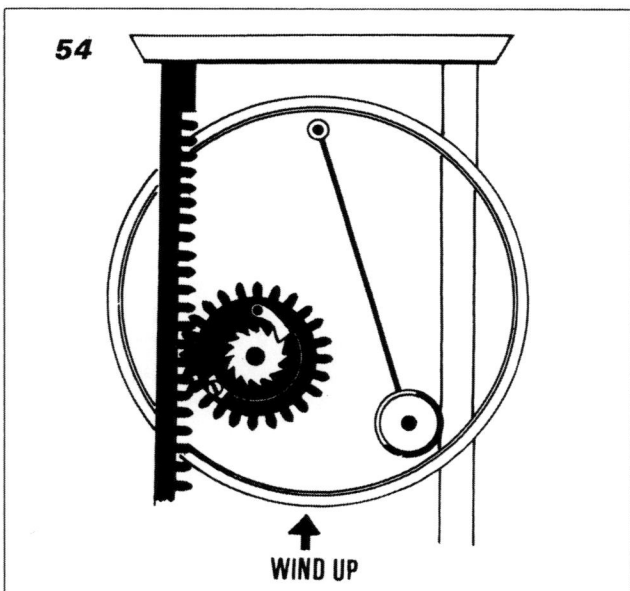

53

54

WIND UP

54) **Bei der Sägeuhr dient das Eigengewicht der Uhr zum Antrieb**; der Aufzug erfolgt durch einfaches Emporschieben der Uhr, sei es auf einer mittleren Einzelsäge oder in einem Gerüst mit zwei Stangen, wovon nur eine gezahnt ist. Oft ist der Ablauf der Uhr auf eine Woche verteilt und der Stand der Uhr gibt beim Ablauf die Wochentage an.

Bei leichten Uhren reicht das Gewicht nicht aus für den Antrieb der Uhr. In solchen Fällen wird die Uhr durch eine Zugfeder angetrieben. Der Aufzug erfolgt dann durch **Niederdrücken der Uhr** an der Sägestange; während des Ganges steigt die Uhr langsam wieder nach oben!

55) **Eingerissene Stahlseile** müssen erneuert werden, da an ihnen meist wirklich schwere Gewichte hängen, deren Fall das Uhrgehäuse erheblich beschädigen kann.

Hanfseile sollten durch Hanfseile ersetzt werden. Bei Seilereien sind die in der Uhrmacherei verwendeten Grössen erhältlich.

Angelschnüre gibt es in verschiedenen Stärken und sie sind ebenfalls ausserordentlich kräftig.

Nylonschnüre sind zwar sehr stark, aber in antiken Pendulen fehl am Platze.

Darmsaiten sind in den Musikalien-Geschäften erhältlich. Die dicken Saiten (Cello) sind leider oft nicht lang genug, so dass es besser ist, wenn man Spezial-Saiten erhalten könnte.

Dünne Darmsaiten sind jedoch in den Grosshandlungen meist noch erhältlich. Alle Darmsaiten sollten vor dem Einbau etwas eingeölt werden.

Die Verbindung der Seile zur Schnur ohne Ende sollte ohne allzu grosse Verdickung geschehen; man sieht es oft mit Draht ausgeführt, besser ist jedoch eine sorgfältige Zwirn-Naht, wenn man es nicht kunstgerecht verspleissen kann.

Um dem Rutschen der Seile in der Nut etwas vorzubeugen, – falls keine Dornen vorhanden sind – kann man hier pulverisiertes Kolophonium aufbringen.

55a) **Bei den Ketten** sind nicht selten die Kettenglieder auseinander gezogen. Es ist zwar mühsam, sie alle wieder zusammenzubiegen, doch muss es geschehen, wenn nicht eine neue Kette verwendet werden kann. – Bei schweren Gewichten ist dem Besitzer zu empfehlen, nicht nur an der Kette zu ziehen, sondern auch das Gewicht mit anzuheben. Insbesondere sollte vermieden werden, dass das Gewicht nach dem Aufzug mit hartem Ruck die Kette belastet und dadurch die Kettenglieder auseinanderzieht.

Ein einfaches Reinigungsmittel für Messingketten sind Essig und etwas Salz; mit den Händen werden die Ketten gründlich darin gewaschen und danach in Wasser abgespült.

Fettige Ketten werden in kochendem Sodawasser gereinigt.

Durch Ultraschall werden auch Ketten müheloser als mit alten Rezepten blank.

Friesische Stuhl-Uhr (1770)
Nach Huygens werden Geh- und Schlagwerk gleichzeitig von nur einem Gewicht angetrieben, das nur am Schlagwerk aufgezogen wird.

II Hemmungen und Pendel

Spindelhemmung

1) Die Spindelhemmung hat sich über die Jahrhunderte bewährt und tut noch heute in vielen Uhren ihren Dienst. Dies beweist am besten ihre Genialität; ihr Erfinder ist leider völlig unbekannt. Ursprünglich war die Spindelhemmung mit der ‹Folio› oder ‹Waag› betrieben worden.
Leichte Pendel wurden direkt mit der Spindelachse verbunden. Die Spindelhemmung darf nicht geölt werden.

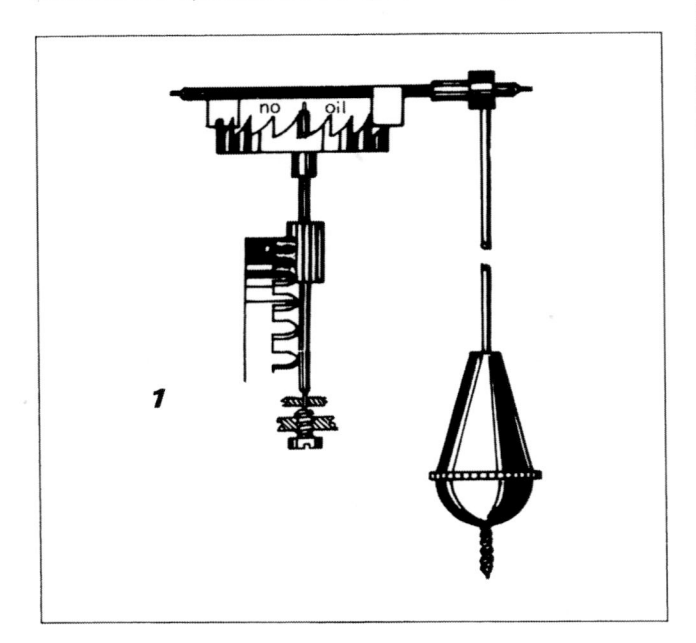

2) Die besonders aufgehängten, schweren Pendel sind durchaus nicht immer theoretisch richtig derart mit der Hemmung verbunden, dass die Drehpunkte übereinstimmen.
Ganz abweichend ist sogar die Konstruktion im rechten Winkel, wo der waagerechte Spindelarm in einen Schlitz des langen Pendels eingreift, und wo eine intensive Reibung entsteht. Man findet diese Anordnung auch in den ‹Friesen-Uhren›.

3) Eine besonders originelle Konstruktion aus der Anfangszeit der Pendeluhr ist eine Zahnrad-Übertragung der Pendelbewegung auf die Spindelachse. Das Kronrad P (‹Pirouette›) ist – da nur teilweise benötigt – nicht auf dem ganzen Umfang verzahnt; die relativ geringe Pendelbewegung wird um das Übersetzungsverhältnis vergrössert auf die Spindel übertragen.

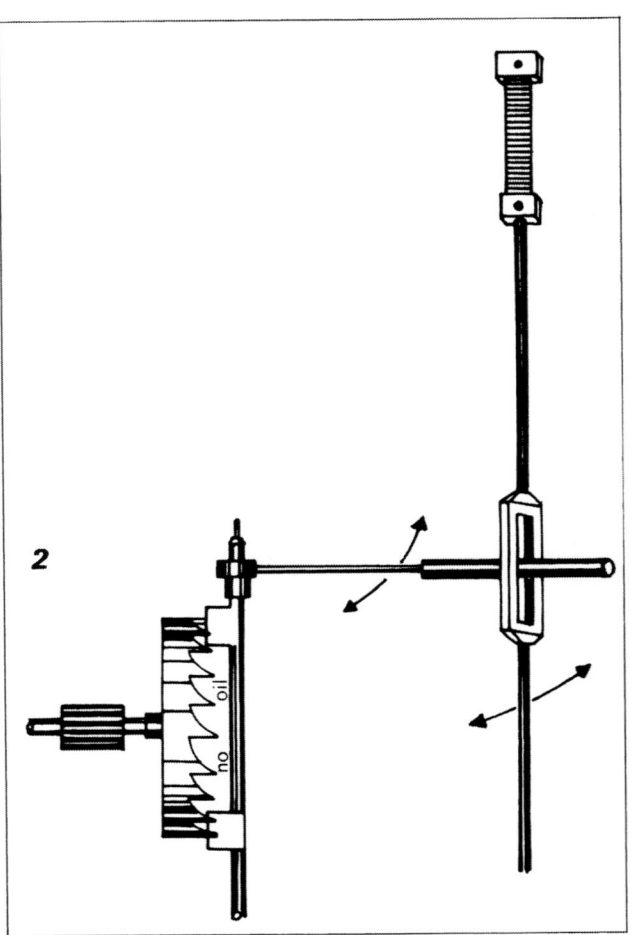

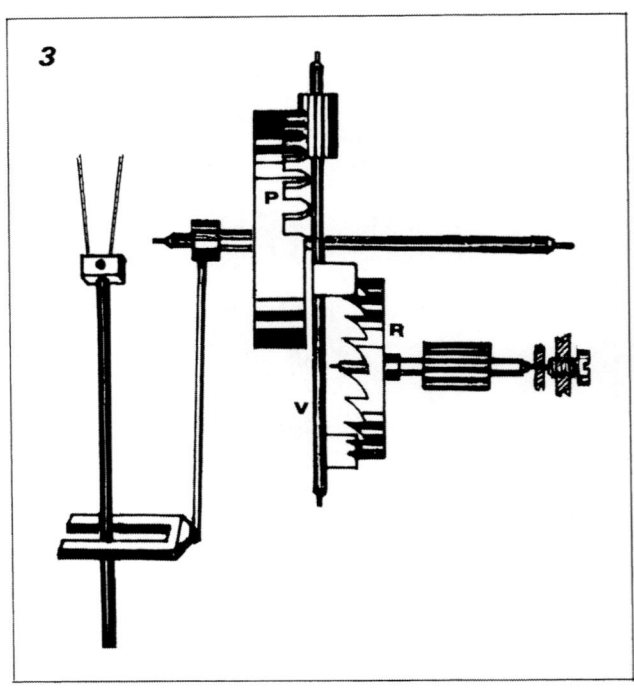

4) Die Spindelhemmung
Alte Regeln für die wichtigsten Funktionen sind:
Die Eingriffstiefe soll 2/3 der Palettenlänge betragen.
Die Neigung der Radzähne zur Achse ist etwa 25-27°.
Der Öffnungswinkel der Paletten ist etwa 95-100°.
Die Länge der Paletten soll etwa 6/10 der Radteilung sein (genauer 180/302).
Die Dicke der Paletten ist gleich der Hälfte der Achse der Spindel.

5) Leicht eingeschlagene Spindellappen können wieder nachgeschliffen und nachpoliert werden. Eine in der Mitte gebrochene Spindel oder eine Spindel mit stark eingeschlagenen Lappen muss ersetzt werden.

Die verschiedenen Möglichkeiten, eine Spindel anzufertigen:

6) **Aus massivem Rundstahl** die Spindel mit den Lappen herauszuarbeiten ist ein Verfahren, das zwar durchaus ‹uhrmacherlogisch› erscheint, aber durch die grosse Zerspanungsarbeit den grössten Zeitaufwand erfordert.
Nachteil der Materialbeschaffenheit: Der gezogene Rundstahl ist in den äusseren Schichten dichter als der Kern. Für die Herstellung einer Spindelwelle wird aber der Kern des Materials gebraucht. Flachbandstahl eignet sich besser für die Herstellung von Spindeln.

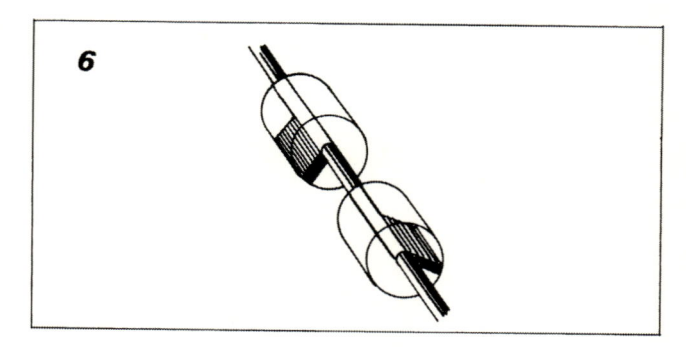

6

7) **Aus schmalem Flachmaterial** werden die Hebungslappen nach der gleichen Seite herausgearbeitet. Die Partie zwischen den Lappen wird dann so verwunden, dass die Lappen den erforderlichen Winkel – meist 90-100 Grad – bilden. Nach dem Rundfeilen der Welle, dem Härten und Anlassen werden die Zapfen angedreht, wobei ein Ende der Welle in die Spannzange der Drehbank eingespannt wird; der Zapfen kann in der Gegenspitze oder in einem Loch der Zentrierscheibe freistehend angedreht werden. Die Lappen sollen sehr fein poliert sein, was bei den kleinen Flächen ja keine Schwierigkeiten bereitet.
Saunier empfiehlt, die Spindellappen zunächst etwas länger zu lassen und vorsichtig zu kürzen, bis Hebung und Fall angemessen sind. Die Spindellappen sollen bis zur Mitte der Spindelachse eingestrichen sein.
Die Spindel soll vom besten Stahl gemacht und gut gehärtet sein, die Zapfen werden blau oder besser violett und die Lappen nur gelb angelassen und gut poliert. Man soll jedoch das Polier-Rot nicht zu trocken auspolieren auf der Zink- oder Kupferfeile; er empfiehlt vielmehr, mit einem weichen Holz das Polier-Rot bis zum Schluss zu verwenden. Auf jeden Fall soll vermieden werden, die Arbeit mit Ölsteinpulver zu beenden, da sonst an der Kante der Lappen Grat entstehen kann, der die Zahnspitzen schädigt. Jede Spur des Polier-Materials muss sorgfältig entfernt werden, da die **Spindelhemmung trocken arbeiten** soll. Gewissenhafte Arbeiter reinigen zum Schluss mit Wasser und Seife!

Das Richten einer verbogenen oder verzogenen Spindelachse erfolgt, indem man mit der schmalen Kante des Hammers auf die hohe Seite der Achse schlägt, während die Gegenseite auf einem harten Amboss fest aufliegt; die Spuren des Richtens durch den Hammer sollten nicht entfernt werden!

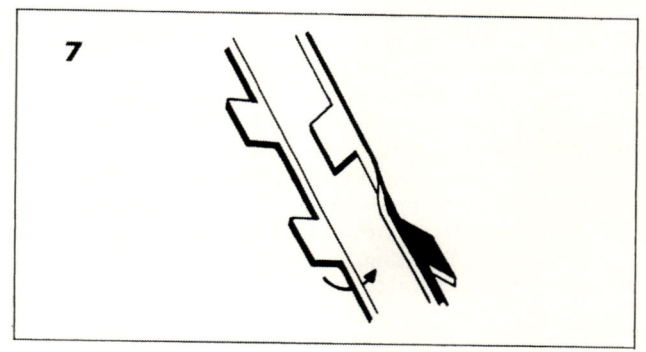

7

8) **Bei der Anfertigung einer Spindel** aus massivem Stahl ergibt sich bald die Schwierigkeit, die Spindel-

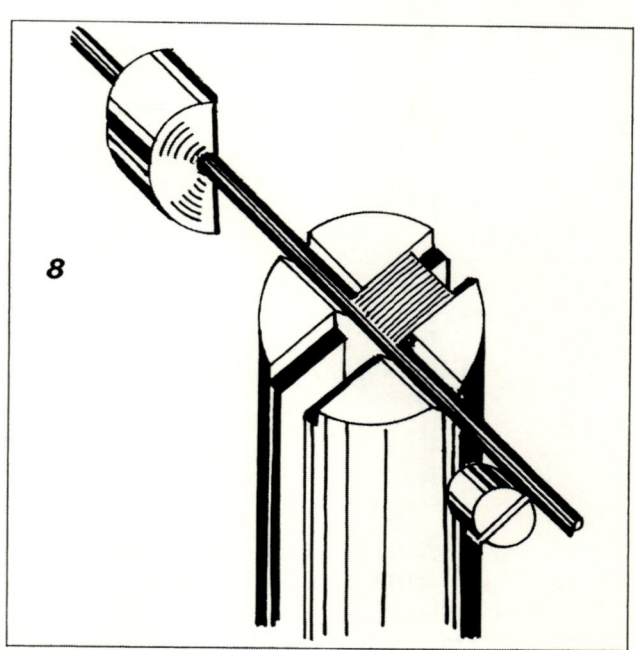

8

lappen zur Fertig-Bearbeitung sicher einzuspannen. Dies hat Meister Reinhard veranlasst, sich eine **Hilfskluppe aus Rundstahl** anzufertigen, in der für die Spindelachse ein schräger Durchlass vorgesehen ist; die Spindellappen liegen nun vertieft auf Ansätzen beider Kluppenhälften auf. – So können die Lappen sogar gefräst werden, wobei die Winkelstellung sich von selbst ergibt. Da das Werkzeug in der Drehbank eingespannt werden kann, lässt sich die erste Seite auch abdrehen. Auch beim Nachschleifen und Polieren der Lappen leistet das Werkzeug gute Dienste.

Haken-Hemmung

9) **Die Haken-Hemmung ist** – wie die Spindelhemmung – eine das Hemmungsrad zurückführende Hemmung. Dadurch dämpft sie zu grosse Schwingungen und verbessert die Gangleistung der Uhr.
Ihr eigentlicher Erfinder ist zwar Robert Hooke (1676), doch wurde sie von William Clement (1680) derart verbessert, dass man ihn allgemein als den Erfinder nennt; von ihm stammt vermutlich übrigens auch die Pendelfeder aus Stahl.
Eine vom üblichen abweichende Anordnung der Haken-Hemmung zeigt die Abb. 9. Der Kronrad-Eingriff und das Hemmungs-Kronrad lassen vermuten, dass hier eine Spinderluhr mit dem Haken-Anker versehen wurde; zumindest scheint die Konstruktion davon beeinflusst zu sein.

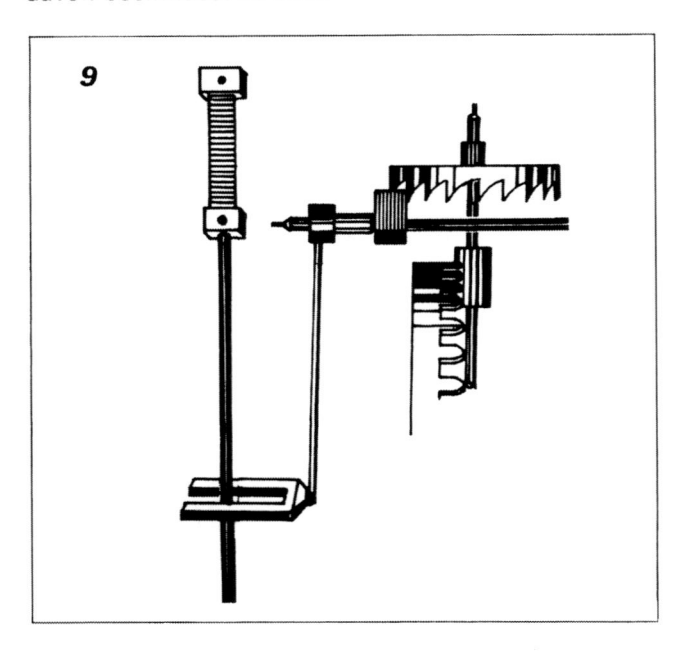

10) **Die Pariser-Anker-Form** ist in den meisten Uhren zu finden. Der englische, höhere Dachanker greift über mehr Zähne. Beide Arten sind bei der Reparatur verhältnismässig leicht zu behandeln, wenn die Hebeflächen eingeschlagen sind. Entweder wird der Anker auf dem Viereck der Welle versetzt, oder die eingeschlagenen Stellen werden ausgeschliffen und wieder poliert. Da auf diese Weise der Anker zu weit wird, ist dieser Fehler auszugleichen.

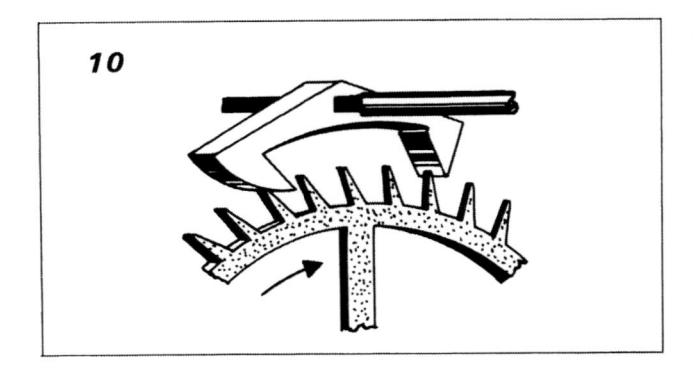

11) Die langen Arme des englischen Dachankers kann man vorsichtig zusammenbiegen im Schraubstock (siehe 31a). Sind die Hebeflächen eines Ankers jedoch zu stark eingeschlagen, muss der Anker neu konstruiert und angefertigt werden.

12) **Der Schwarzwälder Blechanker** sieht zwar völlig anders aus, entspringt aber genau der gleichen Konstruktion (siehe Abb. 18). Er entstand aus dem Bestreben, eine rationellere Herstellung zu ermöglichen. In der Tat wird er nur aus einem Stück Stahlblech gebogen und gehärtet.

Anfertigung eines Hakenankers

13) **Die Anfertigung eines neuen Ankers** ist – wenn kein Muster mehr vorhanden – ohne Zeichnung eine Probiererei ohne Erfolgsgarantie, selbst wenn man einen Probe-Anker aus weichem Material feilt. Eine Konstruktionszeichnung ist für die Anfertigung eines neuen Ankers unerlässlich.
Der Rad-Durchmesser ist aus dem Uhrwerk zu entnehmen, ebenso die Zahnzahl und die wichtige Eingriffs-Entfernung. Hieraus ergibt sich in der Praxis durch die an den Kreis gelegten Tangenten auch der Ankeröffnungswinkel; den Übergriff des Ankers erhalten wir durch Division durch die Radteilung.
In anderen Fällen – oder hier zur Kontrolle – wird der **Ankerdrehpunkt** wie folgt gefunden: Senkrechte und Radkreis werden gezogen. Der Ankeröffnungswinkel errechnet sich aus: Teilung · Übergriff. (Die Teilung ist = 360°: Zahnzahl.) Der Ankeröffnungswinkel wird je zur Hälfte der Senkrechten vom Radmittelpunkt aus angetragen. Entweder werden die Tangenten im Endpunkt der Radien des Rades errichtet oder vom Schnittpunkt der Mittelsenkrechten auf einem Radius mit der Senkrechten wird durch den Radmittelpunkt ein Kreis gezogen: er gibt auf der Senkrechten den Ankerdrehpunkt an.

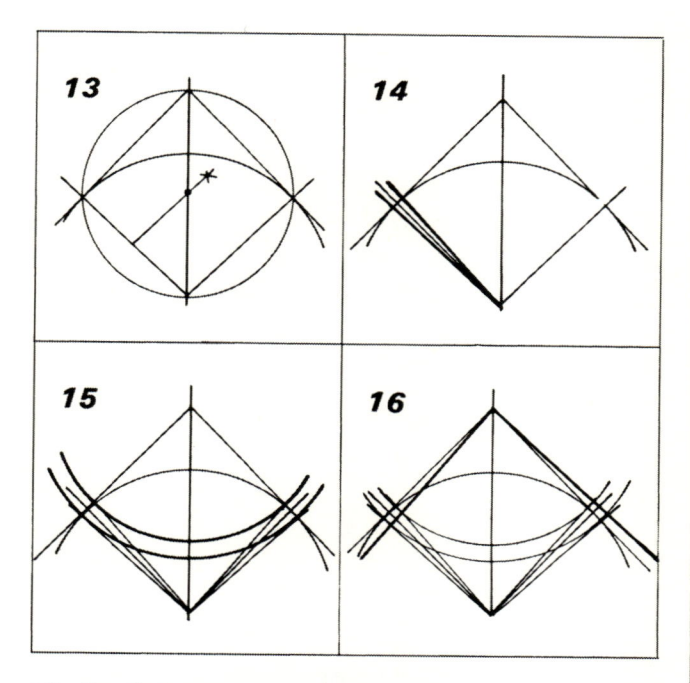

14) **Der Führungswinkel** des Rades wird je zur Hälfte zu beiden Seiten eines Radius angetragen. Er beträgt die Hälfte einer Radteilung, vermindert um den Fall und die Zahnspitzenbreite, zusammen etwa 1°. (Die jeweils neu hinzukommenden Konstruktionslinien sind stärker gezeichnet!)

15) **Mit den Ankerkreisen** werden die Winkel auf die andere Seite übertragen und dort ebenfalls eingezeichnet.

16) **Der Hebungswinkel** wird vom Ankerdrehpunkt angetragen. In der Regel zeichnet man den Radzahn an der Eingangsseite anliegend, so dass der Hebungswinkel hier innerhalb des Radkreises ist. Auf der Ausgangsseite wird der Hebungswinkel nach aussen an die Tangente angetragen. Je nach Art der Uhr schwankt der Hebungswinkel zwischen 3° für lange Pendel bis zu 5° für kürzere Pendel.

17) **Die Hebefläche** bildet die Diagonale der Schnittpunkte der Ankerkreise mit dem Hebungswinkel und zwar: auf der Eingangsseite der Schnittpunkt des äusseren Ankerkreises mit dem Radkreis zum Schnittpunkt des inneren Ankerkreises mit dem Schenkel des Hebungswinkels. An die Verlängerung der Hebefläche wird um den Ankerdrehpunkt der **Hebekreis** gezogen, der auch von der – sinngemäss gleicherweise – auf der Ausgangsseite gezogenen und verlängerten Hebefläche tangiert werden muss.

18) **Der Blechanker** nach Schwarzwälder oder Amerikaner Art ist – wie man sieht – auf der gleichen Konstruktion aufgebaut wie

19) **der massive Hakenanker**, wie man ihn zumeist in alten Uhren findet. Da bei einer Neuanfertigung wohl fast immer nur die Hebeflächen poliert werden, ist ausser der Zerspanung an dem grossen Materialstück die Arbeit nicht allzu schwierig.

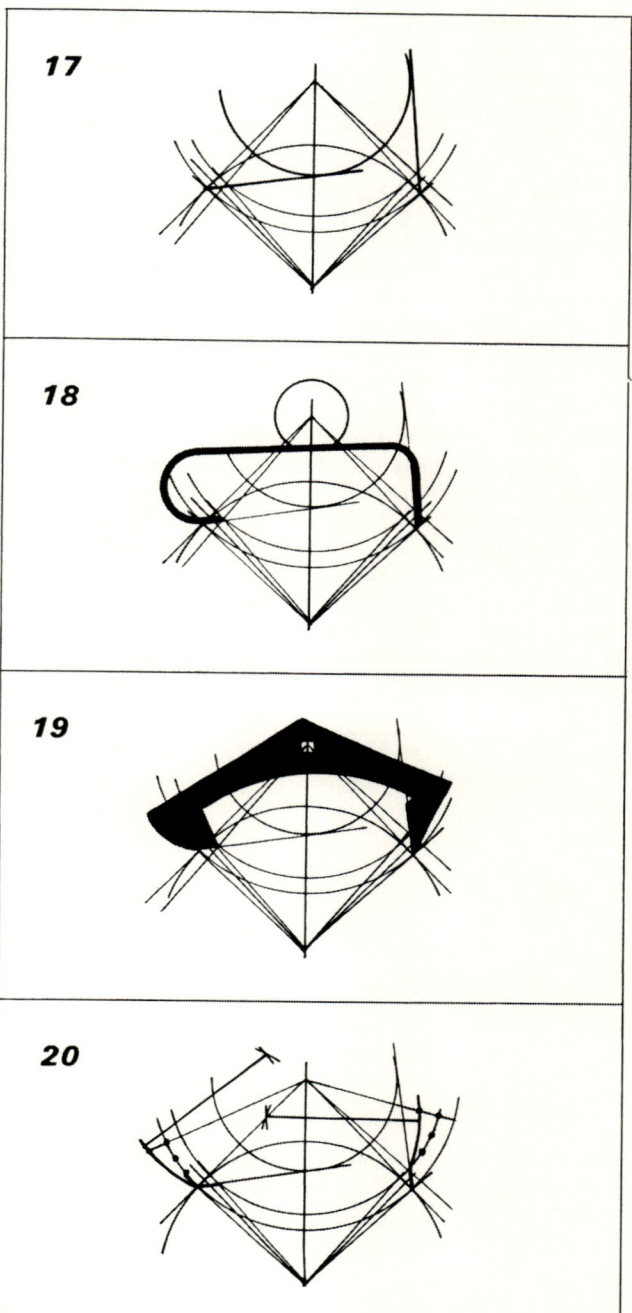

20) **Der Hakenanker** mit verminderter Rückführung nach Berthoud (er nannte dies ‹isochrone Hemmung›) wird wie folgt konstruiert: die Breite der Hebefläche wird dreimal nach oben auf dem äusseren bzw. inneren Ankerkreis abgetragen. Durch den Endpunkt wird zum Ankerdrehpunkt eine Verbindungslinie gezogen und auf dieser eine Hebeflächenbreite abgetragen. Von den erhaltenen Endpunkten werden Kreisbögen geschlagen, deren Schnittpunkte den Mittelpunkt ergeben für die verminderte Rückführungskurve.

Die Anfertigung eines neuen Ankers beginnt mit einem passenden Stück Flachstahl, wozu sich auch ein Stück einer alten Ansatzfeile gut eignet. Nach dem Ausglühen und Flachschleifen wird der Stahl blau angelassen, damit sich die Anreisslinien gut abheben. Zweckmässig wird zuerst das Loch gebohrt und gleich passend viereckig aufgedornt, da später ein Viereckloch verlaufen kann. Es wird jedoch mit Messing wieder zugefüttert und nur ein kleineres Loch gebohrt, um die Scheiben mit gleichem Lochdurchmesser sicher zentrieren zu können.

Falls das Anreissen mit einer Präzisions-Schieblehre mit Spitzen oder mit dem Eingriffszirkel geschieht, ist es besser, in das Messingfutter nur einen Körner einzusenken. Bei der Messung mit dem Eingriffszirkel wird zwar über die Spitzen gemessen, doch muss das Mittel der beiden Spitzendurchmesser dazu addiert werden. Auch sollte man sich überzeugen, ob die Gegenseite der Spitzen ausreichend genau übereinstimmt.

21) **Die äussere Ankerkreis-Scheibe (Ae)** wird an einer Seite entsprechend der Segmenthöhe des Ankers abgeflacht. Da man eine Scheibe jedoch auf diese Weise schlecht messen kann, rechnet man den Halbmesser hinzu (S + r). Der äussere Ankerkreis wird nach Verdrehen der Scheibe ebenfalls angerissen.

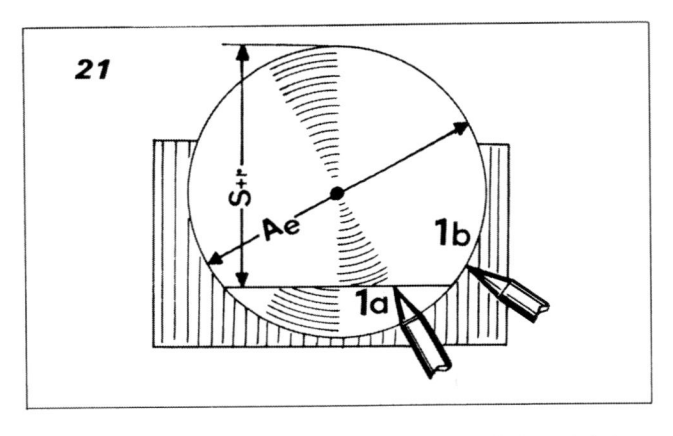

22) **Der innere Ankerkreis (Ai)** wird in gleicher Weise angerissen. Es ist sehr wichtig, dass die Reissnadel tatsächlich unmittelbar am Umfang der Scheibe zeichnet; sie ist also stets entsprechend schräg zu halten.

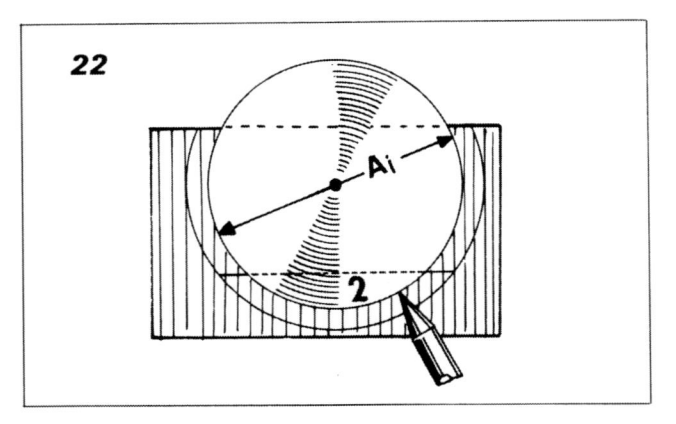

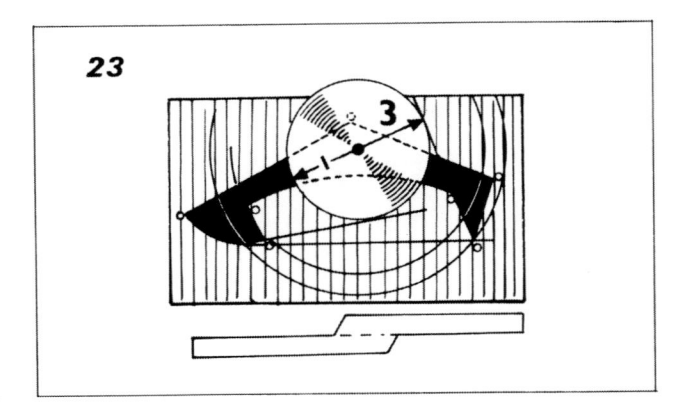

23) **Zuletzt wird der Hebekreis (I)** aufgesetzt und mit einem Lineal werden die Hebeflächen tangierend angezeichnet. Wer öfters derartige Arbeiten auszuführen hat, wird mit einem Spezial-Lineal hier bequemer arbeiten; insbesondere wenn es sich darum handelt, die vorhandene Hebefläche – die sich ja in bezug auf die Kontrollscheibe in einer anderen Ebene befindet – zu prüfen. Das Lineal ist aus zwei Teilen derart zusammengenietet (10 mm breit, 1,5 mm dick), dass eine Stufe entsteht (siehe Abb. 38).

Die Säge soll knapp ausserhalb der Linien arbeiten und muss – vor allem bei den Hebeflächen – genau senkrecht gehalten werden. Da beim gehärteten Anker schwieriger Material fortzunehmen ist, sollten alle Aussenformen sauber gefeilt und geschliffen werden, ausgenommen sind die Hebeflächen. Hier muss vor allem bei der Ausgangsseite Reserve-Material stehenbleiben, da sich der Anker beim Härten meist etwas öffnet. Um dieses Weiterwerden auf ein Minimum zu beschränken, soll der Anker mit den Hebeflächen zuerst senkrecht in das Wasser getaucht werden. Die Hebeflächen werden nur gelb, der Körper des Ankers jedoch (hell) blau angelassen.

Vor dem Vollenden wird der Anker auf der Welle befestigt und im Werk eingepasst, so dass der Fall innen und aussen gleich knapp ist. Falls eine Möglichkeit vorhanden ist, kann der Fall in geringen Grenzen durch Änderung der Achsenentfernung berichtet werden: **ist der äussere Fall grösser, muss der Anker näher an das Rad** gebracht werden. Ist der **innere Fall grösser, muss die Entfernung vergrössert** werden. Ratsam ist, zuerst den äusseren Fall zu korrigieren, da der innere Fall davon weniger betroffen wird. An der Ausgangs-Hebefläche sollte Material stehen geblieben sein, um nötige Korrekturen hier vorzunehmen.

23a) Das Berichtigen der Achsenentfernung – oft durch ein Exzenterlager möglich – wirkt sich nur auf der Ausgangsseite auf die Eingriffstiefe aus; der Abfall an der Eingangsseite bleibt immer gleich und hängt allein vom Anker ab.

23a

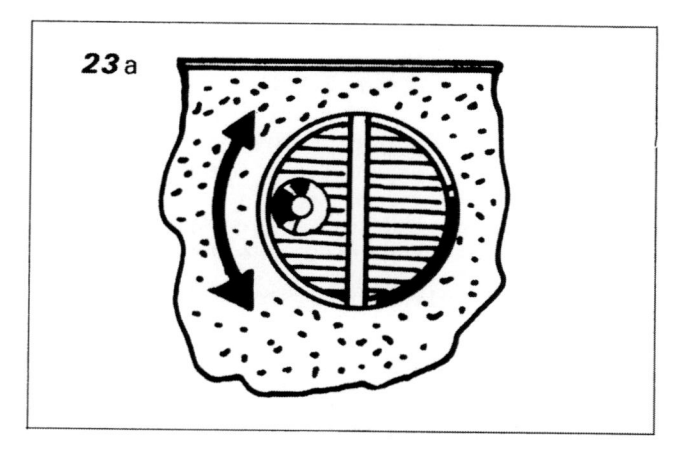

24) **Der Hakenanker lässt sich auch mit drehbaren Hebeflächen ausführen.** Er ähnelt in dieser Weise dem bekannten Brocot-Anker mit dem Unterschied, dass die eingesetzten Zylinder auf beiden Seiten abgeflacht sind. Eingeschlagene Hebeflächen brauchen in diesem Fall nur um 180° gedreht zu werden.

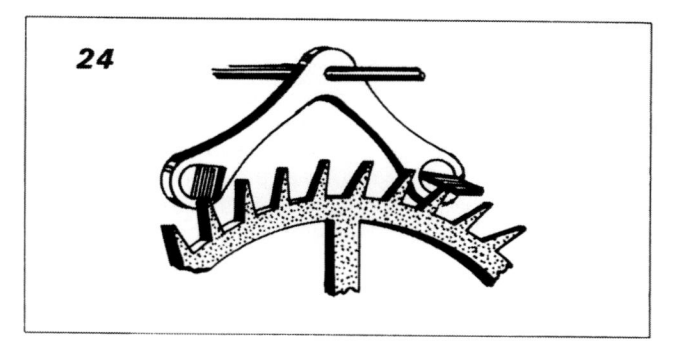

24

25) **Der Rollenanker** greift über wenig Zähne, weil er für Kurzpendel angewendet wird. Bei ihm erfolgt die Hebung (17°) nur auf der einen Seite, während auf der Gegenseite der Zahn wie beim Graham-Anker völlig still steht. Bei der Anfertigung des Ankers ist es nützlich, zum Schleifen und Polieren des Aussen-Durchmessers zu beiden Seiten eine dünne Stahlscheibe anzusetzen, um eine exakte Fläche zu erhalten.

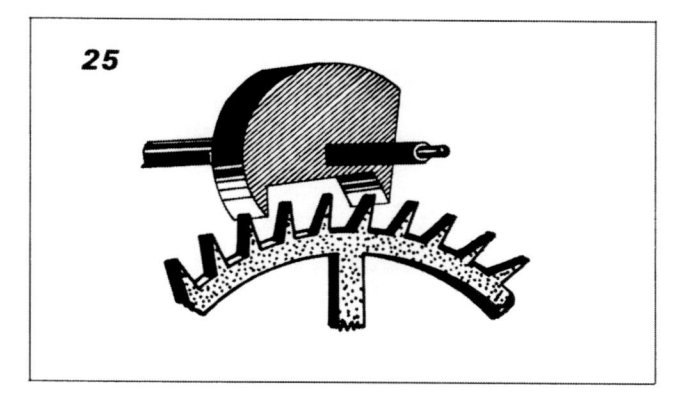

25

Graham-Hemmung

26) **Die Graham-Hemmung** ist wie die Zylinderhemmung eine Hemmung mit Ruhereibung; ihre Verwandtschaft wird schon durch das Verhältnis ihrer Erfinder zueinander erklärt: TOMPION erfand seine Zylinderhemmung im Jahre 1695, sein Schüler GRAHAM übertrug das Prinzip der ‹Ruhe› im Ergänzungsbogen auf die Penduluhr im Jahre 1715. Analog dem Hakenanker war der Graham-Anker aus einem Stück Stahl gefertigt.

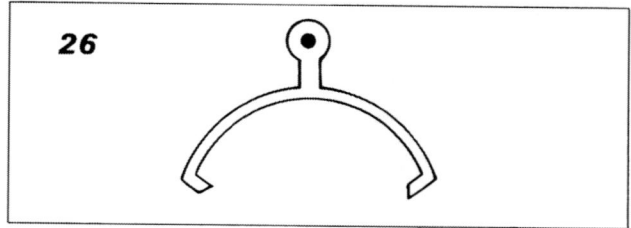

26

27) **Die Notwendigkeit, die ‹Ruhe› einstellen zu können,** brachte den geschlitzten Anker. Manchmal nur mit einer einzigen Schraube, oft aber auch mit zwei Schrauben versehen: eine kurze Schraube öffnet den Anker, die lange Schraube, die im Gegenarm das Gewinde findet, verengt den Anker.
Diese Möglichkeit des Justierens war nur bei den langen Ankerarmen ausführbar, als der Graham-Anker fast über den Durchmesser des Hemmungsrades griff. Man entdeckte aber, dass dann die Kraftübertragung an den Hebeflächen ungünstig war.

28) **Der Anker greift nur noch über 8 1/2 bis 6 1/2 Zähne,** wodurch die Hebeflächen im günstigeren Winkel zu den Zahnspitzen stehen. Allerdings war nun der Achsenabstand geringer und der Anker konnte auf die frühere Weise nicht mehr verstellbar ausgeführt werden.

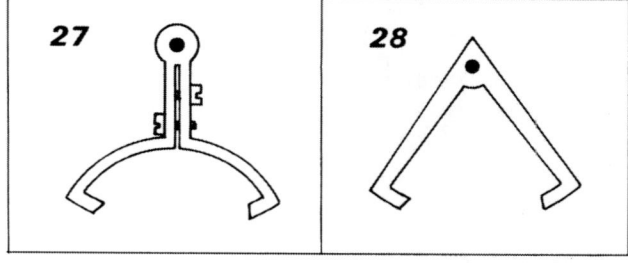

27   **28**

29) **Nur noch selten ist die von Vuillamy (1780-1854)** gebaute Verstellmöglichkeit durch das Rechts- und Linksgewinde im Oberteil des Ankers anzutreffen. Lediglich die verstellbaren Paletten haben sich erhalten.

30) **Interessant am Rande ist die Graham-Hemmung mit Stiftankerrad!** Obwohl das Hemmungsrad auf diese Weise leichter hergestellt werden kann, hat sich diese Konstruktion nicht erhalten, da nur bei

besonders guter Schmierung die Funktion über längere Zeit gesichert werden konnte.

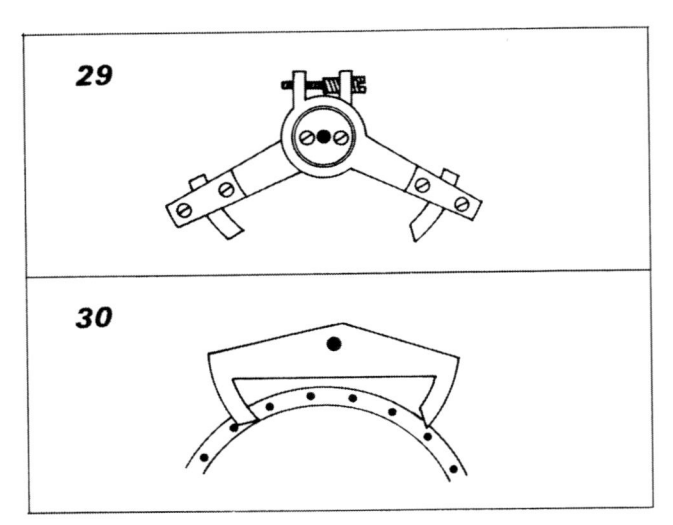

29

30

31) **Die massive Form des Graham-Ankers** bringt den Uhrmacher in Schwierigkeiten, wenn es gilt, nach dem Schleifen der eingeschlagenen Hebeflächen die Hemmung wieder tiefer einzustellen. Die einzige Möglichkeit ist nur, den Anker im

31a) Schraubstock etwas zusammenzubiegen. Zuvor ist durch Anfeilen zu prüfen, ob das Mittelteil genügend angelassen war; ratsam ist auch unter Umständen, das Mittelteil des verengt eingespannten Ankers –

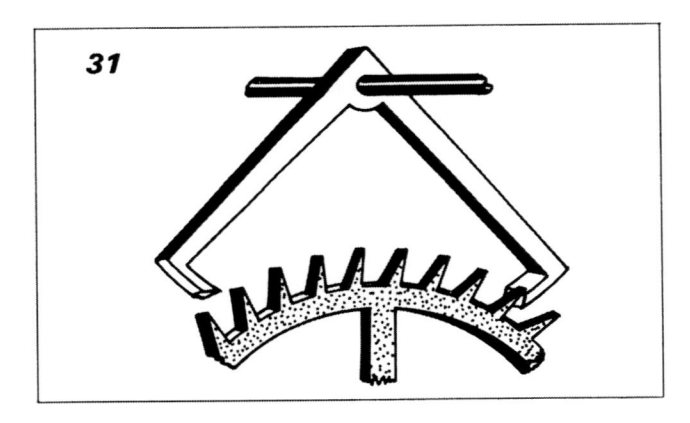

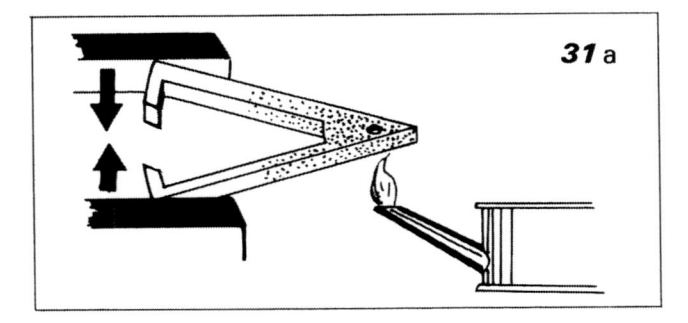

31

31a

ohne Welle – mit der Flamme zu erhitzen, um die Spannung zu entfernen. Selten ist der Anker so breit, dass man ihn auf der Welle entsprechend weit verschieben könnte.

32) **Die heutige Form mit den verstellbaren Paletten** wird man zwar nicht gern in eine wirklich antike Uhr einbauen wollen. Ausserdem ist die Anfertigung dieser Ankerform als Einzel-Ausführung fast umständlicher als ein massiver Anker aus einem Stück.

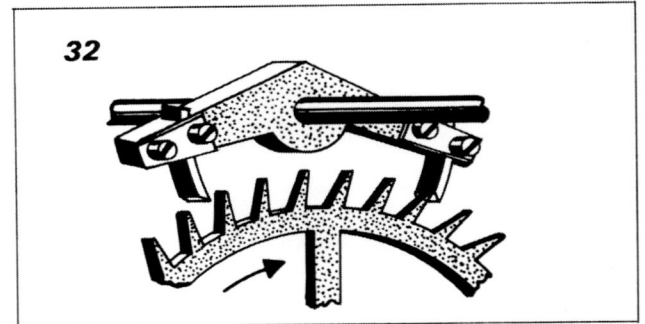

32

33) **Die Brocot-Hemmung ist eine Abart der Graham-Hemmung.** Ihre Eigenart der halbrunden Zylinder als Hebeflächen macht sie gleichfalls fast zu einer ‹ruhenden› Hemmung, denn die Hebungs-Zylinder schwingen im Kreisbogen um den Drehpunkt des Ankers, während der Ankerradzahn anliegt. – Der Hebungswinkel ergibt sich hier aus dem Durchmesser der Zylinder, der aus Radteilung abzüglich Zahnspitzen und Fall errechnet wird. – Der Ersatz eines solchen eingelackten Stein-Zylinders lässt sich im Notfall auch durch Stahl vornehmen, der nach dem Härten und Polieren nochmals rotviolett angelassen wird; er ist so einem Stein äusserlich sehr ähnlich und bewährt sich lange Zeit. Selbst Brocot versah seine Anker verschiedentlich mit Stahl-Paletten, zumindest wenn die Hemmung nicht im Zifferblatt sichtbar war.

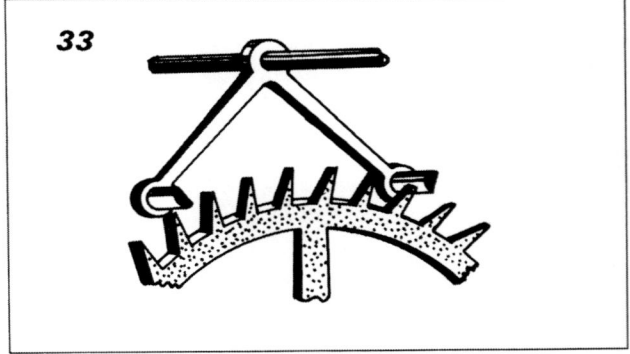

33

34) **Das Hemmungsrad** muss bei allen Hemmungen einwandfrei in Ordnung sein: es muss genau rund laufen und die Zähne dürfen nicht verbogen sein. Ein unrundes Rad lässt man in der Drehbank ‹ablaufen›, wozu es früher ein kleines Spezialgerät gab zum Ein-

satz in die Stichelauflage. Mit einer Stellschraube konnte ein Stück Feile mit feinem Hieb vorsichtig verstellt werden, so dass nur die zu hohen Stellen des Rades angegriffen wurden.

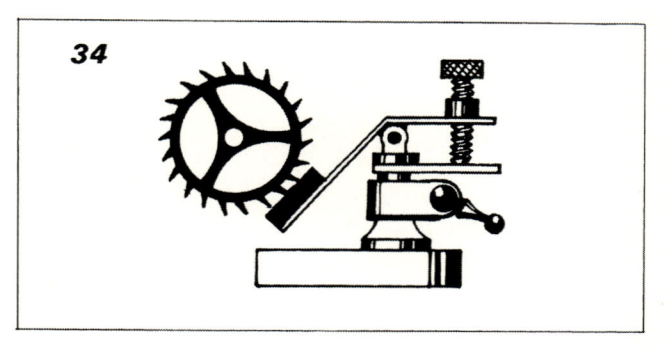

34

35) Ein neues Hemmungsrad zu schneiden ist eine schwierigere Arbeit. Man wird allerdings stets vorziehen, ein Rad mit spitzen Zähnen zu schneiden, auch wenn das alte Rad die Zahnform mit der rückwärtigen Rundung besass. Bei Spitzzähnen kommt man mit einem Schneidvorgang aus, während man andernfalls zwei verschiedene Fräser verwenden muss. In jedem Falle sollten nach dem Fertigschneiden mit der Vorderfläche des Fräsers die Zahnspitzen vorsichtig überfräst werden, um sicher zu sein, dass die Teilung stimmt. Noch mehr als bei anderen Zahnrädern muss bei grösster Tourenzahl der Vorschub des Fräsers sehr, sehr langsam geschehen, damit der Fräser Zeit hat, den Span zu schneiden. Bei empfindlichen Zahnformen ist es ratsam, eine zweite, eventuell dickere Radscheibe unterzulegen und mitzuschneiden, damit die Zahnspitzen gestützt werden. Falls man einen Stichel-Fräser selbst herstellen muss, ist auf günstigen Schneidwinkel an allen Seiten zu achten. Ist kein altes Muster-Rad vorhanden, muss nach einer Zeichnung eine Lehre mit mehreren Zähnen gefeilt werden, in deren Lücke dann der Fräser eingepasst wird.

Damit man bei der Arbeit des Rad-Schenkelns die empfindlichen Zahnspitzen nicht verbiegt, kann das Rad in einen Messingring eingelackt werden.

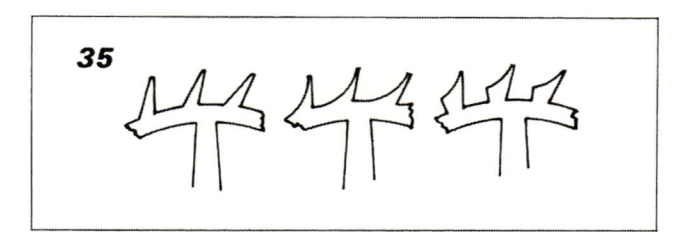

35

35a) Das Schneiden eines Spindel-Hemmungsrades kann immer nur als Einzelstück vorgenommen werden, im Gegensatz zu flachen Hemmungsrädern, wo mehrere übereinander geschnitten werden, und man das erste und letzte gegebenenfalls ausscheiden kann. Falls eine entsprechend grosse Drehbank zur Verfügung steht, lässt sich das Kronrad aus Rundmessing vordrehen und anschliessend schneiden. Andernfalls ist für eine kleinere Apparatur ein spezieller Aufnahmedorn anzufertigen, auf dem das vorgedrehte Rad nicht nur auf der Mittelachse, sondern zusätzlich durch zwei weitere Schrauben mit Gegenmuttern daneben gegen jede Verdrehung gesichert wird.

Ein ‹Einzahnfräser› ist zwar auch geeignet für die Fräsung, benötigt aber eine sehr hohe Tourenzahl, im Gegensatz zum grossen Vielzahnfräser. Da ein Spindelhemmungsrad oft eine Unterschneidung der Zähne erfordert, muss der Fräser entsprechend gestellt werden, da sonst Stufen in der Zahnbrust entstehen. Die Zahnspitze darf auf keinen Fall spitz werden!

Auf dem Fräsdorn wird das Rad sauber gedreht und erst jetzt werden die Zähne – die vordem aus Sicherheitsgründen dicker gelassen wurden – durch Abdrehen in der Zahnrichtung – also nicht gegen die Zahnbrust – auf das gewünschte Mass dünner gedreht.

Da das Hemmungsrad an den Zähnen sehr empfindlich ist, sollte zum Schenkeln des Rades eine Messinghülse benutzt werden, in die das Rad eingepresst wird; eventuell wird es mit Schellack eingekittet, wodurch auch die Zähne gesichert werden. Nach dem Aufzeichnen der Schenkel und Bohren der Ecklöcher sowie Aussägen wird zum Ausfeilen nur der Messingzylinder in den Schraubstock gespannt.

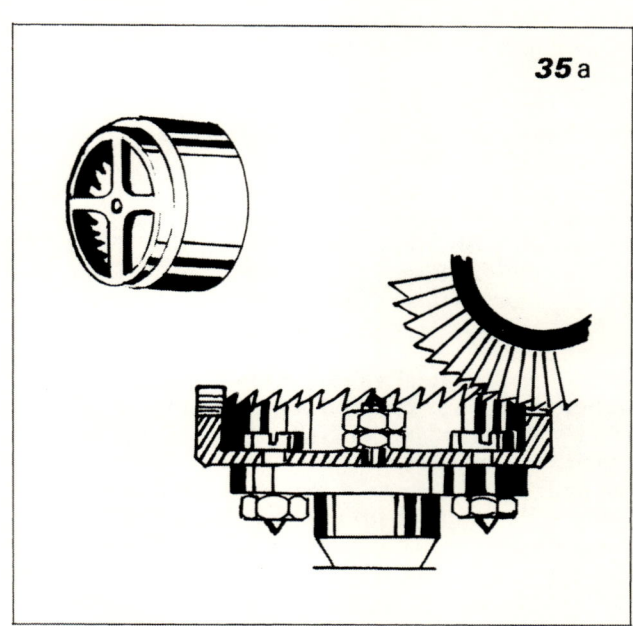

35a

36) Der massive Graham-Anker wird nicht nur an den Hebeflächen, sondern auch an den Ruheflächen eingeschlagen. Infolgedessen ist das Nachschleifen problematisch, da die Hemmung danach viel zu seicht stehen wird. Dieser Anker muss neu angefertigt werden.

Anfertigung eines Graham-Ankers

37) Die Anfertigung eines neuen Graham-Ankers ist durch den Ruhe-Kreisbogen etwas komplizierter als bei einem einfachen Hakenanker. Wohl immer ist bei einem solchen Fall die Achsenentfernung – C gegeben. Nach der Tabelle (Zahlenwerte von Prof. Strasser) sind alle notwendigen Masse ohne Zeichnung auszurechnen, indem einfach die entsprechenden Werte mit der Achsenentfernung multipliziert werden. Der Anker wird hiernach auf einem Stück Flachstahl – siehe die Anfertigung eines Hakenankers (siehe II/13) – angerissen, die Ecklöcher werden vorgebohrt, um das Aussägen zu erleichtern, und dann sorgfältig ausgefeilt. Wie erwähnt, können die Kreise direkt angerissen werden, doch kann man auch zuvor diese Kreise als Messingscheiben ausdrehen.

Will man einen Graham-Anker mit verschiebbaren Paletten anfertigen, so ist neben dem Messingkörper noch eine Ausdrehung in einer Messingplatte zu machen, die zur Anfertigung der Stahlpaletten dient. Diese Platte wird nach aussen etwas grösser ausgedreht, da die Paletten zunächst noch roh sind. Sie werden aus einem Stahlring gedreht, geschliffen und vorpoliert. Die Messingplatte wird mit dem Hebekreis angerissen und die Hebeflächen werden angefeilt, um danach die Paletten mit diesen Hebeflächen zu versehen. Die Paletten werden gehärtet und braun angelassen, geschliffen und poliert.

Die Winkelwerte sind gegebenenfalls entsprechend der Uhr auszuwählen:

Pendellänge		Hebung	Ruhe
Pendellänge 994 mm	–	Hebung 1°	Ruhe ½°
Pendellänge 600 mm	–	Hebung 1½°	Ruhe 1°
Pendellänge 350 mm	–	Hebung 2°	Ruhe 1°
Pendellänge 248 mm	–	Hebung 2½°	Ruhe 1½°
Pendellänge 110 mm	–	Hebung 3°	Ruhe 1½°

38) Die Fehler der Graham-Hemmung hängen sehr voneinander ab. Der Fall ist zwar ein notwendiges Übel, soll aber auf beiden Seiten gleich klein sein. Ist er innen und aussen zu gross, so sind die Paletten zu schmal; ist er innen und aussen zu klein, sind sie zu breit. – Bei ungleichem Fall kann dieser Fehler durch Änderung des Achsenabstandes berichtigt werden: ist der äussere Fall grösser als der innere, so muss der Achsenabstand verringert werden und umgekehrt.

Die Ruhe ändert sich dabei nur wenig. Die Eingriffstiefe kann bei verschiebbaren Paletten bequem verändert werden; schon ein **Verschieben auf einer Seite ändert die Ruhe auf beiden Seiten** um diesen Betrag.

Die Hebung ist entscheidend für den Gang der Uhr und soll natürlich auf beiden Seiten gleich gross sein. Gewicht des Pendels und seine Länge sind wichtige Faktoren. Um die Uhr nicht zu empfindlich werden zu lassen, muss das Pendel einen ausreichend grossen Ergänzungsbogen beschreiben, über die Abfallpunkte hinaus. Lenkt man das Pendel bis eben zu einem Abfallpunkt hinaus, muss es – bei richtigem Abfall – den Abfallpunkt gegenüber erreichen und der Schwingungsbogen sollte sich nach etwa 10 Minuten verdoppelt haben. Ist dies früher der Fall, so ist die Hebung zu gross, umgekehrt zu klein. Ein Umschleifen der Paletten ist ratsam, sofern nicht bei einer Gewichtsuhr das Gewicht erleichtert oder beschwert werden kann; bei Federzuguhren müsste unbedingt die Hebung steiler geschliffen werden. Hier ist auf beiden Seiten eine Kontrolle mit Lineal an dem gleichen, aber vergrösserten Hebekreis notwendig. Dieses Spezial-Lineal ist etwa 10 mm breit und 1,5 mm dick und besteht aus zwei gleichen Streifen, die derart in der Mitte vernietet sind, dass eine Stufe entsteht. Diese Stufe ist praktisch, da die Kontrollscheibe höher liegt als die Hebefläche der Paletten (siehe auch II/23).

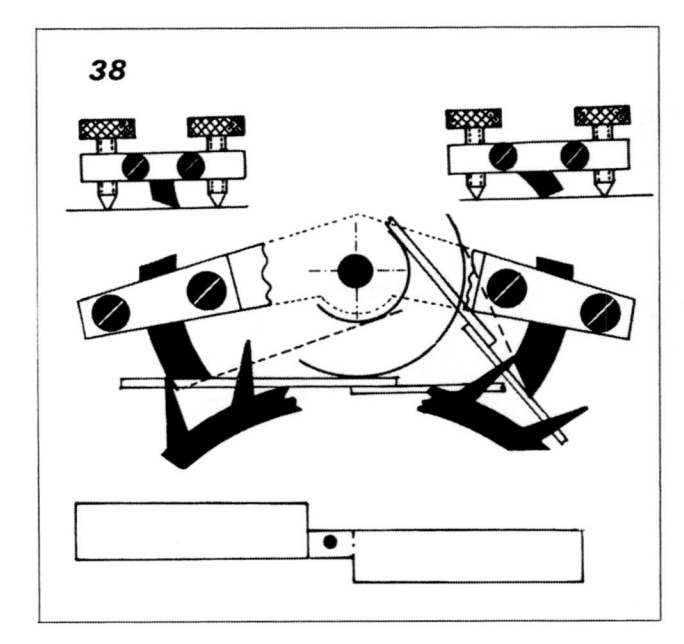

Graham-Paletten nachschleifen, die in den Messingkörper eingesetzt sind, erfolgt einzeln in einem Flachschleifer. Mit den Stellschrauben wird die Palette auf einer Glasplatte so eingestellt, dass die Hebefläche genau flach anliegt, wenn – wie meistens – die Hebung unverändert beibehalten werden soll. Geschliffen wird mit Ölsteinpulver, das mit Öl angerührt ist, auf der Glasplatte. Nach gründlicher Reinigung mit Benzin wird ebenfalls auf der Glasplatte mit Polierrot – auch mit Öl angerührt – poliert, wozu auch die Putzmittel Wenol oder eine Silberputzpaste verwendet werden können. – Die Abbildungen mit den Paletten im Flachschleifer zeigen die Einstellung, wenn links die Hebung zu gross gewesen ist, wodurch das Pendel unter Umständen im Gehäuse ‹prellen› kann, und rechts die Hebung zu schwach war!

37

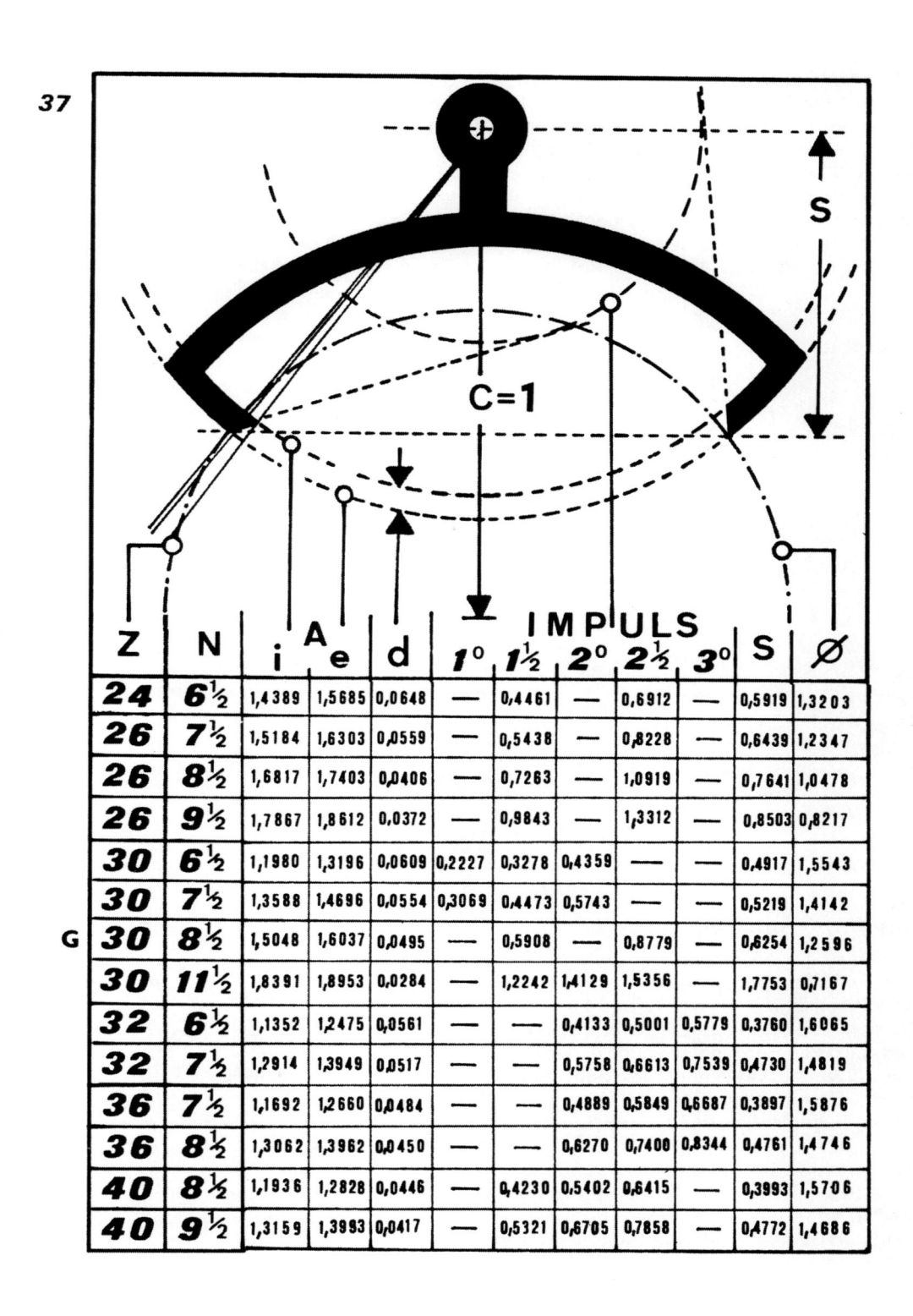

Z	N	Ai	Ae	d	1°	1½	2°	2½	3°	S	Ø
24	6½	1,4389	1,5685	0,0648	—	0,4461	—	0,6912	—	0,5919	1,3203
26	7½	1,5184	1,6303	0,0559	—	0,5438	—	0,8228	—	0,6439	1,2347
26	8½	1,6817	1,7403	0,0406	—	0,7263	—	1,0919	—	0,7641	1,0478
26	9½	1,7867	1,8612	0,0372	—	0,9843	—	1,3312	—	0,8503	0,8217
30	6½	1,1980	1,3196	0,0609	0,2227	0,3278	0,4359	—	—	0,4917	1,5543
30	7½	1,3588	1,4696	0,0554	0,3069	0,4473	0,5743	—	—	0,5219	1,4142
30	8½	1,5048	1,6037	0,0495	—	0,5908	—	0,8779	—	0,6254	1,2596
30	11½	1,8391	1,8953	0,0284	—	1,2242	1,4129	1,5356	—	1,7753	0,7167
32	6½	1,1352	1,2475	0,0561	—	—	0,4133	0,5001	0,5779	0,3760	1,6065
32	7½	1,2914	1,3949	0,0517	—	—	0,5758	0,6613	0,7539	0,4730	1,4819
36	7½	1,1692	1,2660	0,0484	—	—	0,4889	0,5849	0,6687	0,3897	1,5876
36	8½	1,3062	1,3962	0,0450	—	—	0,6270	0,7400	0,8344	0,4761	1,4746
40	8½	1,1936	1,2828	0,0446	—	0,4230	0,5402	0,6415	—	0,3993	1,5706
40	9½	1,3159	1,3993	0,0417	—	0,5321	0,6705	0,7858	—	0,4772	1,4686

G

Multiplikations-Tabelle für die Konstruktion einer GRAHAM-HEMMUNG. (nach Prof. Strasser).
Die Zahlen sind mit der Achsentfernung C = 1 zu multiplizieren.

Z = Zahnzahl, N = Ankerübergriff, Ai = innerer Hebekreis, Ae = äusserer Hebekreis, d = Palettenbreite, S = Segmenthöhe, Ø = Raddurchmesser.

39) **Die Stiftenhemmung mit Scherenanker** basiert gleichfalls auf dem Prinzip der Graham-Hemmung. Das Pendel führt auch hier den Ergänzungsbogen mit Ruhereibung aus. Hinzu kommt noch der Vorteil, dass der Anker stets in der gleichen Tangente belastet wird und so der Ankerzapfen keine hin- und hergehende Bewegung ausführt. – (Bei Turmuhren findet man hin und wieder Konstruktionen, bei welchen die Ankerpaletten direkt an der Pendelstange befestigt sind.)

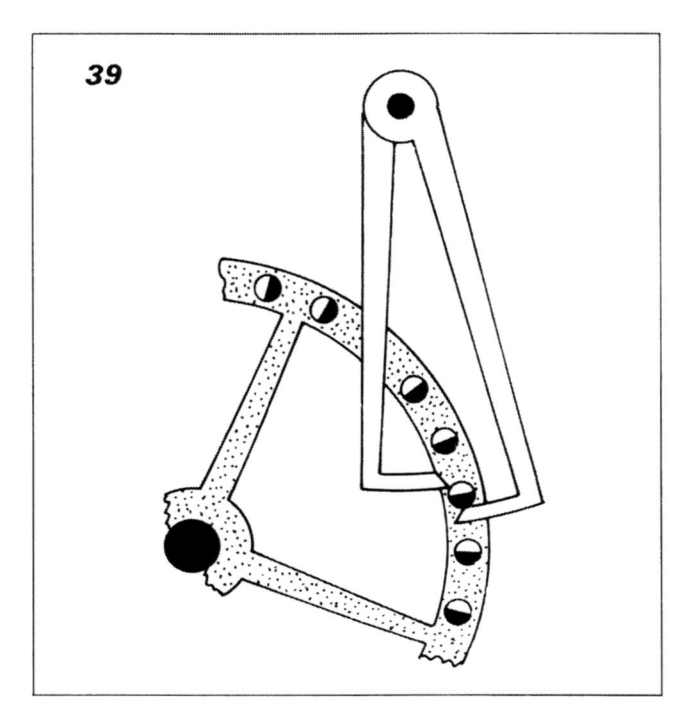

Aussergewöhnliche Hemmungen

40) **Aussergewöhnliche Hemmungen** finden sich manchmal in antiken Uhren. Obwohl sie in der Öffentlichkeit nicht mehr vorkommt, sei die berühmte ‹Grashopper-Hemmung› von Harrison, die auch in der Fachliteratur wenig erwähnt wird, hier vorgestellt. Sie ist dadurch besonders originell, dass sie geräuschlos und ohne Öl arbeitet! Das Pendel erhält einen konstanten Antrieb.
Charles Gros beschreibt in seinem Buch ‹Echappements d'Horloges et de Montres› (1913) diese Hemmung (übersetzt) wie folgt:
Das Hemmungsrad ist sehr gross und leicht; es besitzt 120 Zähne und führt eine Umdrehung in 4 Minuten aus. Jeder Zahn löst eine Doppelschwingung aus.
Acht dünne Stifte sind etwa 13 mm entfernt von der Achse eingesetzt und lösen nacheinander einen zarten Messinghebel – nicht abgebildet – aus. Dieser Arm dient zur Auslösung des Räderwerkes und bewirkt, dass der Minutenzeiger jeweils einen Sprung von einer halben Minute macht.

Die Achse der Pendelgabel (A) trägt nicht wie üblich die Paletten, sondern einen rechteckigen Rahmen (K). In diesem Rahmen dreht sich mit Zapfen die Achse (B), die die beiden Paletten aus Holz (!) trägt; diese Achse wird durch das Pendel bewegt und überträgt die Impulse des Hemmungsrades.
Der Rahmen trägt ausserdem 2 kleine Messinghebel, die mit ihrem Gewicht auf die Paletten wirken. Die Gabel (D), die mit dem Pendel arbeitet, bewegt sich nach rechts und die Palette (E) hält ohne Geräusch und Reibung den Radzahn auf. Es schliesst sich eine geringe Rückbewegung des Rades an. Bei der Rückbewegung hebt sich unter Einwirkung des Gegengewichtes (L) die Palette (G) und der betreffende Zahn wird frei. Die Palette (G) hebt sich soweit, bis ihr Arm den Schwerkrafthebel (I) erreicht, der der Bewegung des Rahmens folgend, in dem Augenblick nicht auf seiner Stütze ruht. Der Zahn des Hemmungsrades beginnt dann das Pendel nach links zu bewegen, bis die Palette (G) dem nächsten Zahn begegnet; eine neue Rückwärtsbewegung des Rades schliesst sich an, die Palette (E) wird frei und angehoben bis zur Berührung mit dem Schwerkrafthebel (C). Durch die Wirkung des Radzahnes auf die Palette (G) kehrt das Pendel umgekehrt nach rechts und die Auslösung eines neuen Zahnes geht ebenso vor sich. Die Hauptachse (A) bewegt sich nicht auf Zapfen, sondern auf Schneiden, die auf Achatsteinen ruhen.

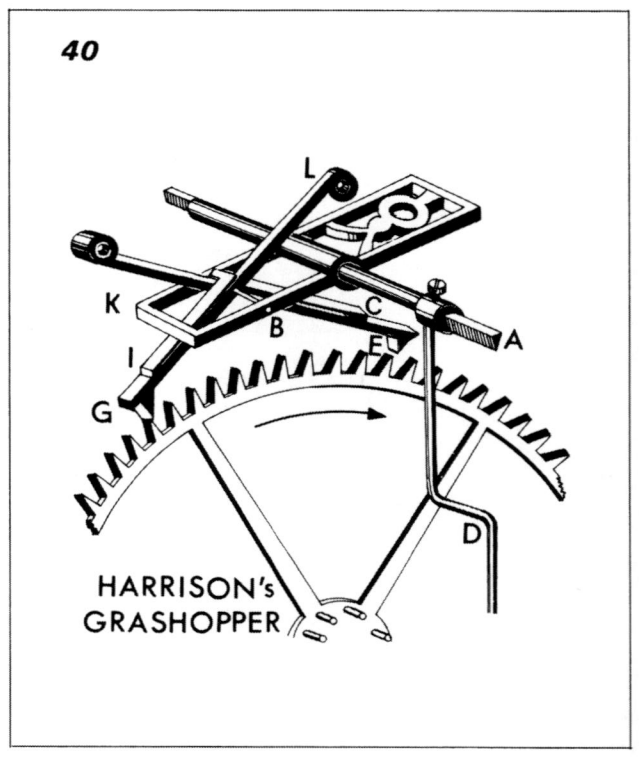

41) Von **Berthoud** stammt eine in verschiedenen Varianten angewendete Hemmung, die analog der ‹Chronometer-Hemmung mit Unruh› funktioniert. Das Pendel löst über eine separate Klinke das Hemmungsrad aus, das jedoch den Impuls direkt an das Pendel abgibt.

Es ist selbstverständlich, dass die Drehpunkte der Klinken sehr zart gearbeitet sind. Die erwähnten Varianten beziehen sich auf die unterschiedlichen Hebelarme für Auslösung und Antrieb: um den Auslösungs-Widerstand leicht zu überwinden, ist dieser Hebelarm oft viel kürzer als der Hebelarm für den Impuls.

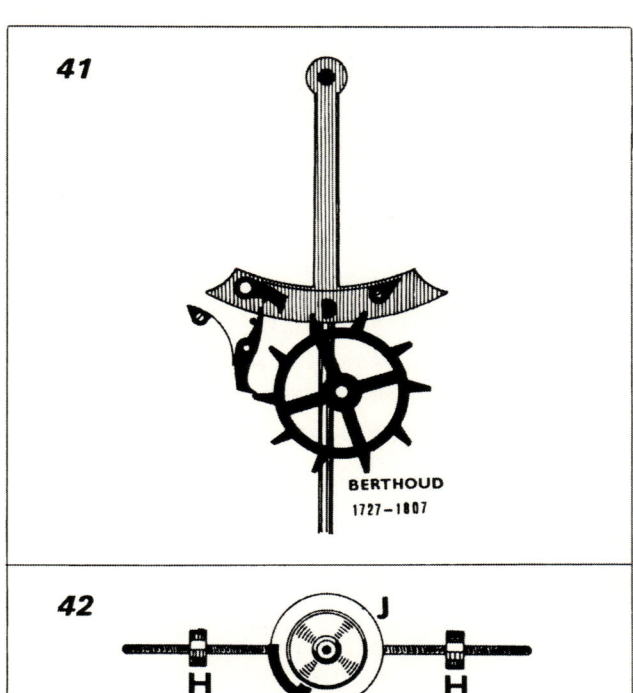

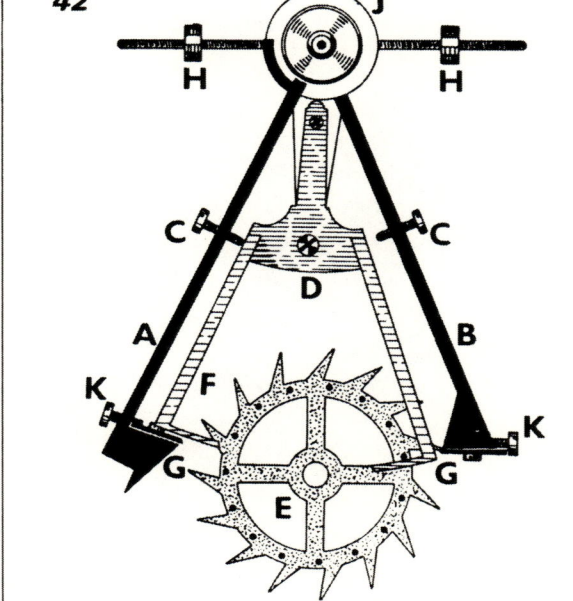

Schwerkraft-Hemmungen

42) **Thomas Reid** (1750-1834) hat – wie viele seiner Zeitgenossen – eine interessante Pendelhemmung mit konstanter Kraft konstruiert. Sie ist auch in Penduluhren der Werkstatt ‹Utzschneider, Liebherr und Werner in München› angewandt worden. Die Gewichtsarme A und B werden an den Hebeflächen angehoben; die Arretierung des Hemmungsrades erfolgt an den Ruheflächen unmittelbar hinter den Hebeflächen. Der zweite Anker D besitzt dünne ‹Fangarme›, mit denen er bei einem Durchlaufen der empfindlichen Hemmung das Rad an den eingesetzten Stiften abfängt.

43 + 43a) **Kugelhemmungen** waren lange Zeit sehr beliebt, zumal sie oft sichtbar gemacht wurden, wegen des so interessanten Aussehens. Winnerl (1799-1866), Verité (1855) und andere haben solche Hemmungen konstruiert. Sie basieren allgemein auf dem hier gezeigten Prinzip, dass eine Kugel wechselseitig vom Hemmungsrad angehoben wird, während die

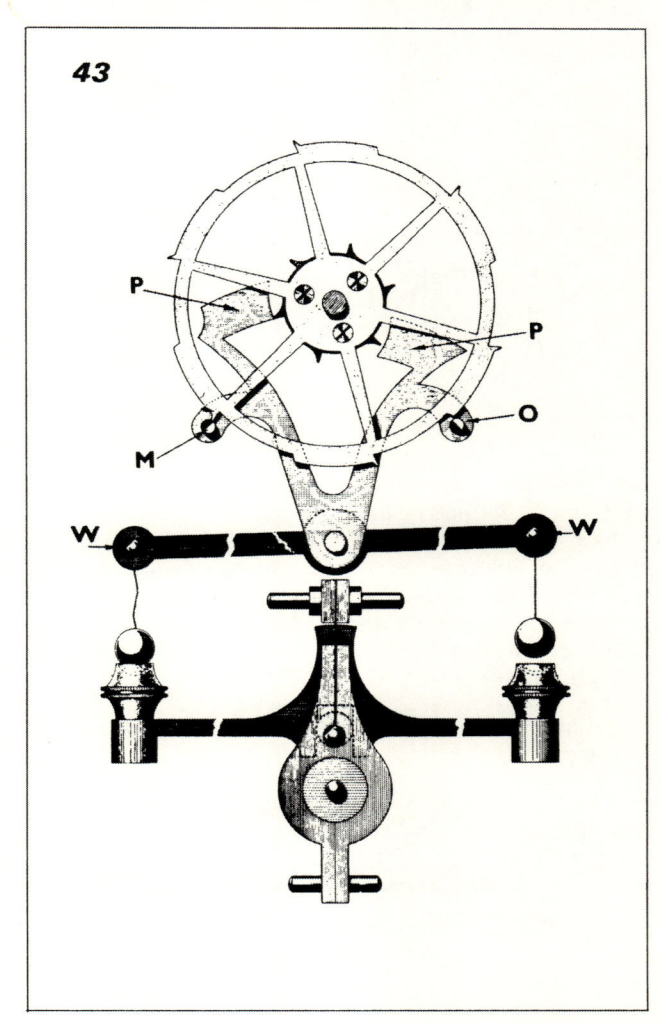

andere den Impuls auf das Pendel abgibt. Die Fäden müssen ausserordentlich zart sein. Urban Jürgensen (1776-1830) verwendete für derartige Zwecke Haare seiner Braut! Sehr wichtig ist, dass die Kugeln sich völlig frei von ihrer Auflage abheben können und nicht kleben, weder durch Fett noch durch Adhäsion.

43a

44) **Andere Schwerkraft-Hemmungen** sind verfeinert durch federnde Lagerung der Impulsarme und feinste Edelmetallspitzen zur Auslösung, die gegen Rubin-Deckplatten arbeiten, die in den Hebel eingelassen sind. Die Justierung dieser Hemmungen ist sehr kritisch und zum Richten des Abfalls hat zum Beispiel Tiede-Berlin an seinen Uhren ein herausdrehbares Stethoskop angebracht!

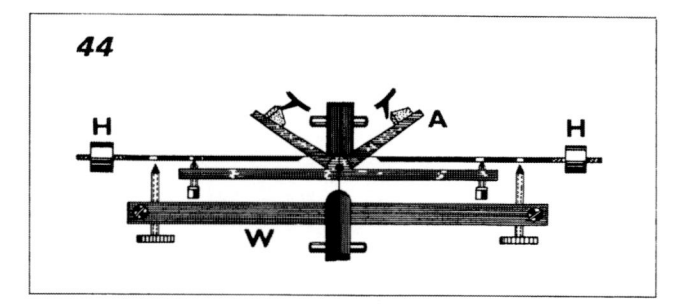

44

Pendeluhr mit Schwerkraft-Hemmung von Kittel-Altona.

Pendeluhr mit der Schwerkraft-Hemmung von Abb. 44 Tiede Berlin (1794-1877).

Mysteriöse Uhren

Mysteriöse Uhren haben für den Uhrmacher meist kein Geheimnis! Mag es die Uhr sein mit den Zeigern auf den beiden drehbaren Gläsern oder der Zeiger, der sich ohne Werk um seine Achse dreht, weil in seinem Gegengewicht ein kleines Uhrwerk eingebaut ist; der Schwerpunkt des Zeigers wird dadurch stets verlagert, dass sich auf dem Stundenrad ein Gewicht in zwölf Stunden einmal herumdreht.

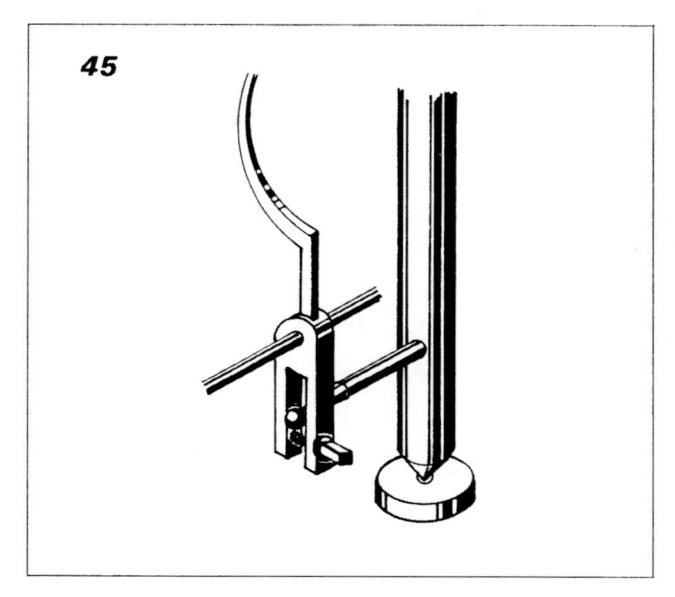

45

45 a *Das frei-schwingende Pendel von Guilmet.*

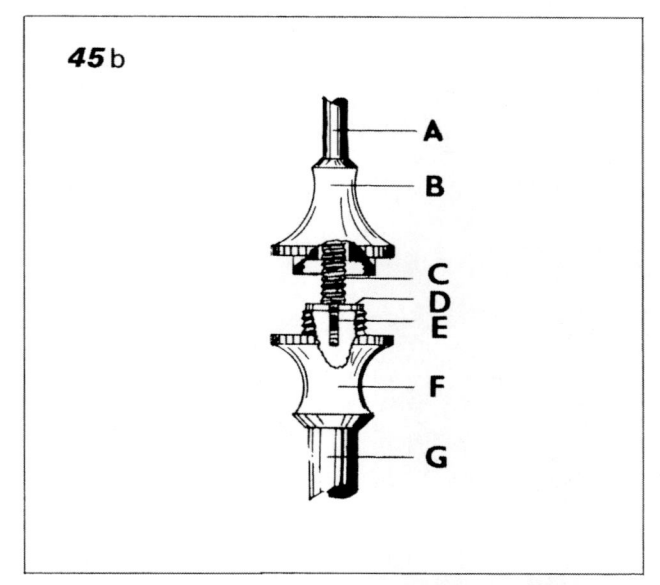

45 b

45 + 45a) **Das frei-schwingende Pendel** ist jedoch auch für den Uhrmacher, der nicht ‹eingeweiht› ist, ein Rätsel, bis er weiss, dass die Figur durch den eigenartigen Hemmungs-Mechanismus den Aufhängungspunkt des Pendels bei jeder Schwingung um 1/40 mm verlagert! Die Figur dreht sich auf einer massiven Körnerwelle und wird durch einen Arm vom Uhrwerk entsprechend bewegt. Der Arm greift mit einer Kugel in die Gabel des Werkes, deren Ende mit einer Schraube absolut spielfrei eingestellt werden muss. Die Gabel wird durch einen Kurbelzapfen gedreht, wobei die langen Hebelarme nach jeweils 180° Drehung abgefangen werden. – Der Sockel der Figur muss zwar sehr dicht über dem Gehäuse sitzen – um die Illusion nicht zu stören – doch darf er nirgends streifen. Ebenso muss die Pendelfeder spielfrei eingesetzt sei, ohne das Pendel jedoch zu hindern, sich senkrecht nach unten einzustellen.

45b) Das Pendel wird in der Mitte der Stange reguliert, wo eine scheinbar aus einem Stück bestehende Verzierung auseinandergeschraubt werden muss. Auf der Pendelstange A ist das Gewinde angebracht, auf dem die Rändelmutter B drehbar ist. Unterhalb dieser Mutter ist auf den Pendelstab ein Rohr G aufgesteckt, in dessen Schlitz der Führungsstift des Pendelstabes läuft. Das Rohr G ist oben mit einem Ansatz D versehen, an den sich die lose drehbare Rändelmutter F anlegt, die mit ihrem Gewinde in die obere Rändelmutter B eingeschraubt wird. Zum Regulieren wird die Verzierung auseinandergeschraubt, wobei man die obere Mutter feststehend belässt und nur die untere F dreht.

45c) **Kegelpendel** sind verhältnismässig selten in Uhren. Sie sind durch ihre Lautlosigkeit im Schlafzimmer natürlich sehr beliebt gewesen. Für den Uhrmacher bieten sie – da sie ohne Hemmung sind und nur ein Laufwerk darstellen – keinerlei Schwierigkeiten. Ob man – falls die Kreuz-Pendelfeder defekt ist – eine neue anfertigt, oder sich mit dem einfacheren Ersatz durch einen Stahldraht oder Nylon-Faden begnügt, ist eine Frage der Tradition und der Kosten.

Pendel-Aufhängungen

46) **Die direkte Verbindung des Pendels mit dem Anker** war bei den ursprünglich leichten Pendeln geringer Länge die technisch einfachste Lösung; die Zapfen-Lagerung war dieser Beanspruchung auch durchaus gewachsen. Um dem Pendel freien Raum für genügend weite Schwingungen zu geben, musste das Pendel nach aussen geführt werden. Der dafür notwendige Kloben für die vordere Lagerung des Anker-Zapfens wurde anfangs mit einem Stift auf einem Ansatz befestigt, später angeschraubt.

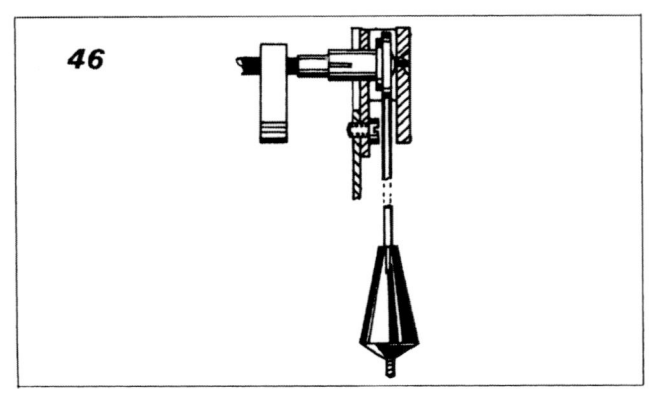

46a) **Der Anblick einer frühen Räderuhr mit direkter Pendel-Lagerung** ist besonders interessant durch die Zahnrad-Federstellung und die reiche Gravierung des Werkes.

47) **Massivere Pendel** wurden in Anlehnung an die vordem bekannte Aufhängung der ‹Waag› an einem Faden aufgehängt. Um das ‹Tanzen› zu verhindern – so weit dies bei einem Faden überhaupt möglich ist – wurde eine Fadenschlaufe benutzt, die mit beiden Enden oben durch Löcher des Querbalkens geführt und verknotet wurde.

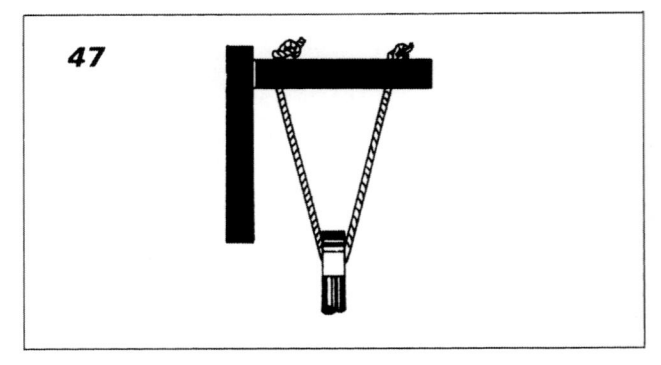

48) **Die Zykloiden-Führung an der Faden-Aufhängung** von Christian Huygens (1629-1695) beweist, wie weit die Grossen ihrer Zeit dem Fortschritt voraus waren. Schliesslich hatte Galileo Galilei (1564-1642) die Pendel-Gesetze zwar gefunden, doch sie wurden erst von Huygens 1658 angewendet. Und hierbei hat Huygens sofort den mangelnden Isochronismus entdeckt und versucht, diesem Mangel auf geniale Weise abzuhelfen. Da grössere Schwingungen des Pendels länger dauern als kleine, wird die Pendellänge durch die Zykloiden-Kurven bei grösserer Schwingungsweite verkürzt.

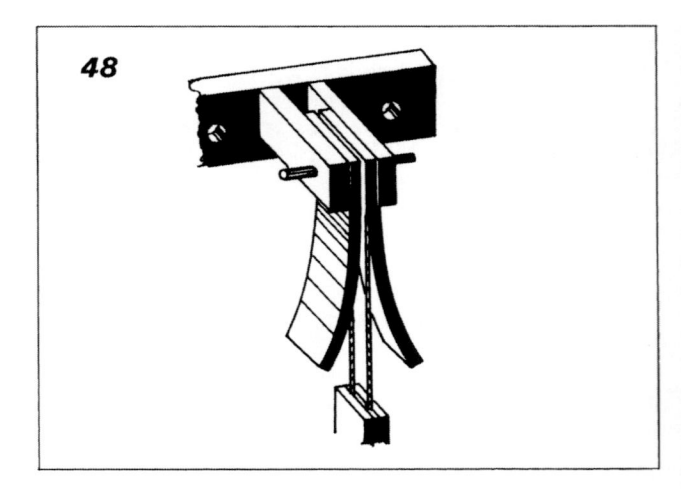

49) **Die Faden-Aufhängung** hat sich noch lange Jahre erhalten. Sie ist später jedoch meist in ihrer regulierbaren Form angewandt worden: nur ein Fadenende ist verknotet, während das andere nach Durchführung durch das zweite Loch des Querbalkens auf eine Welle aufgewunden und erst hier in einem Querloch verknotet ist. So ist die Pendel-Länge auf einfachste Weise zu verkürzen und zu verlängern. Bei der Reparatur ist zu beachten: Faden so aufwinden, dass bei Rechtsdrehung Vorgang und bei Linksdrehung Nachgang erreicht wird!

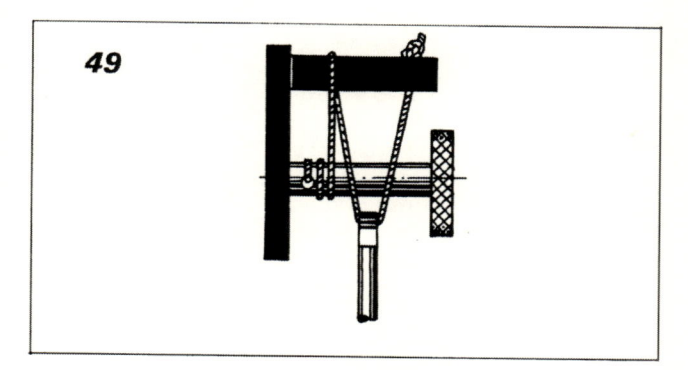

49

49a) Eine bessere Art, den – möglichst dünnen – Seidenfaden einzuziehen, ist folgende: den Faden durch beide Löcher der festen Stange und nur einmal den Faden durch das Loch der Regulierwelle führen. Bei etwas Überlänge wird zusammengeknotet.
Der Vorteil dieser Methode ist, dass beim Regulieren beide Teile gleichmässig hinauf- oder hinabgleiten. Im anderen Falle – wie vorher beschrieben – wird das Pendel nicht immer gleich folgen, da es mit seinem dünnen Haken in den Faden eine Spur gedrückt haben wird, die Unregelmässigkeiten verursachen kann.

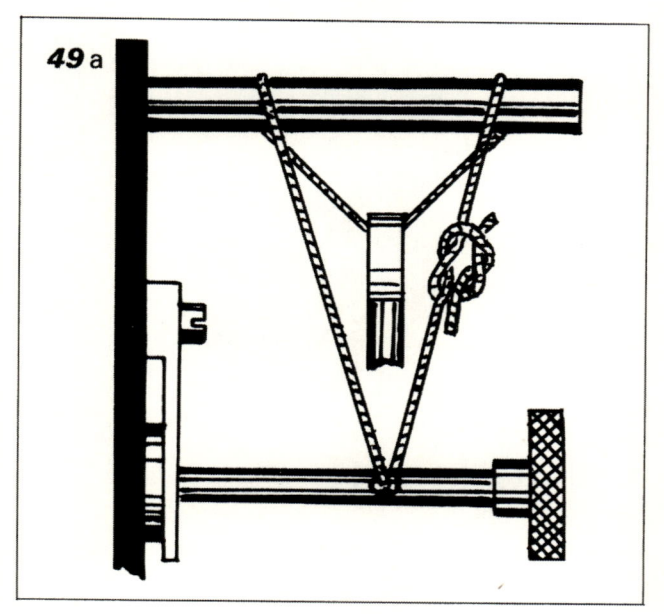

49a

50) **Die zur Erhöhung der Ganggenauigkeit** angewendeten längeren und schwereren Pendel mussten jedoch auf andere Art aufgehängt werden. Man versuchte, das Pendel mit Stahlschneiden in Achat-Lagern schwingen zu lassen.
Die Konstruktion war hierbei verschieden und man verwendete sowohl doppelseitige Schneiden als auch – wie hier gezeigt – einseitige Lagerung. In diesem Falle wurde die Achat-Pfanne etwas hohl ausgeführt, um die Schwingungs-Ebene des Pendels zu sichern.
Bei leichten Pendeln mit grösserer Schwingungsweite beträgt der Winkel für die Schneide etwa 20° und für die Pfanne etwa 140°; grosse Pendel wurden von einer Schneide mit etwa 60°-120° getragen.

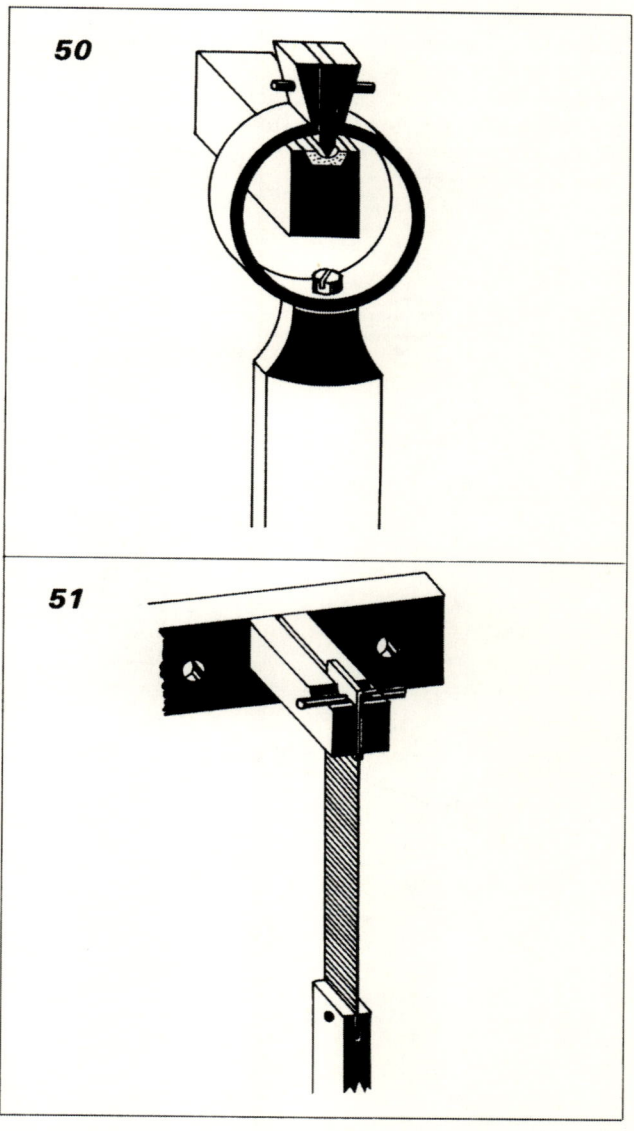

50

51

51) **Die Feder-Aufhängung der Pendel** beseitigte die Nachteile der Schneiden-Lagerung – insbesondere die

47

Abnutzung. Sie wurde durch William Clement (1635-1695) erfunden, für Präzisionsuhren aber erst seit 1838 verwendet.

Anfänglich war nur eine einzige Feder-Lamelle – meist verhältnismässig lang – mit dem Pendel direkt verbunden. Um die Schwingungsebene des Pendels besser zu sichern, verwendete Le Roy (1717-1785) zwei Lamellen. Die jetzige Form der Pendelfeder mit ihren Fassungen oben und unten wird Achille Brocot zugeschrieben (1817-1878), der auch die Brocot-Hemmung erfand.

52) Der Regulier-Schlitten längs den Pendelfeder-Lamellen stammt der Idee nach von der regulierbaren Faden-Aufhängung. Diese Einrichtung ist in vielen Pendulen zu finden und wird fast immer durch ein Vierkant von der Zifferblatt-Seite über der ‹XII› bedient.

Die Pendelfeder-Lamellen sollen zwar frei in dem Schlitz spielen, dürfen aber weder klemmen noch gar zuviel Freiheit haben.

Nicht immer ist dem Besitzer der Uhr bekannt, dass er auf diese Weise seine Uhr selbst regulieren kann; im eigenen Interesse sollte der Uhrmacher seinen Kunden darauf aufmerksam machen!

53) Die Temperatur-Kompensation wird bei leichten Pendeln durch einen Bi-Metallstreifen erreicht, der die Länge der Pendelfeder entsprechend verändert. Die Feder-Lamellen werden in einem festen Schlitz geführt, während der Bi-Metallstreifen die Feder bei Wärme verkürzt und in der Kälte verlängert.

54) Eine ähnliche Kompensations-Einrichtung stammt von Ellicott. Hier erfolgt die Veränderung der Pendellänge gleichfalls durch Änderung der Pendelfeder-Länge in der Weise, dass der Unterschied in der Längen-Ausdehnung zwischen dem Stahl- und dem Messingstreifen über einen einarmigen Hebel – etwa im Verhältnis 1:2,5 – vervielfacht wird. Über ein Wellrad hält ein Gewicht dem schweren Pendel so weit das Gleichgewicht, dass es in der Wärme auch wirklich gehoben werden kann, wenn die Messingstange das System nach oben drückt, um die Pendelfeder zu kürzen.

Die einfachen Pendel antiker Pendeluhren sind sowohl in ihrem Aufbau, als auch in ihrer Ausführung und damit auch in der Behandlung wirklich einfach. Wenn die Pendellinse nicht zu wacklig auf der Führung sitzt und die Pendelmutter zügig dreht – besser ist stets eine Gegenmutter! – ist ziemlich alles in Ordnung.

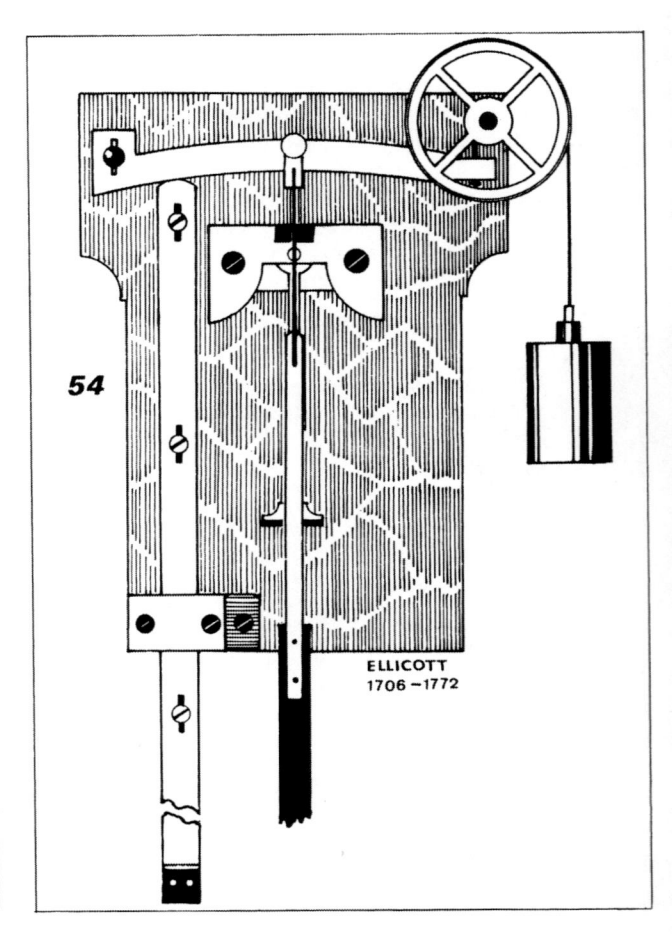

55) **Eine neue Pendellinse anzufertigen**, dürfte ebenfalls keine zu grossen Schwierigkeiten aufwerfen. Man kann sie sogar aus zwei oder noch einfacher sogar drei einzelnen Scheiben anfertigen, wobei der Schlitz für die Pendelstange dann nicht einmal einzufräsen ist, sondern eben in der Mittelscheibe (aus zwei Teilen) frei bleibt. Man kann auch eine entsprechend hohe Messingschale mit Blei ausgiessen. Ratsam ist dann, in der Mitte eine eingeölte Schraube mit einzuschmelzen; nach dem Herausdrehen dieser Schraube kann dann die grosse Linse auf einen Schraubdorn in der Drehbank eingespannt werden zur Vollendung und Lackierung der Vorderseite.

Leichte, gewölbte Pendellinsen lassen sich (nach A. Reinhard) aus dünnem Messingblech (0,4-0,5 mm dickes Weichmessing) gut **drücken**! Nachdem mit dem Zirkel die gewünschte Grösse angerissen ist, kann die Scheibe mit der Blechschere ausgeschnitten und auf der Schleifscheibe – die mit **Glaspapier** bespannt ist – genau rund geschliffen werden.

Es ist vorteilhaft einen Stahlstempel zu benutzen, der in eine Blei-Hohlung gepresst wird; dieser Blei-Untersatz lässt sich in einem Eisenrohr giessen. Mit kräftigem Hammerschlag werden dann zwei Linsen-Hälften gepresst, deren Flächen anschliessend auf der Glaspapier-Scheibe flachgeschliffen oder auch flachgefeilt werden. Die Ränder werden verzinnt und zusammengelötet. Für kleine Pendellinsen werden sich auch die Konkav-Konvex-Plastic-Einsätze verwenden lassen, wie sie in den Apparaten zum Einsetzen runder Uhrgläser vorhanden sind. Die Aussenwölbungen lassen sich polieren und – um sie gegen Anlaufen zu schützen – tauchen. Falls jedoch ein Kreisschliff gewünscht wird, kann man einen ‹Saugnapf› benutzen, um die Linse in der Drehbank in Rotation zu bringen. Hier kann auf gleiche Weise auch die Oberfläche lackiert werden. Natürlich ist auch galvanisches Versilbern oder Vergolden möglich.

(Andererseits sei nicht vergessen zu erwähnen, dass fertige Pendellinsen und fertige Pendel – besonders für Pendulen – in den Grosshandlungen usw. erhältlich sind.)

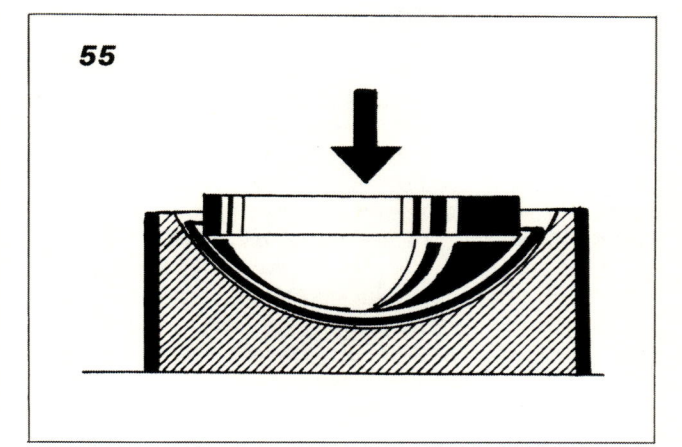

Kompensationspendel

56) **Kompensationspendel** sind nicht immer ‹echt›, obwohl die Stäbe oft so erscheinen. Natürlich kommt die Bezeichnung ‹Rost› von der Form eines Grill-Rostes! Man kann die Funktion der verschiedenen Arten von Kompensationspendeln sehr leicht erkennen aus der Art, wie die Stäbe mit den Querbalken verbunden sind. Das Wiederauffrischen solcher oft sehr verrosteter ‹Rost›-Pendel ist ziemlich zeitraubend.

Kompensationspendel mit justierbarem Ausgleich sind mit einem Stöpsel in der Mittelstange versehen: auf diese Weise kann mehr oder weniger Zink des dickeren Rohres eingeschaltet werden, um das Verhältnis der Kompensations-Metalle zueinander zu ändern. Die Berechnung eines Kompensations-Pendels wird zwar selten nötig sein, doch ist die Formel einfach genug.

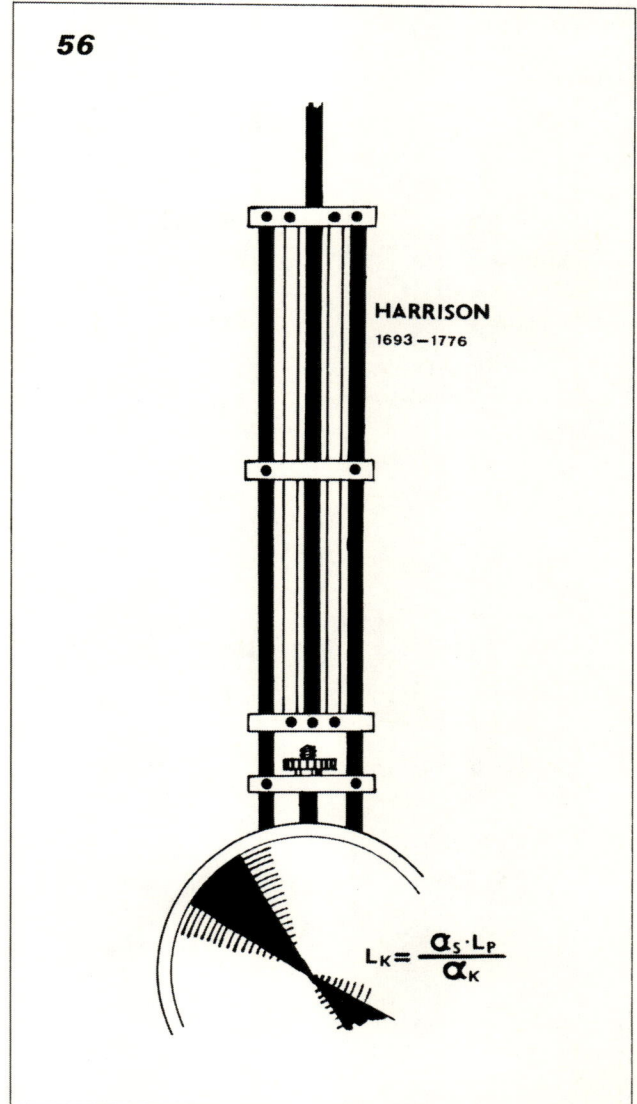

56

HARRISON
1693–1776

$$L_K = \frac{\alpha_S \cdot L_P}{\alpha_K}$$

55

57) **Seltene Kompensationspendel** mögen interessehalber aufgeführt sein, da auch sie gelegentlich vorkommen können und diese Kenntnis dann von Nutzen ist. Ellicott's Pendel sieht beinahe nicht aus wie ein Ausgleichspendel, so einfach ist es konstruiert: die äussere Zinkhülle auf der Pendelstange dehnt sich stärker aus als der Stahl; sie verlängert sich in der Wärme nach unten und hebt über den ungleicharmigen Hebel die Pendellinse nach oben. Durch Biegung des Schiebers an dem Rohr lässt sich die Wirkung der Kompensation ändern.

58) **Das Kompensationspendel von Mahler** sieht durch die seitlichen Zusatz-Gewichte besonders interessant aus. Sie werden gleichmässig um ihren Drehpunkt im stählernen Mittelstab gehoben oder gesenkt, da die seitlichen Messingstäbe sich stärker ausdehnen oder zusammenziehen. Da diese Gewichte auf ihrer Führungsschiene verschoben werden können, ist auch diese Vorrichtung bei Über- oder Unterkompensation zu verändern.

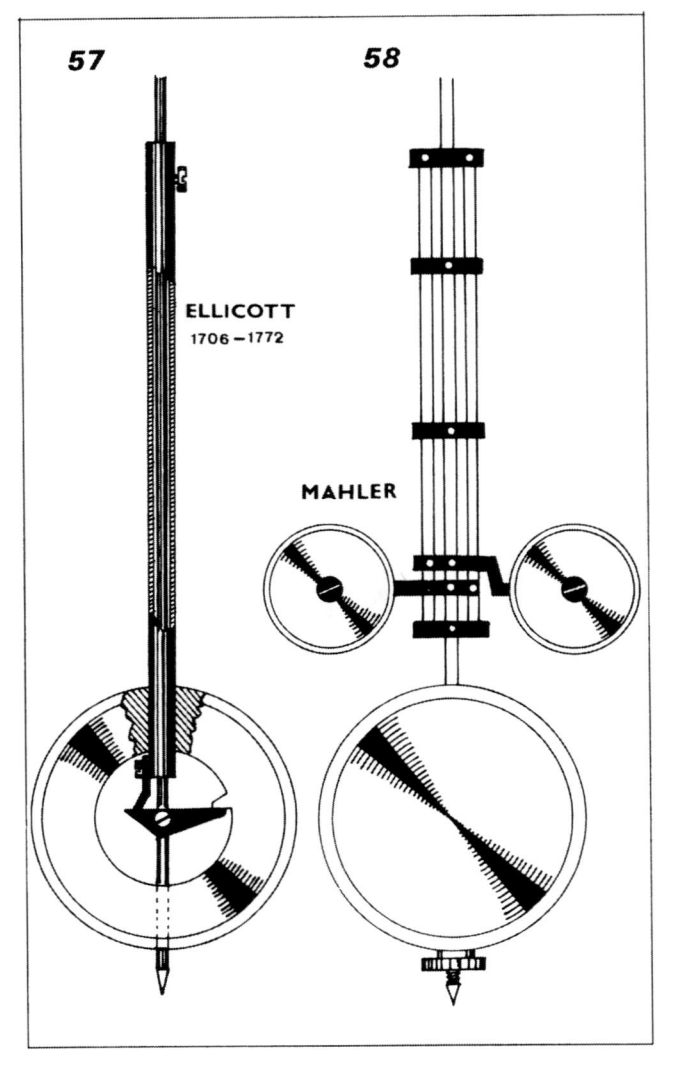

Lineare Wärme-Ausdehnungs-Koeffizienten
Coefficients of linear expansion
Material

			$60 \cdot 10^{-6/°C}$
Quecksilber	Mercury	0,000060	60
Zink	Zinc	0,000029	29
Aluminium	Alumina	0,000024	24
Messing	Brass	0,000018	18
Stahl	Steel	0,000012	12
Eichenholz	Oak	0,0000060	6
Tannenholz	(deal)		
	fir-wood	0,0000035	3,5
Invar	Invar	0,0000009	0,9
Quarz	Quartz	0,0000004	0,4

57

ELLICOTT
1706–1772

58

MAHLER

59) **Quecksilber-Kompensationspendel** sind öfter anzutreffen, aber auch leider öfter in defektem Zustand, da die Glasröhren zerbrechlicher sind als eine Rostpendel-Konstruktion aus Metall. Natürlich findet man auch Metallgefässe für das Quecksilber, doch dann eher bei feinen Pendeluhren. Die Glasgefässe wird im Reparaturfall eine Laborfirma oder auch ein Glasbläser herstellen können, der auch das Quecksilber einschmelzen wird. Die Höhe des Quecksilbers im Gefäss errechnet sich mit der angegebenen Formel ziemlich genau, da sie auch die Ausdehnung des Gefässes berücksichtigt. Will man jedoch die Kompensations-Wirkung korrigieren, wird man Quecksilber mit einem Stechheber abnehmen und zufüllen müssen. Das Einschmelzen kann dann erst später erfolgen.
Bei feinen Quecksilber-Kompensationspendeln liegt eine Metallscheibe über dem Quecksilber, um zu verhindern, dass das Quecksilber beim Gang der Uhr in Schwingungen gerät, was die Feinstellung der Uhr beeinträchtigen könnte.

59a) **Einfache Holzpendel**
Die meisten Pendelstangen bestehen aus Eisen- oder Stahldraht, da sie sich auf diese Weise am einfachsten herstellen lassen. Sie sind haltbarer als Holz-Pendelstangen, die unter Umständen ersetzt werden müssen.
Eine Holzpendelstange wird am besten aus astfreiem Tannen- oder Fichtenholz ausgeführt, da diese Holzarten ein besonders geringes Ausdehnungsvermögen besitzen. Der Querschnitt soll, wie der des Pendelkörpers, des Luftwiderstandes wegen linsenförmig sein. Damit jedoch die Luftfeuchtigkeit nicht in die Holzporen dringen kann, soll die Stange mit Leinölfirniss getränkt werden. Die Luftfeuchtigkeit würde die Stange schwerer machen, wodurch die Uhr vorgeht. Damit die Luft nicht in Holzporen verbleiben kann, muss das Tränken mit Leinölfirniss sehr langsam zentimeterweise geschehen, um der Luft Zeit zu lassen, zu entweichen. Das Gefäss muss also entsprechend tief sein; es eignet sich dazu gut eine dünne Röhre aus Blech oder Plastic.

59

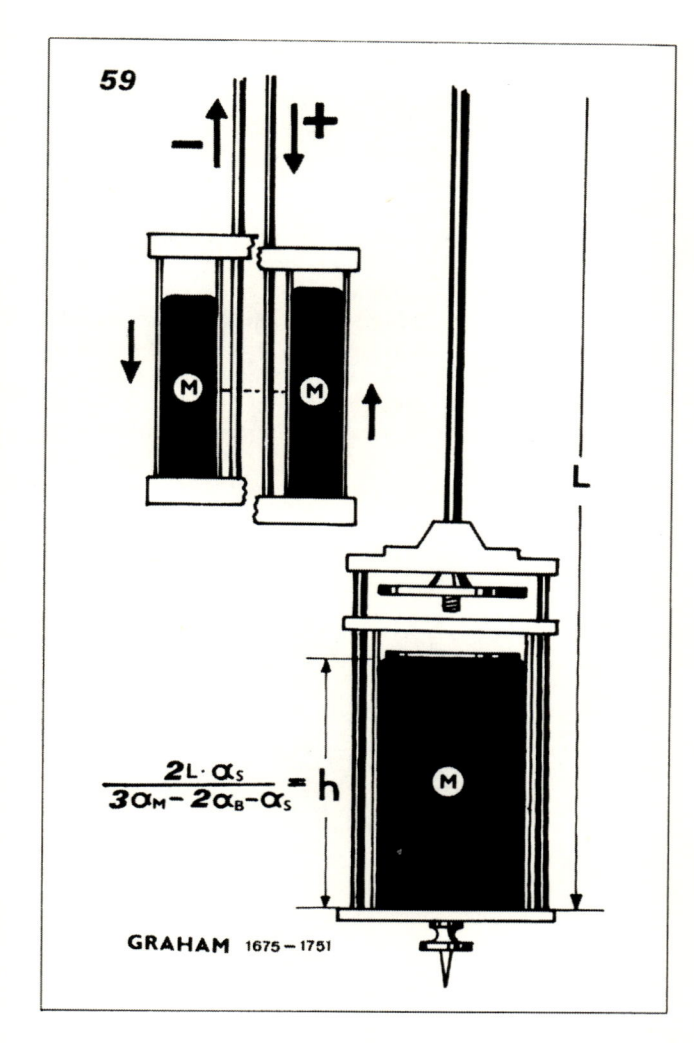

$$\frac{2L \cdot \alpha_S}{3\alpha_M - 2\alpha_B - \alpha_S} = h$$

GRAHAM 1675–1751

Der Ausdehnungs-Koeffizient von Tannenholz ist übrigens mit 0,0000035 sehr gering. Verschiedentlich wurde die sehr einfache Kompensationsmöglichkeit ausgenutzt, um durch eine Messinglinse oder einen Messing-Zylinder von entsprechendem Ausmass einen Ausgleich der Temperaturfehler zu erreichen. Bei einer Pendellänge von beispielsweise 665 mm ergibt sich für das Holzpendel eine Längenänderung (für 1°) von

$$665 \cdot 0{,}0000035 = 0{,}0023275 \text{ mm}$$

Dividiert man dies durch den Ausdehnungskoeffizienten des Messings, so erhält man die Länge des notwendigen Ausgleichsrohres oder hier den Halbmesser der Pendellinse oder auch die halbe Höhe eines Messingzylinders:

$$0{,}0023275 : 0{,}0000180 = 129{,}3 \text{ mm}$$

Die Pendellinse aus Messing müsste also einen Durchmesser von 258,6 mm besitzen. Für das Sekundenpendel von rund 1 Meter Länge würde der Durchmesser einer Zinklinse 310 mm betragen müssen.

Regulieren einer Pendeluhr

60) Das Regulieren einer Pendeluhr nur nach ‹Gutdünken› ist wesentlich zeitraubender, als wenn man rationell dabei vorgeht. Wie die ‹Pendel-Tabelle› zeigt, sind die Beträge für die Längenveränderung pro Minute und Tag recht unterschiedlich bei den kurzen und bei den langen Pendeln.
Wichtig ist jedoch, dass die Differenzen stets auf 24 Stunden umgerechnet werden, da sonst ein falsches Bild entsteht.
Die verhältnismässig einfache **Formel für die Ausrechnung der Längenänderung lautet**

$$\triangle L = \frac{2 \cdot \text{Differenz} \cdot \text{Pendellänge (mm)}}{\text{Beobachtungszeit (min.)}}$$

Beispiel: Differenz in 6 Stunden = 4 min.
Pendellänge 125 mm

$$\triangle L = \frac{2 \cdot 4 \cdot 125}{6 \cdot 60} = \underline{2{,}77 \text{ mm}}$$

Die Verschiebung der Pendellinse lässt sich zwar mit der Schieblehre nachmessen. Genauer geht es jedoch, wenn man die Umdrehungen der Pendelmutter entsprechend der Steigung des Gewindes ausrechnet. Um einen Gangunterschied von 1 Minute pro Tag auszugleichen, muss die Pendelmutter verstellt werden um

$$\frac{550 \cdot (\text{Anzahl der Gewindegänge auf 10 mm})}{(\text{Zahl der Schwingungen pro Minute})^2} \text{ Umgänge}$$

Beispiel: Täglicher Gang = + 3 min.
20 Gewindegänge auf 10 mm
Schwingungszahl pro Minute = 100

$$\frac{550 \cdot 20}{100^2} = 1{,}1 \text{ Umgänge pro 1 Minute}$$

$$3 \cdot \frac{550 \cdot 20}{100 \cdot 100} = 3{,}3 \text{ Umgänge pro 3 Minuten}$$

Auflage-Gewichte auf dem ‹Huygenschen Läufer› in der Mitte der Pendelstange sind zur Feinstellung besserer Pendeluhren geeigneter. Durch Auflegen eines Gewichtes wird praktisch die Wirkung dieses kürzeren

Pendel-Tabelle
(Die ‹mathematische› Pendellänge reicht vom Drehpunkt bis etwa oberhalb des Linsenmittelpunktes)

Schlagzahl		Mathematische Pendellänge in cm	Längenveränderung in mm für 1 m/24 h
pro Stunde	pro Minute		
12 300	205	8,51	0,12
12 000	200	8,95	0,12
11 700	195	9,41	0,13
11 400	190	9,91	0,13
11 100	185	10,45	0,14
10 800	180	11,05	0,15
10 500	175	11,68	0,16
10 200	170	12,38	0,17
9 900	165	13,14	0,18
9 600	160	13,98	0,19
9 300	155	14,90	0,20
9 000	150	15,09	0,22
8 700	145	17,00	0,23
8 400	140	18,29	0,25
8 100	135	19,64	0,27
7 800	130	21,17	0,29
7 500	125	22,90	0,31
7 200	120	24,85	0,34
6 900	115	27,05	0,37
6 600	110	29,57	0,40
6 300	105	32,45	0,44
6 000	100	35,78	0,48
5 700	95	39,64	0,54
5 400	90	44,17	0,60
5 100	85	49,52	0,67
4 800	80	55,91	0,76
4 500	75	63,61	0,86
4 200	70	73,02	0,99
3 900	65	84,68	1,15
3 600	60	99,40	1,38
3 300	55	118,2	1,64
3 000	50	143,1	1,99

Pendels verstärkt und die Uhr geht vor; umgekehrt geht die Uhr beim Abnehmen von Gewichten nach. Um beide Möglichkeiten zu haben, soll die Uhr schon mit einigen aufgelegten Gewichten vorreguliert werden. An alten Uhren findet sich oft ein Trichter für die Aufnahme von Schrotkugeln; modernere Uhren haben einen flachen Teller, auf dem die Streifen-Gewichte etwas vorstehen können, um sie während des Gehens der Uhr bequem abzunehmen, ohne die Uhr anhalten zu müssen, was möglichst zu vermeiden ist.
Schrotkugeln (aus Blei) lassen sich aus dem Trichter nur sehr schwer herausnehmen, und die Uhr müsste dazu angehalten werden; legt man jedoch eine Stahlkugel auf die Schrotkugeln, kann diese mit einem Magnet leicht herausgeholt werden, ohne die Uhr im Gang zu stören. (Übrigens wird ‹BIG BEN› durch Auflegen und Abnehmen eines Penny-Stückes fein-reguliert.)

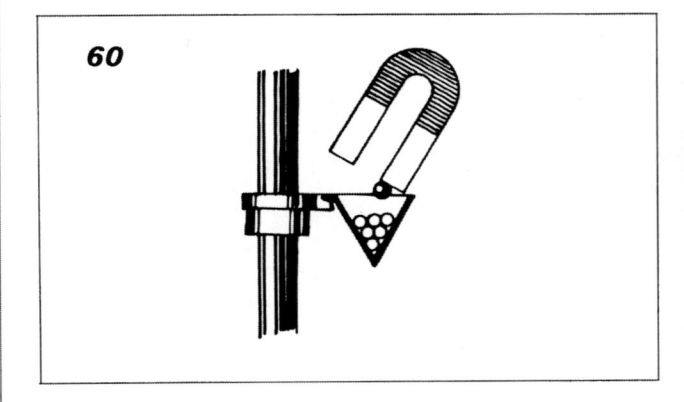

60

Das Auflage-Gewicht lässt sich durch die einfache Formel berechnen

$$\triangle P = \frac{P \cdot \triangle t}{10\,800}$$

oder in Worten
Auflage-Gewicht in Gramm =

$$\frac{\text{Pendelgewicht in g} \cdot \text{Abweichung in s/d}}{10\,800}$$

Beispiel: Pendelgewicht 6 kg = 6000 g
täglicher Gang = 1 Sekunde

$$\frac{6000 \cdot 1}{10\,800} = 0{,}56 \text{ g}$$

61) **Auch ohne einen Sekundenzeiger** lässt sich eine Uhr kurzfristig schnell regulieren. Bei Uhren mit Schlagwerk ist der Halb-Schlag oder der erste Vollschlag sekundengenau festzuhalten. Entweder beobachtet man in genau gleichen Zeiträumen oder man rechnet die Differenzen stets um auf ‹24 Stunden›, um

das Pendel nicht irrtümlich zuviel oder zu wenig zu verstellen. Die Pendeltabelle enthält auch die Angaben über die Längenänderung für 24 Stunden bei einer Differenz von 1 Minute.

Gehwerke ohne Schlagwerk versieht man mit einem Papierstreifen, der gefaltet derart befestigt wird – unterklemmen oder anschrauben, notfalls mit Zaponlack aufkleben – dass der Minutenzeiger mit seiner Spitze darüber hinweg streichen kann; der Augenblick des Abfalls der Papierspitze unter dem Zeiger hervor lässt sich ebenfalls sekundengenau beobachten.

61

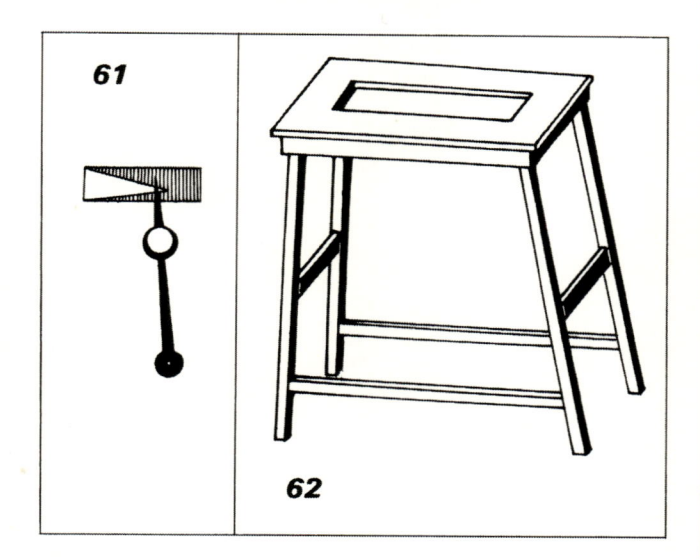

62

63

64

62) **Alle Uhren müssen sicher stehen oder aufgehängt sein!** Insbesondere Pendeluhren mit langem Pendel, die zumeist mit schweren Gewichten versehen sind, bedürfen eines stabilen Ständers.

63) **Uhren in der Grösse der Pariser Pendulen** können auf einem Regulierständer bequem senkrecht gestellt werden. Bei Pariser Pendulen-Werken stehen die Pfeiler entsprechend der Konstruktion des Werkes nicht symmetrisch, sodass es zweckmässiger ist, das Werk an einem Pfeiler so aufzuhängen, dass sich der untere Werkpfeiler gegen den Ständer stützt. Die Verstellbarkeit verführt aber dazu, den ‹Abfall› hierdurch richtig einzustellen, doch ist man dann gegebenenfalls beim Einbau der Uhr in das Gehäuse gezwungen, doch noch und zwar hier mühsamer den Abfall nach dem senkrechten Stand von ‹12› und ‹6› zu justieren.

64) **Grössere Pendel-Wanduhren** können an den oberen Werk-Pfeilern aufgehängt werden, da sie ja meist symmetrisch gebaut sind.

65) **Das Gegenschwungpendel** wird angewendet, wenn in einem Gehäuse nicht genügend Platz für die zum Werk erforderliche Pendellänge vorhanden ist. Man hilft sich aber auch manchmal in dieser Weise, wenn die Pendelstange nicht lang genug ist und die Uhr immer noch vorgeht. Ein solches Gegenschwungpendel sieht sicher besser aus, als wenn die Pendellinse oben zu beiden Seiten der Pendelstange ausgefeilt wird, um den Schwingungsmittelpunkt tiefer zu legen, damit die richtige Schwingungszahl erreicht wird.

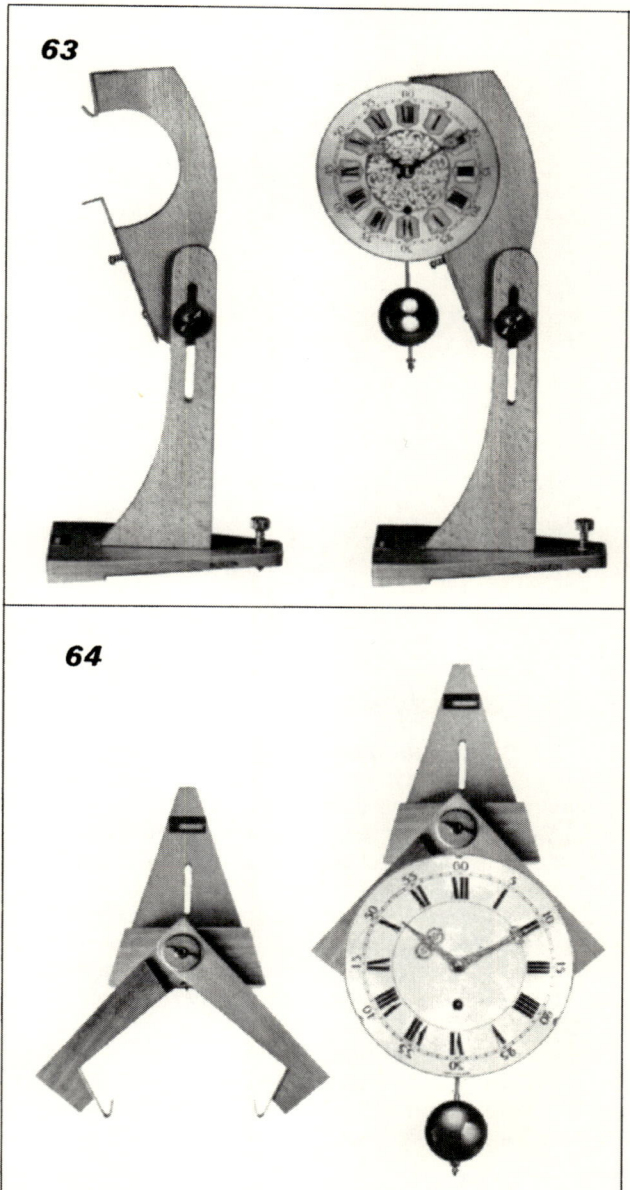

66) **Das schaukelnde Schiff,** das oft über dem Zifferblatt der Standuhren sichtbar ist, ist allerdings kein solches Gegenschwungpendel, da es dazu zu leicht ist; doch lässt sich unter Umständen eine entsprechende Masse dahinter anbringen.

Es kann zum Stehenbleiben der Uhr führen, wenn das Übergewicht des Schiffes nicht symmetrisch mitschwingt. Dies kann unter Umständen ein ‹geheimnisvoller› Fehler sein, der schwer zu finden und leicht zu übersehen ist. In der ‹Totlage des Pendels› muss sich also das Schiff mit seinem Schwerpunkt genau ‹oben› befinden.

65

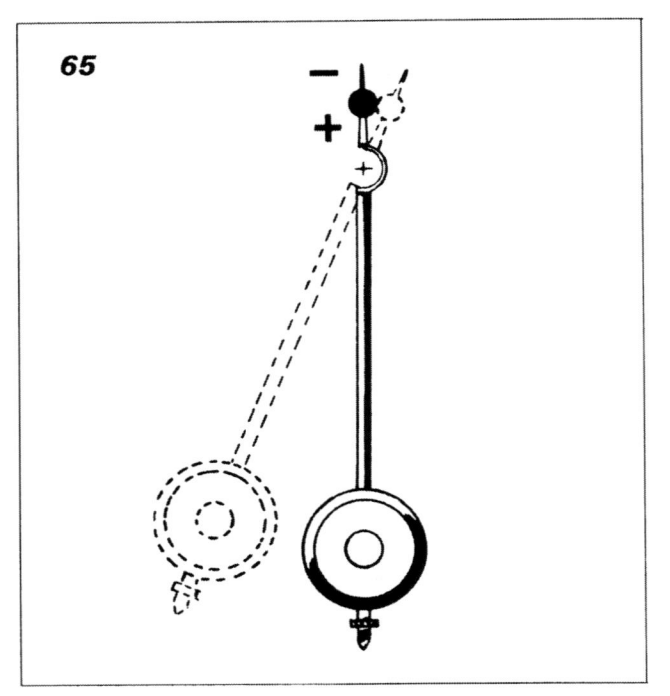

66

Pendel-Berechnung

67) **Zur Berechnung der Pendellänge** sind die Zahnzahlen nötig von Rädern und Trieben, soweit sie in den Formeln enthalten sind: abwärts von der Achse, die in einer Stunde eine Umdrehung ausführt. Grundsätzlich sind dann die Rad-Zahnzahlen durch die Trieb-Zahnzahlen zu dividieren. Da jeder Zahn des Hemmungsrades 2 Pendelschläge verursacht, ist das Ergebnis mit ‹2› zu multiplizieren. Um mit kleineren Zahlen zu rechnen und damit sich die minutliche Schlagzahl gegebenenfalls leichter abzählen lässt, dividiert man oft gleich durch ‹60›.

Bei indirekt angetriebenem Minutenzeiger – was meist vom Wechselrad her geschieht – zählt das Minutenrohr (Viertelrohr) zu den Rad- und das Wechselrad in diesem Fall zu den Triebzahnzahlen.

Bezeichnungen für die Formeln zur Berechnung der Schwingungszahl des Pendels
Zahnzahl des
Z_M Minutenrad (Gross-Bodenrad)
Z'_Z Klein-Bodentrieb
Z_Z Klein-Bodenrad
Z'_S Sekundentrieb
Z_S Sekundenrad
Z'_E Hemmungstrieb
Z_E Hemmungsrad (Ankerrad)

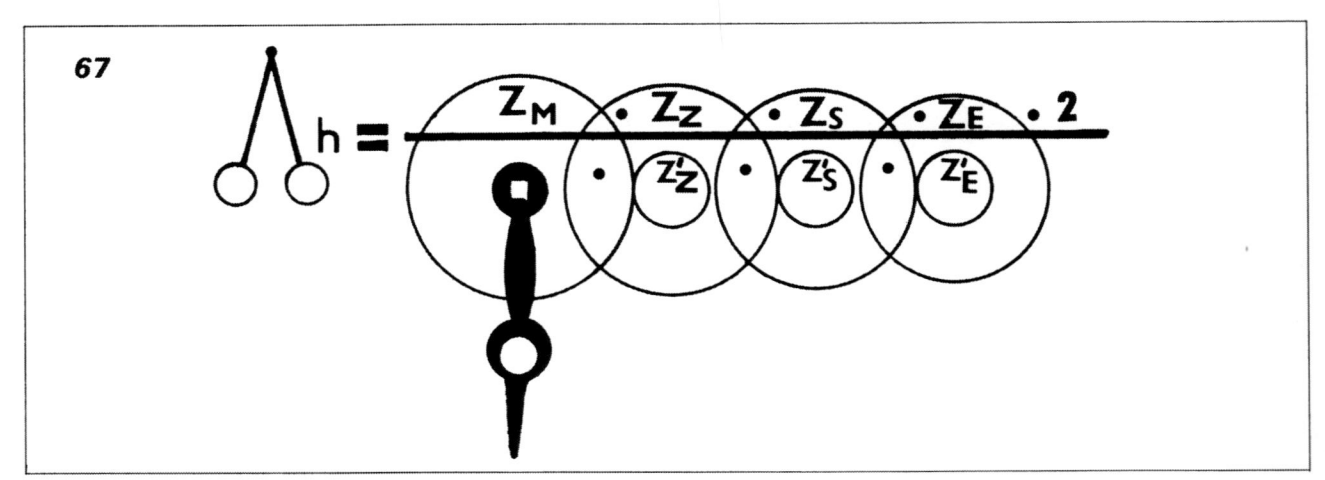

67

$$h = \frac{Z_M \cdot Z_Z \cdot Z_S \cdot Z_E \cdot 2}{Z'_Z \cdot Z'_S \cdot Z'_E}$$

Die Länge des Pendels ist dann am bequemsten der Tabelle zu entnehmen. Die Ausrechnung ist jedoch ebenfalls recht einfach mit der Formelableitung

Länge des Sekundenpendels

$$\overline{(\text{Schlagzahl pro Sekunde})^2}$$

oder bei Verwendung der minutlichen Schlagzahl

$$\frac{994,4 \cdot 60^2}{\text{Schlagzahl pro Minute}^2} = \frac{3\,580\,000}{\text{Schlagzahl pro Minute}^2}$$

Beispiel: minutliche Schlagzahl 120 (Halbsekundenpendel)

$$\text{Pendellänge} = \frac{3\,580\,000}{120 \cdot 120} = \underline{248,6 \text{ mm}}$$

Bei Pariser Pendulen geben die Zahnzahlen des Hemmungsrades einen Anhalt für die Länge des Pendels:

Zahnzahl des Hemmungsrades	Schlagzahl pro Minute	Schlagzahl pro Stunde	Pendellänge	Gewicht der Pendelscheibe	Längenänderung in mm für 1 Min. Abweichung pro Tag
48	192	11 520	98 mm	15 g	0,13 mm
46	184	11 040	106	20	0,14
44	176	10 560	115,5	30	0,16
42	168	10 080	127	50	0,18
40	160	9 600	140	60	0,20
38	152	9 120	155	70	0,23
36	144	8 640	173	90	0,25
34	136	8 160	193,5	100	0,27
32	128	7 690	218,5	110	0,30
30	120	7 200	248,5	140	0,34

Comtoiser Penduluhr

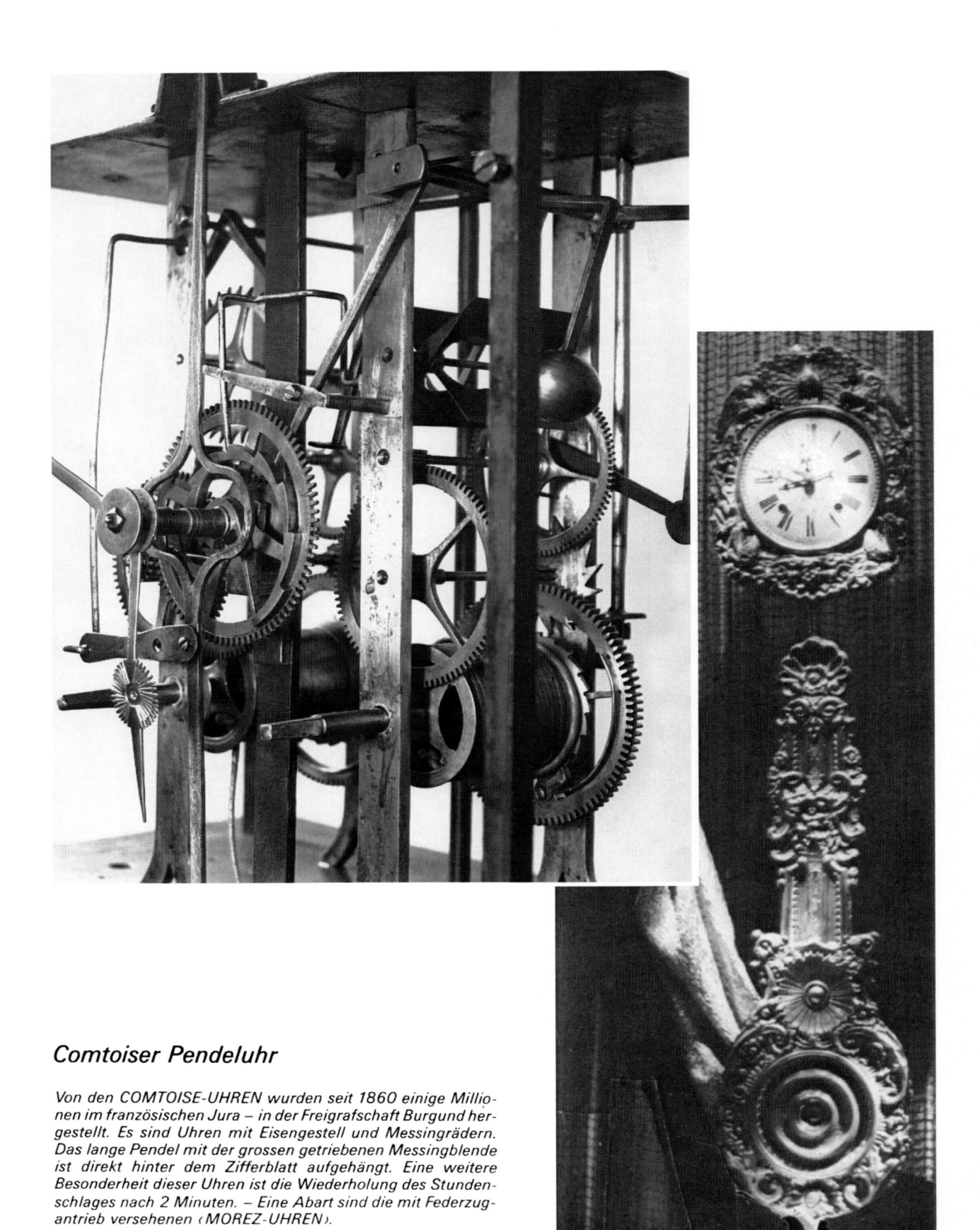

Von den COMTOISE-UHREN wurden seit 1860 einige Millionen im französischen Jura – in der Freigrafschaft Burgund hergestellt. Es sind Uhren mit Eisengestell und Messingrädern. Das lange Pendel mit der grossen getriebenen Messingblende ist direkt hinter dem Zifferblatt aufgehängt. Eine weitere Besonderheit dieser Uhren ist die Wiederholung des Stundenschlages nach 2 Minuten. – Eine Abart sind die mit Federzugantrieb versehenen ‹MOREZ-UHREN›.

III Zeit-Anzeige

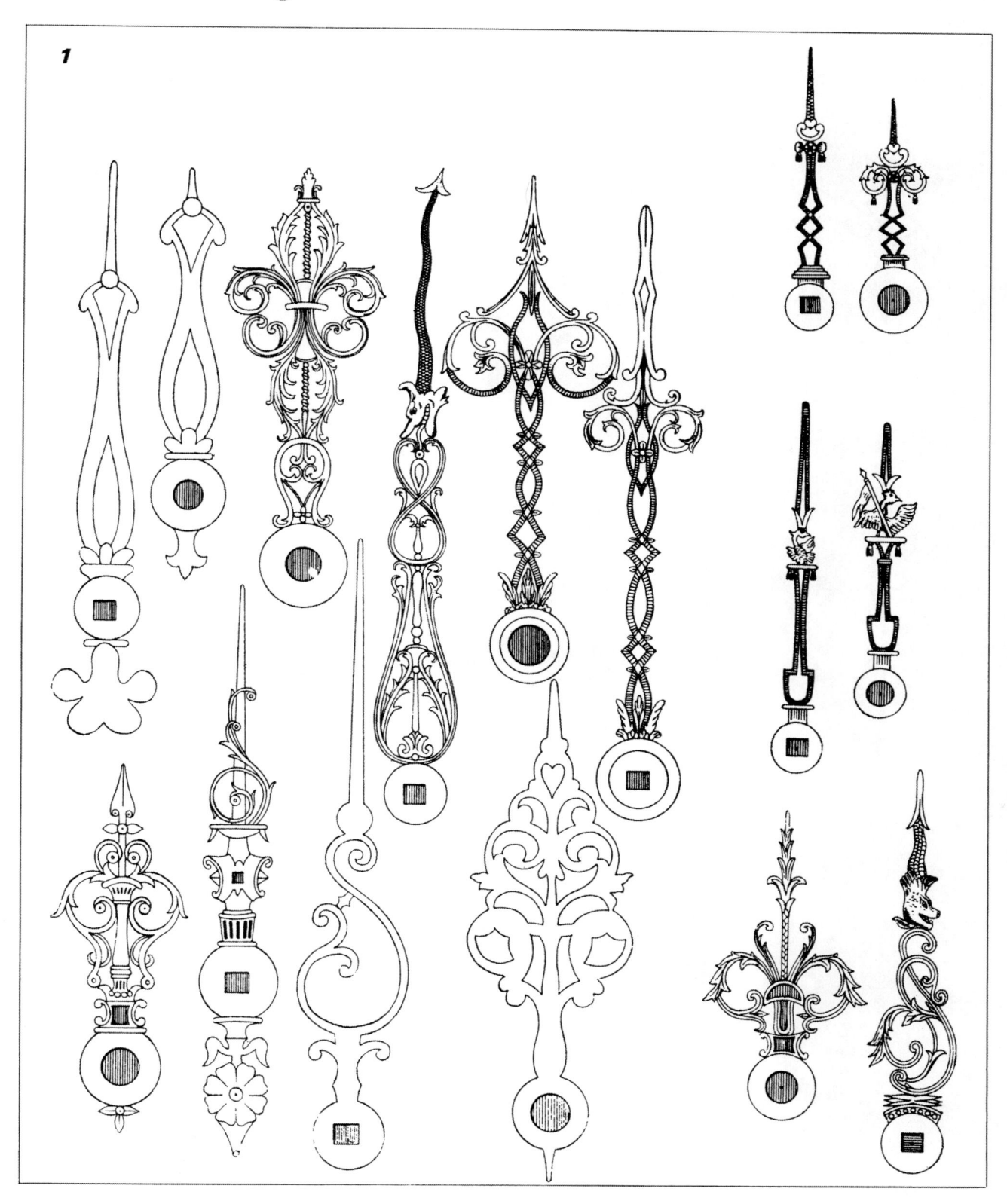

1

2

58

Zeiger

1) Wenn auch nicht immer ein Sekundenzeiger vorhanden ist, so sind doch Stunden- und meist Minutenzeiger an jeder Uhr. Und an vielen alten Uhren sind sie in so künstlerischer Weise und mit so unendlicher Liebe ausgearbeitet, dass man sich unwillkürlich die Gedankengänge der Meister vorstellen kann – man soll auch von aussen etwas sehen von der mühsamen Arbeit, mit der sie das Uhrwerk erdacht und ausgeführt haben, das ja schliesslich Jahrhunderte überdauert.
Es ist auch nicht zu übersehen, dass im Laufe der Zeit die Formen der Zeiger immer etwas einfacher wurden, bis sie schliesslich doch oft recht nüchtern sind. Obwohl man auch vielen dieser Formen – wie etwa der klassischen Breguet-Form – die Bewunderung nicht versagen kann.
Gebrochene Zeiger dieser Art wird man wohl stets durch eine Hartlötung zu retten versuchen. Die Konturen und Gravierungen müssen danach so gut wie möglich nachgearbeitet werden.
2) Es gibt jedoch auch heute noch verschiedene Muster antiker Zeiger zu kaufen, die eventuell als Ersatz aufgesetzt werden können.

Antikfärbung auf Messingzeigern erhält man, wenn man sie nach Entfernung eines Überzuglackes in verdünnte Ätztinte legt oder sie damit bestreicht. (1 Teil Ätztinte, 5 Teile Wasser.) Anschliessend mit klarem Wasser nachspülen und trocknen.

Zeigerwerke

3a) **Die beiden Arten von Zeigerwerken** unterscheiden sich durch ihren Antrieb: meist finden wir den Minutenzeiger direkt auf der Minutenradwelle D mit der Reibungskupplung im Minutenrohr. – Der Stundenzeiger sitzt mit Pressitz auf dem Stundenrohr, der Minutenzeiger mit Vierkant auf dem Minutenrohr. Die gewölbte Zeigerscheibe wird durch den Stift quer durch die Zeigerwelle gehalten. (Man kann diesen Stift gar nicht sorgfältig genug einpassen und festziehen!)
Die zügige Klemmung des Minutenrohres entsteht bei dieser Art durch die Federung in der Mitte des Minutenrohres; in dieser Länge – gekennzeichnet durch die seitliche Klammer – ist das Rohr von beiden Seiten laternenförmig eingefeilt, so dass die Welle des Minutenrades sichtbar wird. – Bei zu lose drehendem Minutenrohr wird diese Stelle mit der Hammerpinne vorsichtig nach innen geschlagen, um so die Federung zügiger zu machen (siehe die Pfeile!); das Minutenrohr wird dabei auf einen Amboss oder das Feilholz gelegt. – Wird dies unterlassen, kann es passieren, dass die Uhr unerklärlich nachgeht, weil die Belastung bei der Schlagwerk-Auslösung zu gross ist!

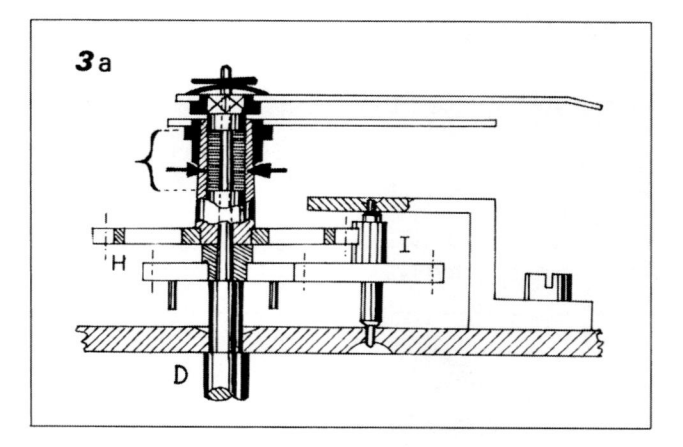

3b) **Wenn jedoch der Antrieb vom Beisatzrad** oder dem Walzenrad – wie oft bei Schwarzwälder-Uhren – erfolgt, dann sitzt das Wechselrad mit Federung auf der Achse und treibt das lose Minutenrohr auf der in der Platine festsitzenden Zeigerwelle. Dann ist meist eine Schraubenmutter vorhanden, die das Minutenrohr hindert, ausser Eingriff mit dem Wechselrad zu geraten.
Jede Art dieser Federungen muss geölt oder gefettet werden, sei es das Minutenrohr auf der Minutenradwelle oder die gewölbte Feder unter dem Wechselrad. Hier ist manchmal auch eine Federung im Wechselradtrieb vorgesehen, sogar durch ein Stück Gänsekielfeder!

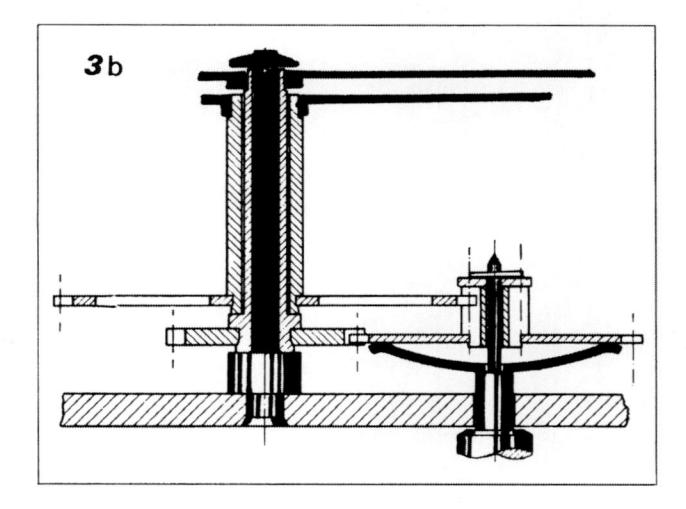

Kalender-Angaben

4) **Die Anzeige des Datums** ist in ihrer einfachsten Form ein Zeiger, der konzentrisch das 31-geteilte Zifferblatt bestreicht; das Datum-Rad wird täglich – auf Mitternacht einzustellen – von einem Stift weitergeschaltet.

Die Wochentage werden gleichfalls täglich fortgeschaltet, doch erfolgt die Anzeige fast immer auf einem kleineren Zifferblatt, auf dem nur eine Woche ihren Platz hat.

Die Monatsnamen sind am Ende eines jeden Monats auf den nächsten Monat zu schalten.

Die Fortschaltung der Anzeige des Datums und der Mondphasen erfolgt durch ein zusätzliches Rad des Zeigerwerkes, das in 24 Stunden eine Umdrehung ausführt und für die Umschaltung einen Stift trägt.

5) **Ein zurückspringender Datumzeiger** ist eine mechanisch sehr interessante Konstruktion. Am Ende des Monats wird der Datumzeiger ausgeklinkt und springt zurück auf den ‹1.›; die 31 Tage sind auf dem Zifferblatt in der Rundung oben verteilt. Die Radial-Klinke stösst früher oder später auf die Nocken der Vierjahres-Scheibe; mit der nächsten Schaltung wird der aussen am Umfang sichtbare Sperrarm ausgehoben und die federnde Achse mit dem Zeiger springt zurück. Im Gegensatz zur nachfolgenden Konstruktion sind hier die Nockenstufen nicht vertieft wirksam, sondern durch die unterschiedliche Höhe nach aussen.

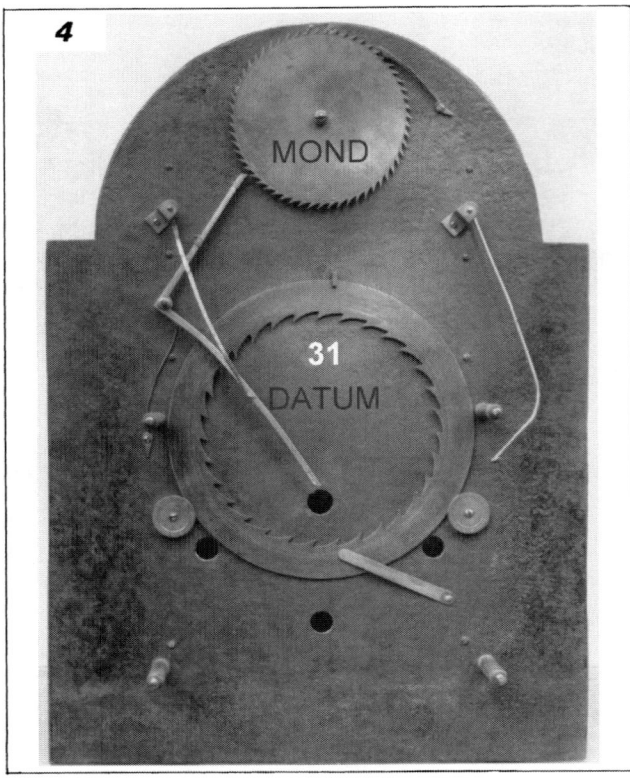

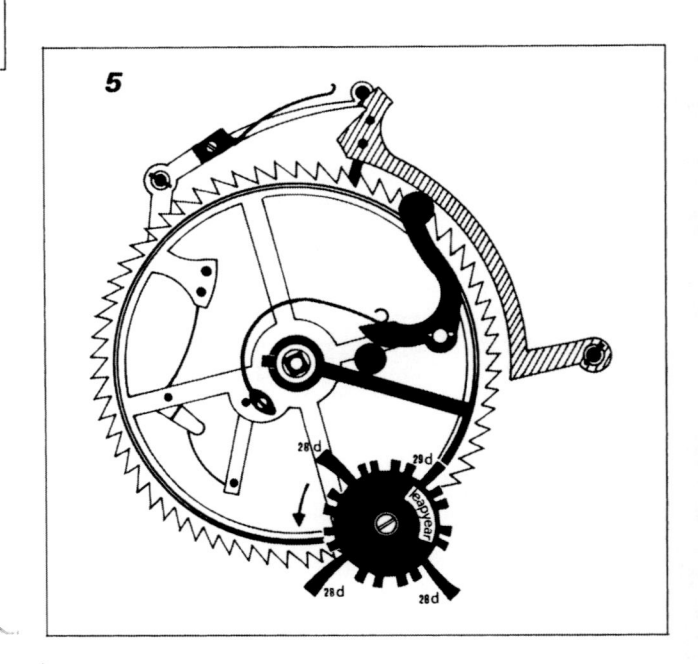

Fotos: Stolberg.

Alte Standuhr mit rückspringendem Datumzeiger (siehe Zeichnung 5): Wochentage, Monatsangabe, 100jähriger Kalender, Mondphasen durch drehende Kugel, Repetitions-Schlagwerk.

100jähriger Kalender

5a) Manche Uhren haben aber darüber hinaus eine Zusatz-Einrichtung, die sie befähigt, unabhängig von irgendeiner Wartung oder Nachstellung, das Datum auf lange Zeit richtig anzugeben. Obwohl es nicht ganz richtig ist, wird oft eine derartige Konstruktion schon als ‹ewiger Kalender› bezeichnet.

Ein solcher Kalender berücksichtigt automatisch die unterschiedliche Monatslänge durch eine Nockenscheibe, die in vier Jahren eine einzige Umdrehung ausführt, damit im Schaltjahr der zusätzliche 29. Februar angezeigt wird. Diese Nockenscheibe hat für die Monate verschieden tiefe Einschnitte.

Die normale Fortschaltung des Datumrades um einen Tag erfolgt durch die linke senkrechte Schaltklinke (2), deren Hub durch das 24-Stunden-Rad über den Hebel (1) um Mitternacht ausgelöst wird.

Der rechte Zusatz-Schalthebel (3) tritt bei der normalen Schaltung um einen Tag nicht in Tätigkeit. Dies geschieht nur, wenn der Zusatz-Schalthebel (3) mit seinem Tasthebel in einen Einschnitt der Nockenscheibe trifft. Dann schiebt er mit Hilfe seiner Stufe an der Spitze an einem Stift das Datumrad um entsprechend mehr Zähne auf den 1. des folgenden Monats. Es gibt nun auch Kalender-Konstruktionen, die mit mehr technischem Aufwand berücksichtigen, dass zur Jahrhundert-Wende der Februar-Schalttag ausfällt, aber alle 400 Jahre wieder erforderlich ist, wie im Jahre 2000, 2400 usw. Derartige Kalender sind in den astronomischen Kunstuhren zu finden.

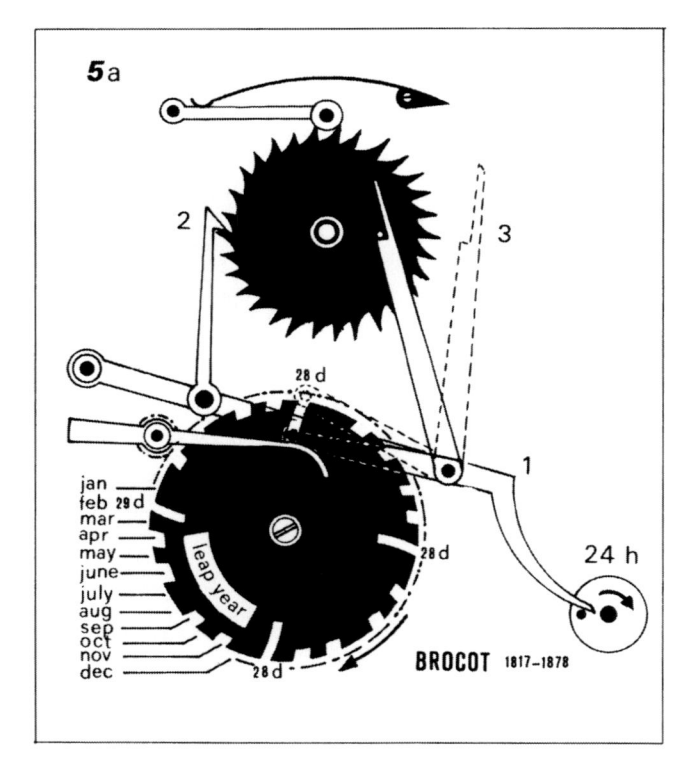

Mondphasen

6) **Die Mond-Phasen** sind besonders beliebt auf alten Uhren und auch oft anzutreffen. Sie werden in verschiedener Weise dargestellt. Drei kreisrunde schwarze Scheiben auf goldenem Grund findet man verhältnismässig selten, zumal ihre Übersetzung etwas kompliziert ist. Vom Wochentagsrad angetrieben, ergibt sich die Berechnung

$$\frac{(7) \cdot 84 \cdot 113}{10 \cdot 75 \cdot (3)} = 29{,}53^{d}$$

Diese Zahnzahlen ergeben eine sehr gute Übereinstimmung mit der tatsächlichen Umlaufgeschwindigkeit des ‹synodischen Mondes› – dies ist die Zeit von Vollmond zu Vollmond (Synodischer Mondumlauf in 29 d 12 h 44 m 2,87 s). Der ‹siderische Mond› hingegen ist die Zeit, die verfliesst, bis der Mond – von der Erde aus gesehen – wieder bei demselben Fixstern steht. Anders gesagt, es ist die Zeit, die der Mond zu einem Umlauf an der Himmelskugel von einem Längenkreis bis zurück zu diesem Längenkreis benötigt. Die Mondscheibe dreht sich hier in Uhrzeigerrichtung; die Form des ab- oder zunehmenden Mondes wird hinter dem kreisrunden Ausschnitt durch die schwarzen Scheiben gebildet, die mehr oder weniger des hellen Untergrundes freigeben.

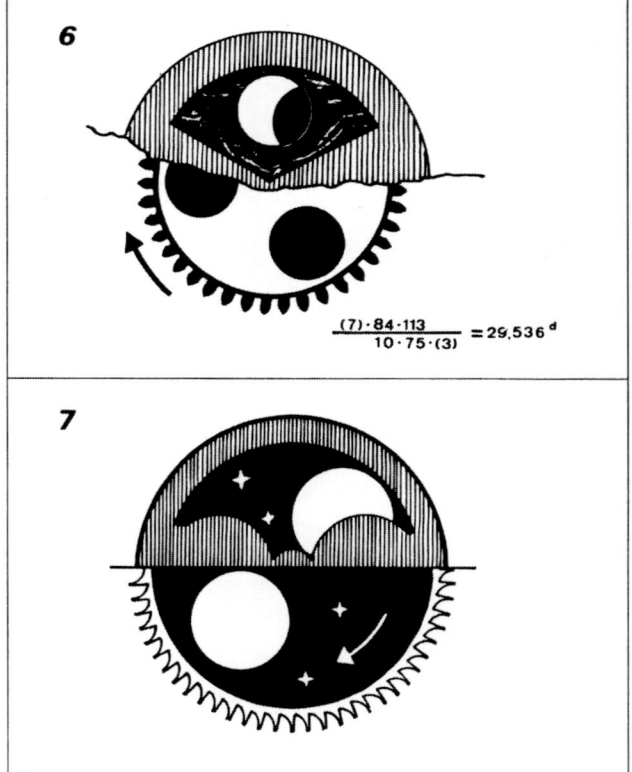

7) Häufiger ist das Mondrad mit zwei hellen Mondscheiben, die auf dunklen Untergrund gemalt sind und hinter den seitlichen Rundungen auftauchen oder verschwinden und so die Mond-Phasen bilden. Hier ist die Zeit von Vollmond zu Vollmond = 29,5 Tage. Da ein Rad mit 29,5 Zähnen nicht geschnitten werden könnte, verdoppelt man dies und verwendet ein Rad mit 59 Zähnen. Dieses Rad wird täglich um einen Zahn weitergeschaltet.

8) Besonders klar anzeigend, aber seltener trifft man eine Mondkugel, die sich in der Zeit von 29,5 Tagen einmal um sich selbst dreht. Die Mondkugel ist zur Hälfte geschwärzt, zur anderen Hälfte vergoldet und stellt auf diese Weise die Mond-Phasen dar (siehe auch Abb. Seite 61).

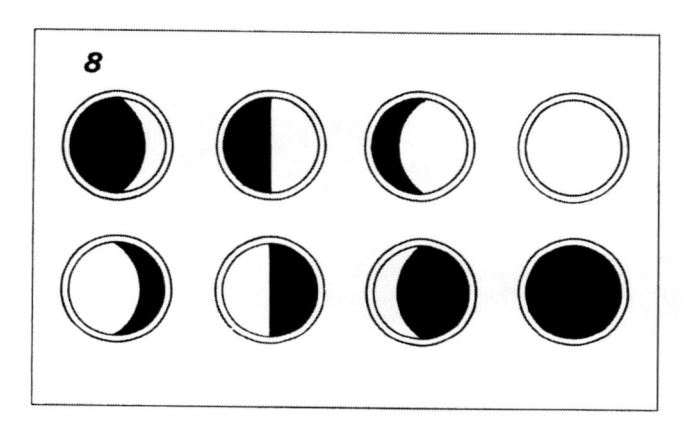

Zeitgleichungs-Anzeige

9) Die Zeitgleichungs-Anzeige ist nur noch selten in Uhren angebracht. Sie entsprang der Notwendigkeit in früherer Zeit, den Unterschied zwischen dem ‹wahren Orts-Mittag› und der Zeitangabe, die wir den ‹mittleren Sonnentag› nennen, zu bestimmen. Die ‹wahre Sonnenzeit› ist durch die Unregelmässigkeiten der elliptischen Umlaufbahn der Erde um die Sonne und andere Einflüsse unbrauchbar für eine geregelte Tages-Einteilung und den Verkehr. Seit 1930 ist die Zeitgleichung definiert als ‹wahre Sonnenzeit minus mittlere Sonnenzeit›. (Das Vorzeichen war vordem umgekehrt!) Wie die Kurve zeigt, schwankt die Zeitgleichung im Laufe eines Jahres.

10) Die Angabe der Zeitgleichung erfolgt entweder durch einen zweiten ‹Sonnenzeiger›, der mit dem Minutenzeiger mitläuft, dessen Abstand aber durch einen komplizierten Mechanismus sich laufend verstellt im Bereich von + 16,4 min. und − 14,4 min. Keine Abweichung ist am 16.4., 15.6., 2.9., 26.12.
Die andere Art ist, dass eine Kurvenscheibe vom Uhrwerk mitgeführt wird, die ein Hebel abtastet, der über ein Zahn-Segment und Zeigertrieb einen Zeiger verstellt, der links und rechts der ‹XII› die Abweichung der wahren Sonnenzeit von der mittleren Sonnenzeit angibt.

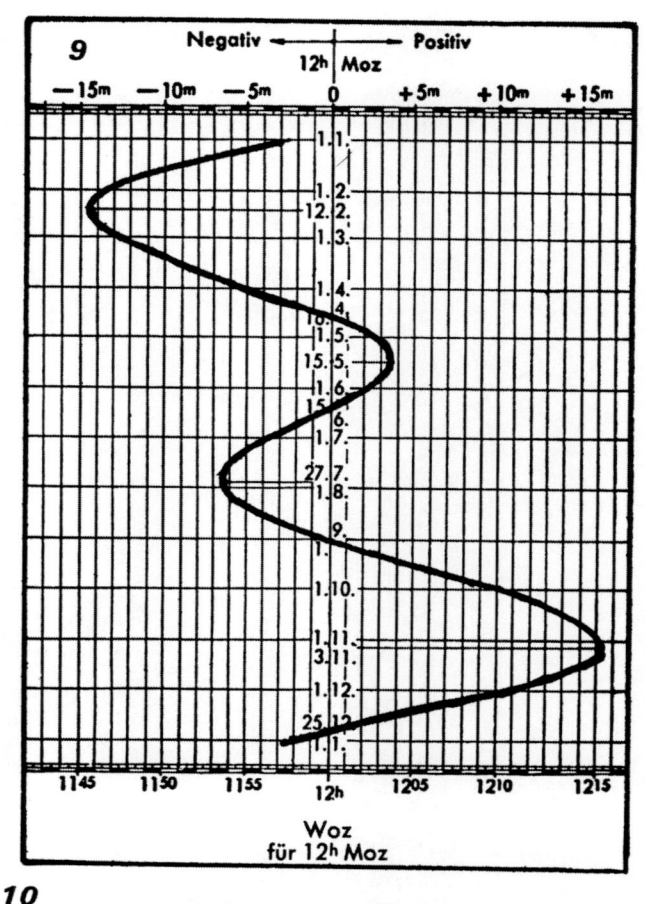

$$\frac{85 \cdot 75 \cdot 44}{8 \cdot 8 \cdot 6 \cdot 2} = 365^d \ 5^h \ 37^m 30^s$$

11

11) Zur Funktion des Planetengetriebes von Ferdinand Berthoud (1727-1807): ‹Das Zahnrad m, auf dessen Welle der Minutenzeiger M (mittlere Zeit) angebracht ist, treibt über das lose Rad n das Rad o, das die gleiche Zahl Zähne hat wie m, also in gleicher Drehrichtung und mit gleicher Geschwindigkeit umläuft. Fest verbunden mit o ist das grössere Zahnrad p, das über das von n unabhängige Zahnrad q das Zahnrad v antreibt. Da die Räder p, q und v die gleiche Zähnezahl haben, dreht sich v in gleicher Drehrichtung und mit gleicher Geschwindigkeit wie p und damit wie m. Auf dem Rohr des Zahnrades v sitzt der Sonnenzeiger V (Sonnenzeit). Verstellt gegenüber der Stellung von M wird dieser durch das Schwenken des Arms I, der mit dem Zahnrad H fest verbunden ist, durch den Rechen R, der in H eingreift. Die Drehachse der Zahnräder o und p wird dabei entlang des gestrichelten Kreises x – z bewegt. Hierdurch wird V gegenüber M entweder beschleunigt (z→x) oder verlangsamt (x→z). Wären die beiden Rädersätze m-n-o und p-q-v miteinander identisch, so hätte das Schwenken des Hebels I keine Wirkung. Erst die Verwendung unterschiedlicher Rädersätze ermöglicht den gewünschten Effekt. Der Stundenzeiger sitzt auf dem Rohr des grossen Zahnrades C, das von dem 6-zähnigen Trieb, das mit dem Rad q fest verbunden ist, gedreht wird. Daraus wird ersichtlich, dass der Stundenzeiger ebenfalls Sonnenzeit angibt.›

Sternzeit

12) Die Sternzeit ist verhältnismässig selten anzutreffen in gewöhnlichen alten Uhren. Da die Übersetzungsverhältnisse jedoch besonders interessant sind, mögen sie hier angegeben werden.

Ein Sterntag ist die Zeit zwischen zwei aufeinanderfolgenden Meridiandurchgängen eines Fixsternes. Zum Unterschied davon gibt es den **Wahren Sonnentag**, der in gleicher Weise den Durchgang der Sonne misst. Da aber durch die wechselnde Geschwindigkeit der Erde auf ihrer elliptischen Bahn um die Sonne dieser Wahre Sonnentag seine Länge verändert, haben sich die Astronomen die Erdbahn kreisförmig vorgestellt und ausserdem die Erdachse senkrecht gestellt, und sie haben so einen **Mittleren Sonnentag** herausgerechnet, nach dem wir uns heute richten. Die Abweichungen dieses mittleren Sonnentages von der Wahren Sonnenzeit geben die Zeitgleichungstabellen an. –
Unser **Sterntag** ist gegenüber den Sonnentagen wesentlich kürzer, und zwar 3 Minuten 56,555 Sekunden pro Tag.

Der Unterschied zwischen dem ‹Sterntag› und dem ‹Sonnentag› entsteht dadurch, dass sich die Erde zwar um ihre eigene Achse dreht, gleichzeitig aber auch um die Sonne kreist. Wir zählen auf diese Weise 365 Sonnentage, dagegen aber 366 Sterntage.

Übersetzungsgetriebe Sonnenzeit – Sternzeit 366 : 365 = 1,0027379092

		Fehler
Strömgren og Olsen	$\dfrac{36}{73} \cdot \dfrac{61}{30} = 1,0027397$	57,3 sec/pro Jahr
Grimthorp und Henderson (Vines 1836?)	$\dfrac{43}{32} \cdot \dfrac{247}{331} = 1,002737915$	1 sec in 5⅓ Jahren
Henderson	$\dfrac{50}{30} \cdot \dfrac{182}{211} \cdot \dfrac{196}{281} = 1,0027379085$	1 sec in 8,3 Jahren
Ungerer	$\dfrac{119}{114} \cdot \dfrac{317}{330} = 1,0027379054$	1 sec in 8,3 Jahren
Comrie	$\dfrac{45}{29} \cdot \dfrac{71}{151} \cdot \dfrac{257}{187} = 1,002737909297$	1 sec in 100 000 Jahren
Baumbach	$\dfrac{43}{31} \cdot \dfrac{51}{65} \cdot \dfrac{82}{89} = 1,0027378928$	0,52 sec pro Jahr

Margetts benutzte um 1800 zwei Ziffernringe, wobei sich der für Sternzeit langsam den gemeinsamen Zeigern entgegendrehte, und der Ring für die mittl. Sonnenzeit feststand. Der Sternzeit-Ring drehte sich mit der Übersetzung

$$\dfrac{4}{3,487} = 0,0027378508 \qquad 1,8 \text{ sec pro Jahr}$$

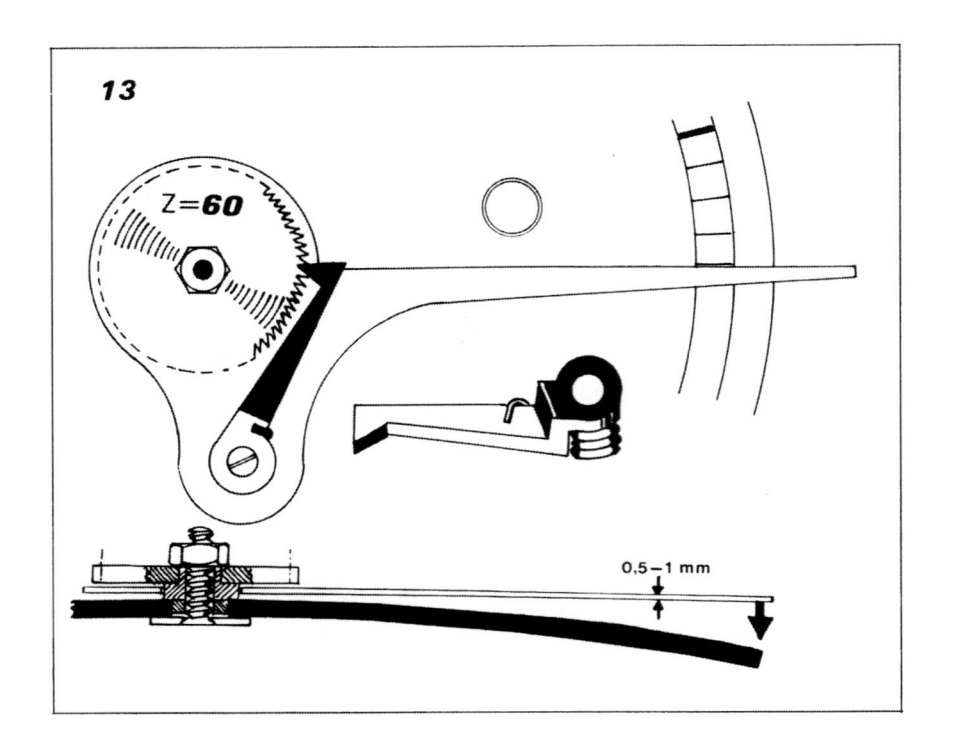

Zifferblatt-Teilung

13) Um die **Minutenteilung auf einem Zifferblatt** gleichmässig ohne die mühsame Einzelteilung aufzubringen, bedient sich Meister Reinhard eines selbstkonstruierten Apparates, den er in der Mitte des Zifferblattes befestigt. Die individuell passend gedrehte Zentriermuffe für das Mittelloch muss natürlich dünner sein als das Zifferblatt, damit das 60-zähnige Teilungsrad wirklich festgeschraubt werden kann. Bei empfindlichem Material sollte etwas Pappe auf beiden Seiten zwischengelegt werden, um Spannungen zu vermeiden. Der lange Teilhebel muss lose beweglich bleiben, wozu der Ansatz unter dem Sperrad entsprechend länger ist. Die Schaltklinke wird durch eine ziemlich starke Feder unter dem Drehpunkt stets in die Verzahnung gedrückt. Um auch bei gewölbten Zifferblättern verwendet zu werden, ist der lange Hebel dünn genug, sodass er auf die Zifferblatt-Ebene gebogen werden kann.

Das Bemalen selbst lässt Meister Reinhard durch einen Maler ausführen. Bei Holzschildern ist eine traditionsreiche Technik entwickelt worden. (Siehe Rezept-Anhang.)

13- und 25teilige Zifferblätter

14) ‹**Dreizehn-Teile-Zifferblatt**› (Treize-pièces) ist das Zifferblatt, bei dem um das Mittelteil herum die Stundenzahlen auf zwölf einzelnen ‹Kartuschen› befestigt sind. Diese Art ergab sich aus dem Wunsche, grössere Zifferblätter in Email zu brennen, was jedoch nicht in kleinen Brennöfen erfolgen konnte; so half man sich mit der Möglichkeit der Einzelteile, die mit Metall-Verzierungen montiert sind. Man findet sie sowohl auf ‹Cartell-Uhren› als auch auf den ‹Oignons› (Zwiebel) und natürlich auf den grossen Pendulen.

Digitale Stunden-Anzeige

Eine ‹digitale› Angabe der Stunden findet sich oft in alten Pendeluhren, sowohl ‹schleichend› als auch springend in einer ‹Augenblicks-Schaltung›.

15) **Eine besonders einfache Zahnrad-Übertragung** wurde durch ELLICOTT bereits 1780 verwirklicht. Ein Trieb auf der Minutenradwelle treibt die Stundenzahl-Skala, die sich in diesem Falle entgegengesetzt der Zeigerrichtung nach links dreht; der Ausschnitt des Zifferblattes lässt mehrere Zahlen sichtbar werden.

16) Im Gegensatz zu der vorstehenden Konstruktion – bei der kein Wechselrad nötig ist – bedarf die Lösung von SHELTON **eines kompletten Zeigerwerks**. Die Stunden-Skala ist auf dem Stundenrad angeschraubt und dreht sich in der üblichen Zeigerdreh-Richtung. Die Stundenzahl ist in dem Ausschnitt allein sichtbar, hat jedoch noch eine Unterteilung auf die halbe Stunde.

14

Comtoiser Einzeiger-Uhr mit Zifferblatt aus 13 Teilen Email.
(Aus R. Schoppig: «L'Horloge à Poids Française», vol. II. Ed. Tardy Lengellé, Paris.)

Durch Aufsetzen der 5-Minuten-Kartuschen entsteht bei der Comtoiser Zweizeiger-Uhr ein Zifferblatt mit 25 Teilen Email.

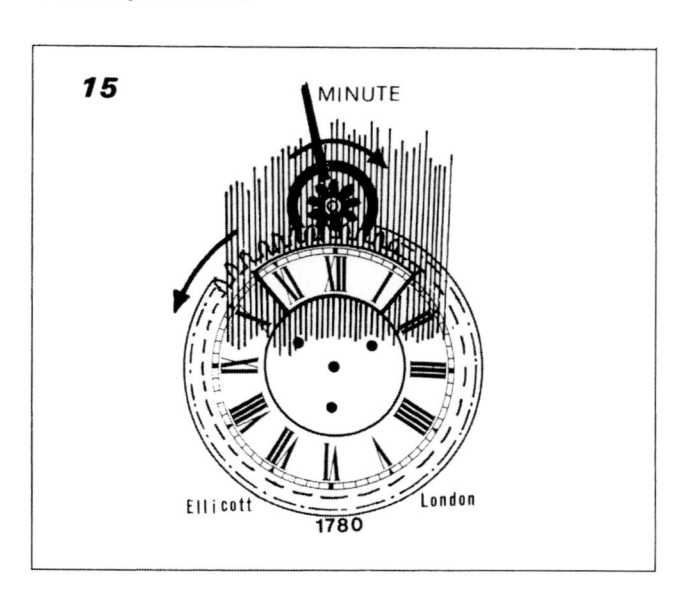

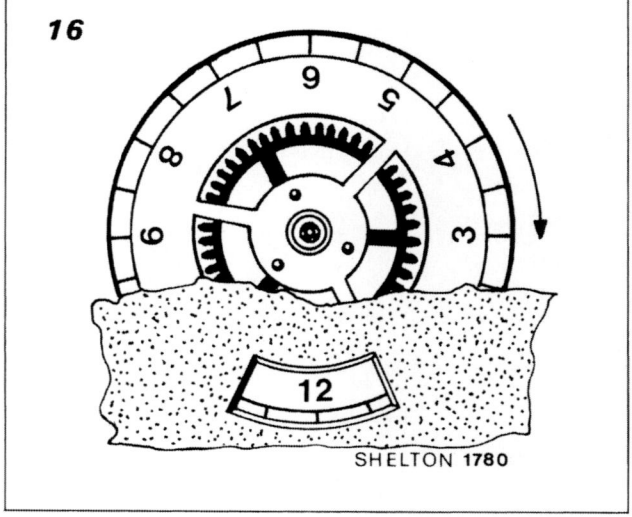

15

16

17) **Die aufwendigere Moment-Schaltung** wird durch zwei gleiche Schalträder mit 12 Zähnen erreicht, die hintereinander angeordnet sind. Jedes ist von der üblichen Feder in seiner Stellung gesichert. Die Schrägen dienen dazu – wie von den Stundenstaffeln der Rechen-Schlagwerke bekannt – die Fortschaltung zu vollenden und zu beschleunigen, wenn der Scheitelpunkt der Schräge überwunden ist. Der Stift in der Scheibe auf dem Minutenrohr dreht den ersten Schaltstern langsam, bis dieser von der Feder getrieben den Sprung vollendet. Hierbei jedoch nimmt er den zweiten Schaltstern gleichfalls mit, der aber schnell den restlichen Teil seines Sprunges vollenden muss, – damit die Umschaltung der Stunde – soweit sie von aussen zu beobachten ist – in einem einzigen Augenblick vor sich geht!

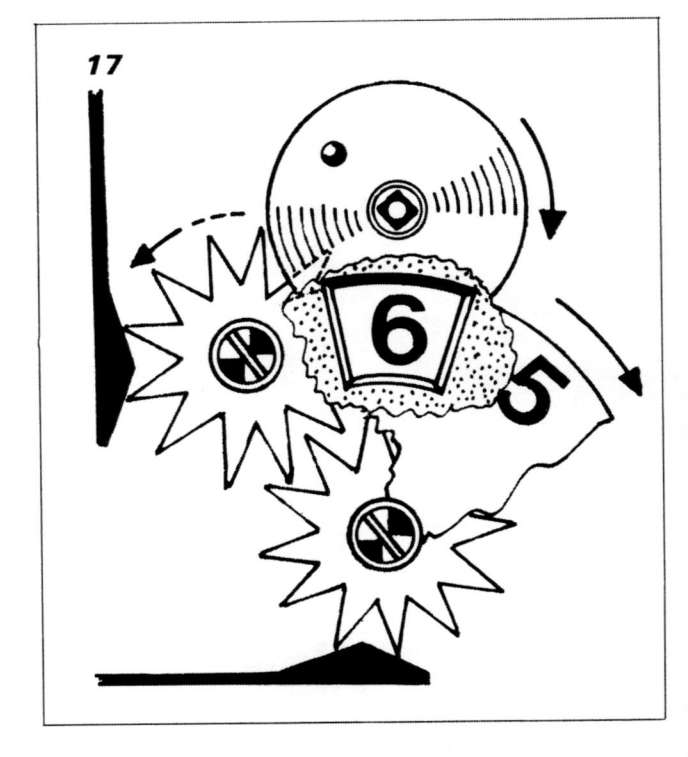

IV Die Schlagwerke

*Bezeichnungen und Funktion
von Schlagwerken*

Die Schlagfolge bei den mechanischen Uhren wird auf zwei Arten gesteuert: mit der **Schloss- (oder Schluss-) Scheibe** oder mit **Stundenstaffel und Rechen**.

Schlossscheiben-Schlagwerk, Schema

Schlossscheiben - Schlagwerk
- A Windfang
- B Anlaufrad
- C Auslöserad (Fallenrad)
- D Hebstiftenrad
- E Schloss- oder Schlussscheibe
- F Beisatzrad
- G Federhaus
- H Minutenrohr
- I Anlaufhebel
- K Auslösehebel
- M Hammer

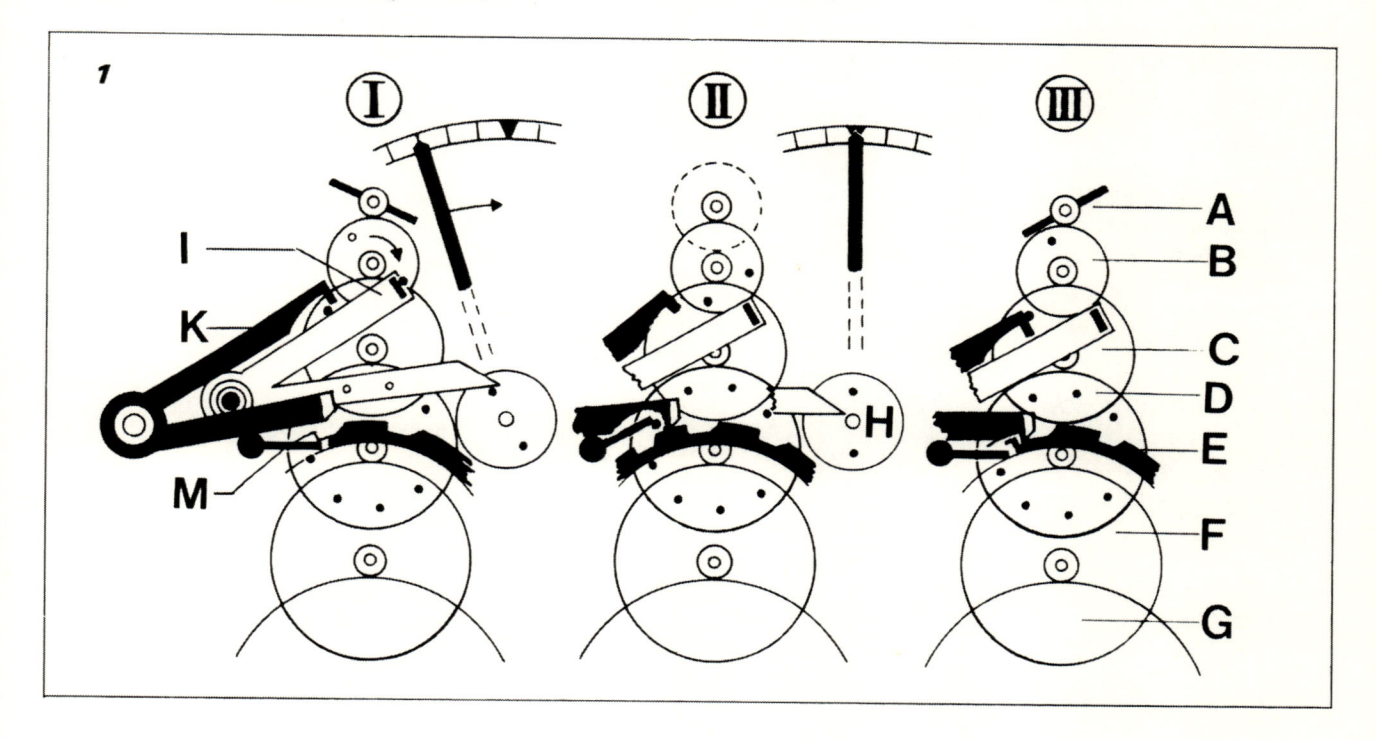

1) Der Aufbau der Schlag-Laufwerke ist grundsätzlich stets gleichartig. Schematisch dargestellt, arbeitet das Schlossscheiben-Schlagwerk in den Phasen:

I. ‹Anlauf› oder ‹Warnung› erfolgt etwa 3-5 Minuten vor der eigentlichen Auslösung. Der Anlaufstift des Rades B vor dem Windfang A soll 1/2 Umdrehung ausführen können, bis er vom Anlaufhebel I abgefangen wird. Der Hammerhebel M darf hierbei jedoch auf keinen Fall schon angehoben werden, da sonst das Schlagwerk bei der Auslösung mit dieser Belastung nicht anläuft. Falls das Schlagwerk einmal falsch schlägt – was ja bei Schlossscheiben-Werken leicht vorkommt – kann der Minutenzeiger nach dem ‹Anlauf› wieder etwas zurückgedreht werden, worauf die Uhr schlägt. Dies wird wiederholt, bis der Zeiger und das Schlagwerk wieder übereinstimmen. (Man sollte nicht versäumen, Besitzer solcher Uhren mit diesem einfachen Verfahren bekannt zu machen, da man sich oft unnötige Lauferei zum Kunden ersparen kann.) Der Anlauf ist notwendig, da andernfalls das Schlagwerk bei dieser Konstruktion sofort – also zu früh – schlagen würde.

Sowohl bei der Tast- als auch der Gleitschlossscheibe muss der Hebel K so hoch gehoben werden, dass der Auslösestift unbedingt frei unter ihm durchlaufen kann.

II. Auf ‹Voll› fällt der Auslösehebel ab, der Anlaufhebel I gibt den Anlaufstift frei und das Schlagwerk läuft, wobei der Hammer M von den Stiften des Hebstiftenrades angehoben wird. Kurz vor dem Hammer-

69

Abfall wird der Auslösehebel von dem Fallenrad freigegeben und fängt den Auslösestift nach einer vollen Umdrehung und einem Halbstundenschlag wieder ab. Muss das Werk die volle Stunde mit mehreren Schlägen anzeigen, dann verhindert der Nocken der Schlossscheibe, dass das Werk schon nach einem Schlag stillgesetzt wird; das Werk schlägt weiter, bis wieder eine Lücke erreicht ist.

In der Praxis ist die Regel, dass der Anlaufstift nach dem Abfall des Hammers noch etwa 1 1/2 Umlauf ausführen soll, bis das Schlagwerk angehalten wird. Dies ist durch etwaige Ungenauigkeiten bedingt in der Teilung des Hebstiftenrades und man will damit erreichen, dass auch der etwa verspätete Hammerschlag noch erfolgt und nicht etwa das Schlagwerk mit angehobenem Hammer stehen bleibt.

III. Das plötzliche Anhalten des Schlagwerkes ist eine harte Belastung für die oft zarten Wellen und besonders für den Windfang. Jeder Windfang – gleich welcher Konstruktion – muss darum durch eine zügige Kopplung die Möglichkeit haben, sich weiter zu drehen, auszulaufen. Der Reibung ‹Stahl auf Stahl› wegen sollte man den Auslösehebel etwas ölen oder fetten, da ja der Auslösestift mit Druck hier anliegt und der Hebel unter diesem Stift emporbewegt werden muss vom Gehwerk.

Rechenschlagwerk, Schema

2) Das Rechenschlagwerk hat gegenüber dem Schlossscheiben-Werk den Vorteil, dass es stets die richtige Schlagzahl angibt, auch wenn man das Schlagwerk von Hand auslöst (repetieren lässt). Die die Schlagzahl steuernde Stundenstaffel sitzt entweder direkt auf dem Stundenrad oder wird vom Zeigerwerk stündlich – etwa 1/2 Stunde vorher – weitergeschaltet, wenn sie auf einem zwölfzahnigen Stern sitzt, der durch eine Feder oder eine Rastklinke in der jeweiligen Stellung gehalten wird. Im letzteren Falle ist die Richtung der Staffelstufen entgegengesetzt (siehe Abb. IV/51 und 62).

I. **Beim ‹Anlauf›** führt das Anlaufrad B eine halbe Umdrehung aus, ohne dass jedoch der Hammer M angehoben werden darf. Der Rechen L ist schon vorher abgefallen, wenn es sich um den Stundenschlag handelt. Beim Halbstundenschlag wird der Auslösehebel N weniger weit angehoben; der erste Rechenzahn ist entweder niedriger als die übrigen, so dass nur dieser eine Zahn freigegeben wird, oder aber – bei gleichlangen Rechenzähnen – wird kein Zahn freigegeben, sondern der Schöpfer K bewegt den Rechen um einen einzigen Zahn und der Rechen fällt wieder zurück an den Einfallhebel J.

Rechenschlagwerk
- A Windfang
- B Anlaufrad
- C Schöpferrad
- D Hebstiftenrad
- F Beisatzrad
- G Federhaus
- J Rechen-Einfallhebel
- K Schöpfer
- L Rechen
- M Hammer
- N Auslösehebel
-   Stundenstaffel

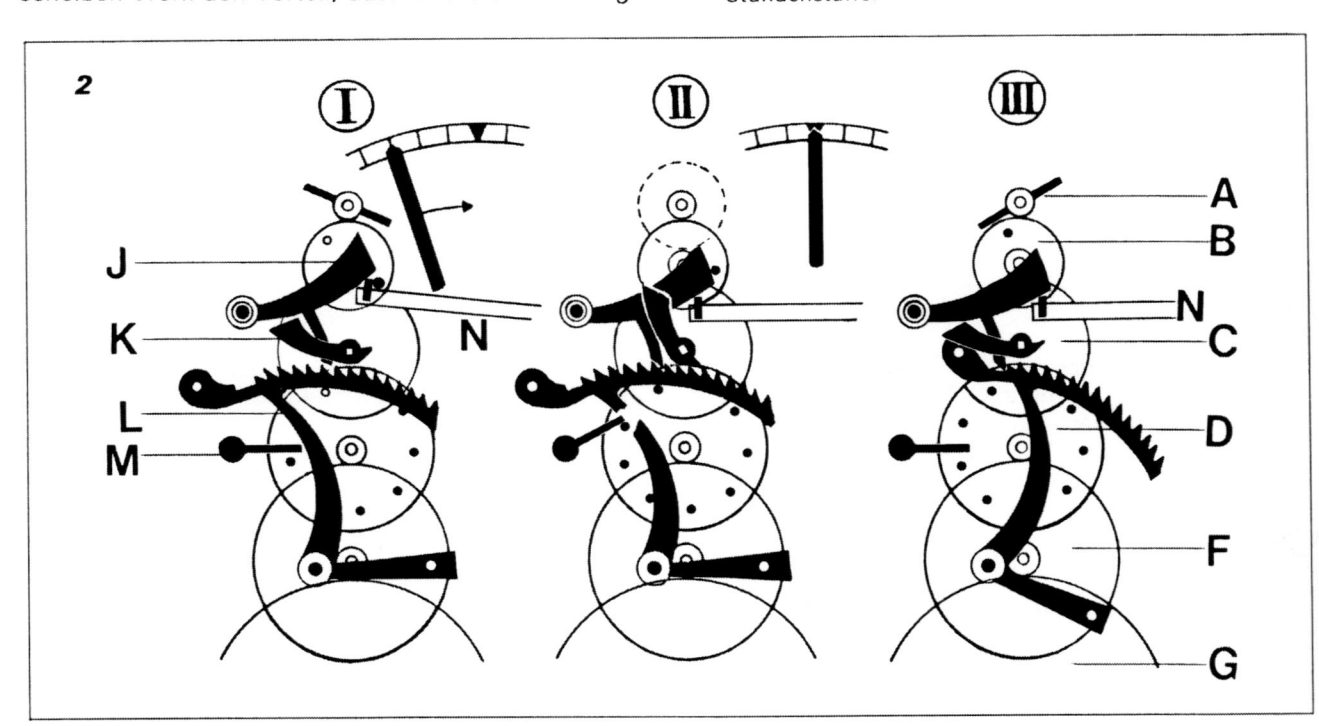

II. Bei ‹Voll› setzt sich das Schlagwerk in Bewegung, da der Anlaufstift frei wird; der Einfallhebel J fällt in die Rechenzahnung und der Schöpfer K führt den Rechen L bei jedem Schlag um einen Zahn zurück, bis der längere Arm des Schöpfers K auf dem Sperrstift des Rechens anschlägt. Bei anderen Rechenkonstruktionen fällt der Einfallhebel J tiefer als die Zahnung und stoppt das Schlagwerk – wie der Einfallhebel bei der Schlossscheibe – am Stift des Schöpferrades

III. Die Ruhestellung des Rechenschlagwerkes entspricht den üblichen Regeln: der Hammerhebel darf nicht angehoben werden und der Anlaufstift muss genau 1/2 Umgang vor dem Anlaufhebel stehen. Im Gegensatz zu vielen Schlossscheiben-Werken lässt sich das Zeigerwerk rückwärts drehen, und da der Auslösearm dann leer zurückweicht, erfolgt keine Auslösung des Schlagwerkes. Das etwa falsch schlagende Schlagwerk lässt sich also nicht wie das Schlossscheiben-Werk durch Rückwärtsdrehen der Zeiger nach dem Anlauf korrigieren, da die Stundenstaffel dem Rechen doch wieder die gleiche Anzahl von Schlägen vorschreibt. In solchen Fällen muss der Stundenzeiger auf dem Stundenrad verstellt werden.

Schlagwerk-Auslösung, Übersicht

Grundsätzlich erfolgt die Auslösung durch Stifte in einem Zeigerwerksrad, das in einer Stunde eine Umdrehung ausführt. – Sind die Stifte in einem grösseren Rade, ist entsprechend der Übersetzung eine doppelte, bisweilen auch dreifache Anzahl der Stifte vorhanden.

3) Bei einfachen Schwarzwälder Uhren mit Schlossscheibe sind zwei Stifte im Minutenrohr in gleichem Abstand von der Mitte angebracht. Ein Rückwärtsdrehen ist hierbei nicht möglich.

4) Ein Hebel mit ungleich langen Armen wird deshalb in vielen Uhren dazu vorgesehen: nur in der Vorwärts-Drehung wird der Auslösehebel hoch genug angehoben, dass die Schlagwerk-Auslösung erfolgt; bei einer Rückwärtsdrehung – zur Korrektur des etwaigen Falschschlagens – hebt der kurze Arm nur sehr wenig an, ohne eine Auslösung herbeizuführen.

5) Pariser Pendulen älterer Bauart können gleichfalls nicht rückwärts gestellt werden. Doch wird sehr oft der vordere Teil des Auslöse-Hebels so angeschrägt, dass die Auslöse-Stifte des Viertelrohres den Hebel zurückdrücken, der hierzu an seinem langen Arm federnd eingefeilt ist. – Bei Schlossscheiben-Schlagwerken sind die beiden Auslöse-Stifte in gleichem Abstand vom Mittelpunkt eingebohrt. Wenn es sich jedoch um Rechenschlagwerke handelt, steht ein Stift näher am Mittelpunkt, um beim Halb-Schlag den Rechen nur für einen Schlag freizugeben.

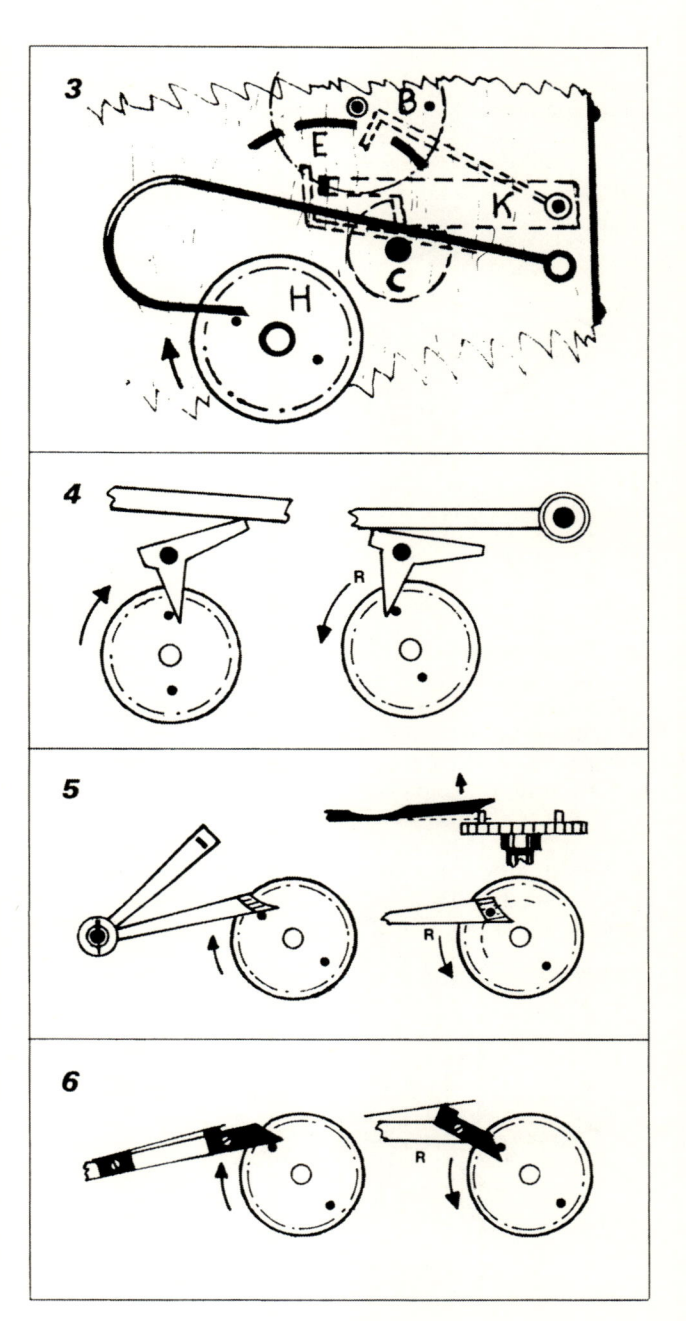

6) Eine andere Konstruktion der Pariser Pendulen bedient sich eines unter Federdruck stehenden Winkels, der bei Drehung in richtiger Richtung starr arbeitet, bei Rückwärts-Drehung aber ausweichen kann.

7) Bei Wiener Rechenschlagwerken sind die Auslöse-Stifte zumeist im Wechselrad, und zwar in unterschiedlicher Entfernung. Um ein Rückwärtsdrehen der Zeiger gefahrlos zu ermöglichen, ist ein grosser Hebel auf dem Auslöse-Hebel angebracht, dessen rückwärtiges Übergewicht normalerweise auf dem Dreh-Butzen aufliegt. Bei entgegengesetzter Drehung weicht der Hebel aus – wie die Abbildung zeigt – und fällt durch sein Eigengewicht in die Ruhelage zurück.

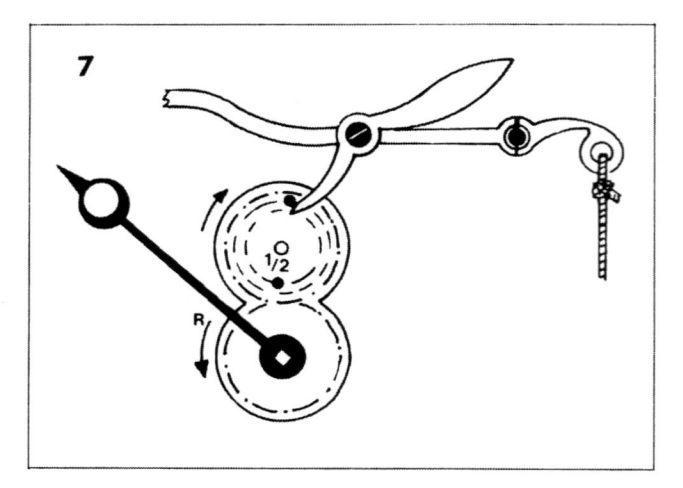

7

8) **Eine moderne Konstruktion** erleichtert dem Uhrmacher die Arbeit des Zusammensetzens einer solchen Uhr: hier ist das Minutenrohr M mit dem Auslöse-Stern fest auf der Minutenradwelle und verbleibt auf ihr, ohne ein Zerlegen zu verhindern! Auch das Wechselrad ist ungewöhnlich angeordnet: es dreht sich über und unter der Platine, wobei die Lagerung in dem Loch der Platine ist! Auch hier ist ein Rückwärtsdrehen dadurch ermöglicht, dass der lange Auslöse-Arm federt und die Anschrägungen der Auslöse-Sterne den Hebel beiseite drücken.

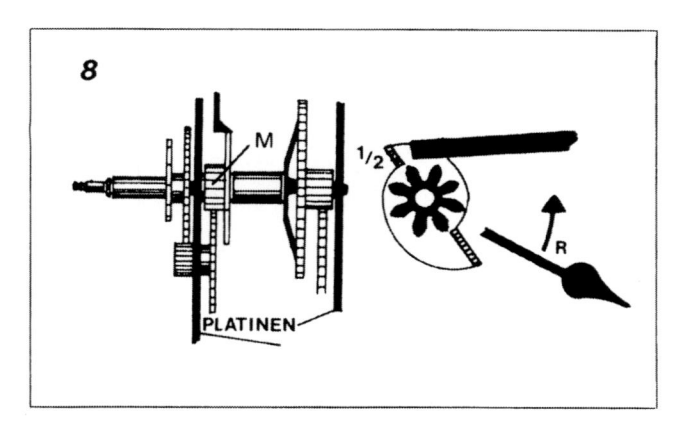

8

9) Mit dieser Anordnung des Minutenrohres innerhalb des Werkes ist dem Uhrmacher eine oft mühsame Arbeit abgenommen, der sonst mit Hilfe von zwei Hebeln das Minutenrohr abnehmen musste, falls Lager oder Zapfen der Nachhilfe bedurften. – Man konnte sich zwar manchmal dadurch helfen, dass man das Minutenrad von der Welle entfernte, indem man die Zeigerwerk-Federung abnahm.
Alle diese Uhren-Arten ‹warnen› vor dem eigentlichen Schlagen durch den ‹Anlauf›: der Stift des Anlaufrades vor dem Windfang wird – bei richtigem Zusammensetzen des Werkes – nach etwa einer halben Umdrehung durch den inzwischen emporgehobenen Anlaufhebel angehalten, der das Schlagwerk erst auf ‹Voll› freigibt, wenn der Hebel vom Auslösestift des Minutenrohres abgefallen ist.

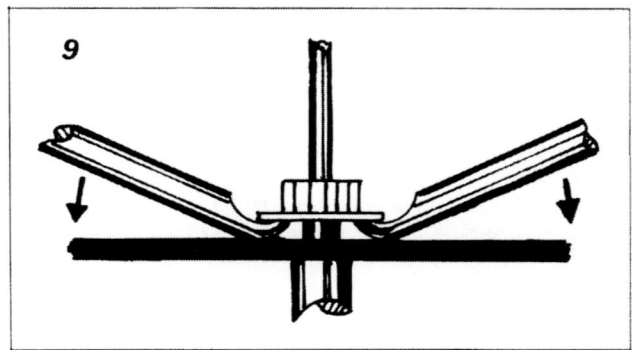

9

10) Bei älteren Uhren – vor allem bei den komplizierten Pendulen-Schlagwerken – entfällt diese Warnung: eine sehr massive **‹Peitsche› löst auf ‹Voll› das Schlagwerk aus**, das sofort den Hammerhub beginnt, ohne jede Vorwarnung durch den Anlauf. Auf diese Art wird der Rechen freigegeben – bei Viertelschlagwerken zunächst der Viertelrechen, der erst bei der vollen Stunde – also beim Vierviertelschlag – wenn der vierte Schlag erfolgt ist, das Stundenlaufwerk freigibt. Dieses ist zwar auch schon ausgelöst worden, jedoch wird das Schlagwerk durch den Anlaufhebel des Stundenschlagwerkes noch angehalten, bis der Viertelrechen diesen Anlaufhebel freigibt.

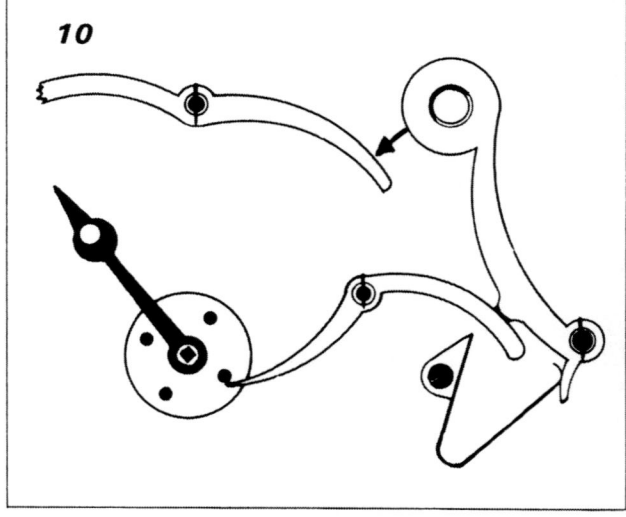

10

11) **Auch bei den ‹Comtoise-Uhren›** ist kein Anlauf vorhanden, sondern das Schlagwerk beginnt sofort seinen Lauf, wenn die ‹Peitsche› mit ihrem äussersten

Ende von dem Nocken des Minutenrohres freigegeben wurde. Hier ist jedoch die Eigenart, dass zur vollen Stunde nach zwei Minuten das Schlagwerk die Stundenzahl nochmals repetiert. Dies wird dadurch erreicht, dass die ‹Peitsche› zwei Nasen für die Auslösung besitzt.

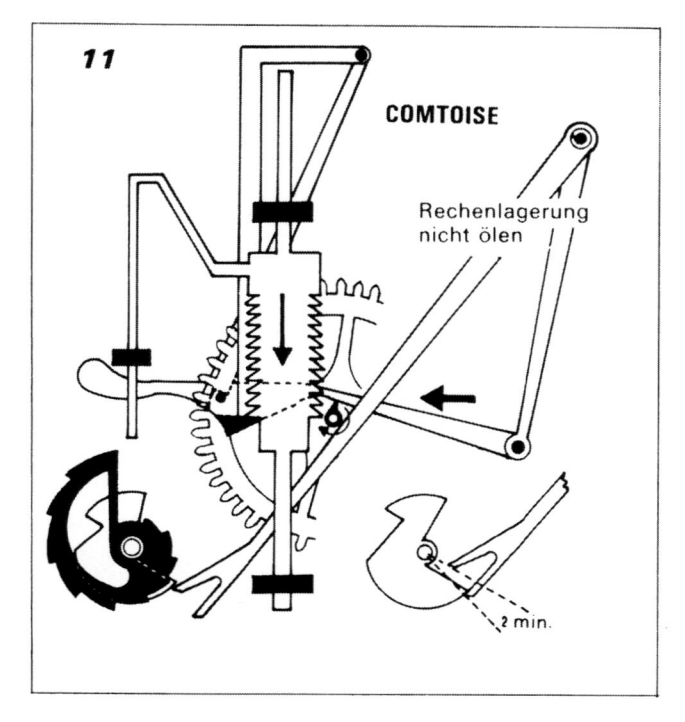

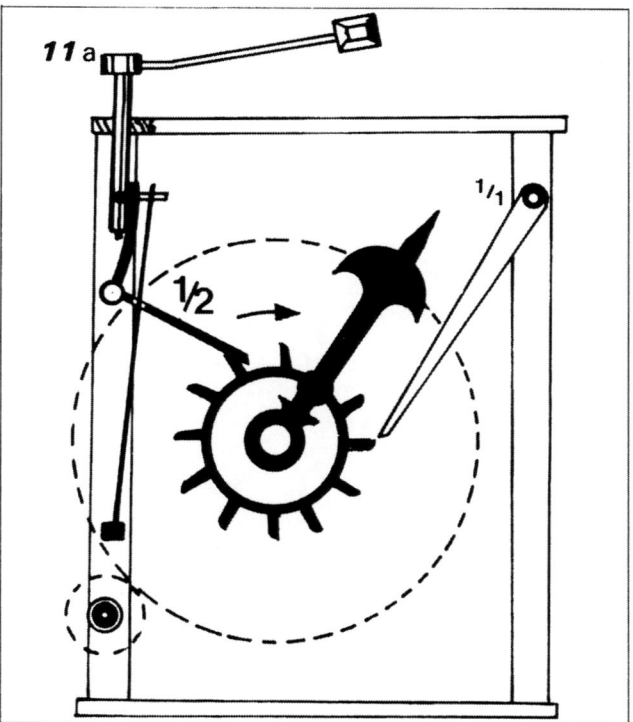

11a) **Ein ‹Halbstundenschlag vom Gehwerk›** wird beim Comtoise-‹Einzeigerwerk› – also nur mit einem Stundenzeiger – durch einen 12-zahnigen Stern auf dem Stundenrad betätigt. Der Hammerhebel drückt die senkrecht stehende Hammerwelle zur Seite. – Der lange Hebel rechts wird mit einer halben Stunde Abstand vom gleichen Stern ausgelöst für den vollen Stundenschlag.

11b) **Bei der ‹Zweizeiger-Comtoise-Uhr›** genügt ein einzelner Stift, um bei der Umdrehung des Minutenrades den Halbstundenschlag zu bewirken. Auch hier steht die Hammerwelle senkrecht und schlägt die Glocke von innen an.

(In gleicher Weise ertönt bei einfachen Uhren nur ein einzelner Hammerschlag als ‹akustisches Signal›, dass die volle Stunde erreicht ist!)

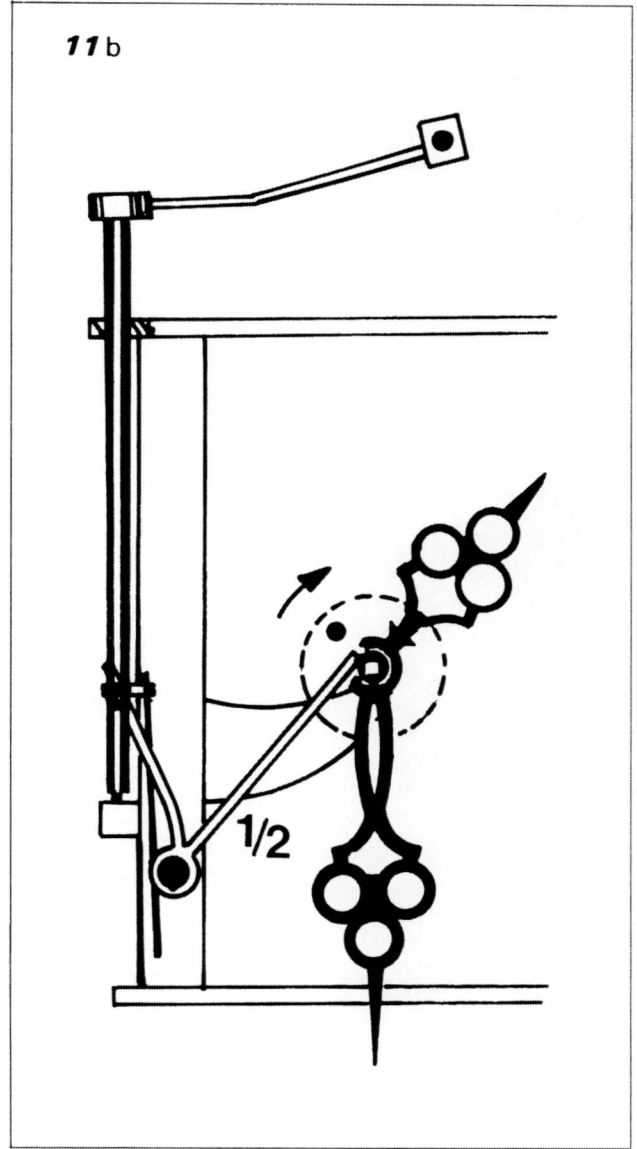

12) **Zwar nicht mit einer ‹Peitsche›**, wohl aber in ähnlicher Art – ‹Schnepper› genannt – erfolgt eine sofortige Schlagwerk-Auslösung bei kleineren Pendulen, wo der unter Federspannung stehende Auslösehebel den Einfallhebel aus dem Rechen herausschlägt und gleichzeitig das Laufwerk freigibt. Wichtig ist bei dieser Anordnung, dass die scharfe Ecke des Stosshebels sehr hart und gut poliert ist, um die Auslösung auf lange Zeit zu sichern und zu erleichtern.

Hammer-Betätigung und Umschaltung, Übersicht

Fast immer übernimmt ein Rad mit zahlreichen Stiften – senkrecht zur Radebene – die Aufgabe, den oder die Hämmer auszulenken und durch eigenes Gewicht oder durch (zusätzliche) Federwirkung an den Klangkörper fallen zu lassen. – In seltenen Fällen – etwa bei einigen Schwarzwälder Uhren – hebt das **Fallenrad** mit einem Stift **bei jedem Umlauf den Hammer**.

13) **Eine nicht mehr angewendete Art**, den senkrecht stehenden Hammer auszulenken, findet sich in der Enzyklopädie von Diderot & d'Alembert, wo die Hammerwelle frontal vor dem Rad steht und die Hebstifte den Hammer gewissermassen wie bei einer ‹halben Spindel› drehen!

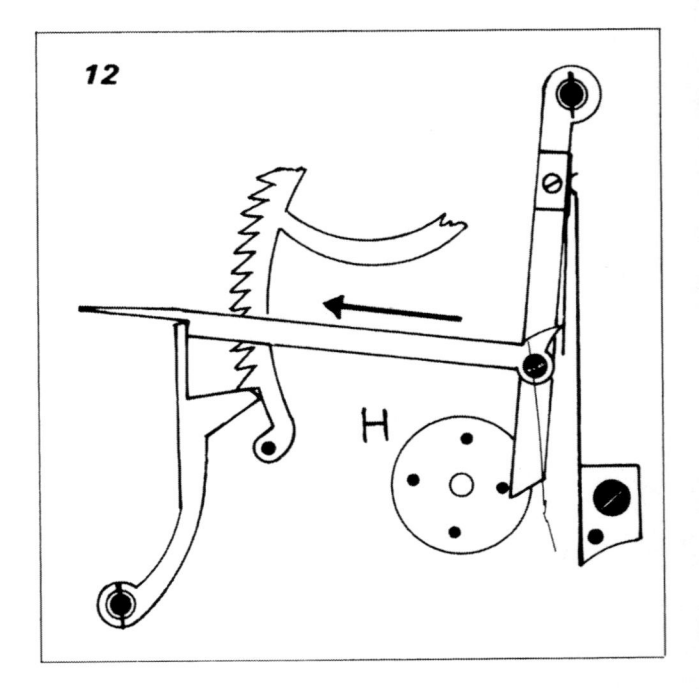

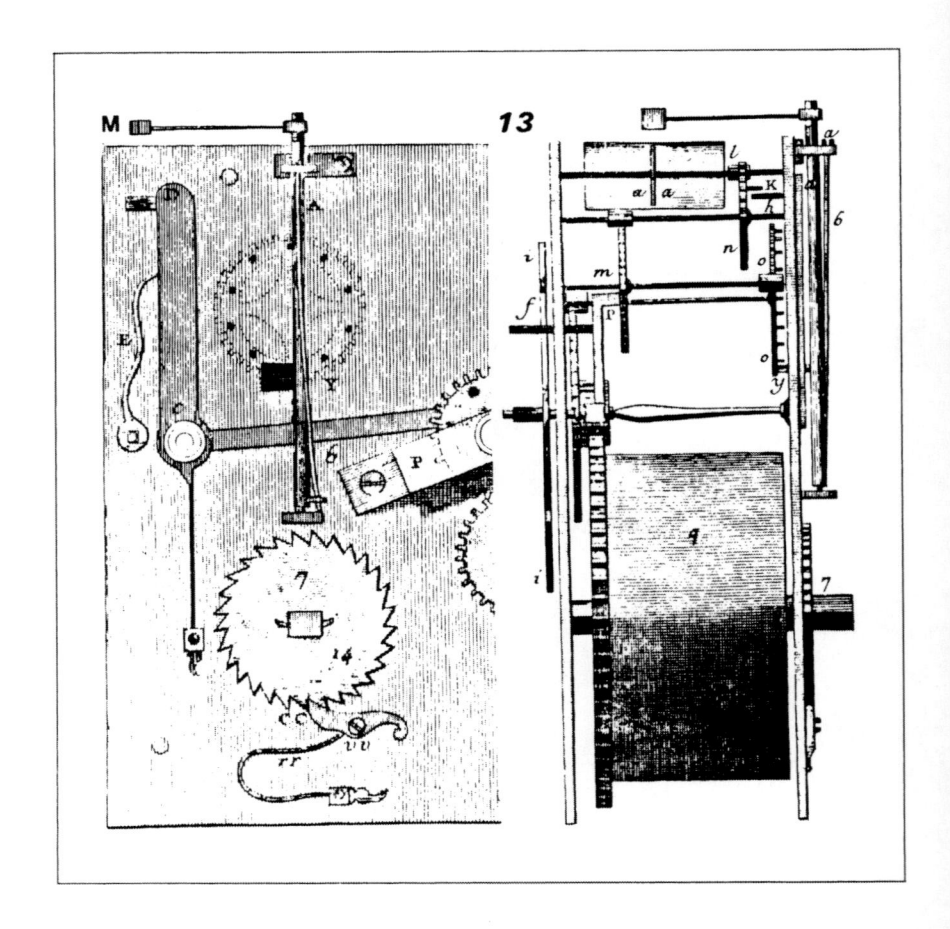

14) **Das Hebstiftenrad** – oder wie man früher sagte: Hebnägelrad! – trägt die Stifte für den Hammerhub, also eine einfache Sache. Meist prellt der Hammer nach dem Abfall vom Stift zurück auf einen massiven Stift in der Platine. Da das Gewicht des Hammers ziemlich klein ist, wäre der Ton ohne die Verstärkung durch eine Drahtfeder recht schwach. Diese Feder ist entweder fest eingeschlagen oder mit einem Gewinde versehen.

15) **In den feinen Wiener Werken** ist eine Blattfeder angeordnet, die sowohl dazu dient, den Schlag zu verstärken als auch den Hammer in der richtigen Stellung zu fixieren.

16) **In rationellerer Fertigung** wird seit geraumer Zeit ein gestanzter **Stahl-Stern** auf die Welle des Hebstiftenrades geschlagen. Begrüsst wurde diese Art, wenn die Hubfläche kurvenförmig ausgebildet war: auf diese Weise wurde der Anfangs-Hub mit kurzem Hebelarm des Sternes ausgeführt, wodurch das Schlagwerk weniger belastet ist. – Im Gegensatz dazu steht die einfache gerade Stern-Ausführung, wo wie bei den ‹Hebstiften› der lange Arm den Hammer-Hub beginnen muss.

Diese Hub-Sterne ersparen oft das mühsame ‹Lüften› der Platine, um das Hebstiftenrad so in den nächsten Trieb-Eingriff zu setzen, dass der Hammer nicht am Ende des Schlagens – vor dem Stillsetzen – noch angehoben wird. In diesem Falle erfolgt das Anlaufen des Schlagwerkes schon unter der Belastung des Hammerhubs, was unter Umständen zum Stehenbleiben führen kann.

Die einfachere Abhilfe ist, den Hub-Stern im Werk mit Hilfe eines Schraubenziehers etwas zu drehen, indem man das Werkzeug auf der Hammerwelle aufstützt. Da keine grobe Gewalt angewendet werden darf, um die Radzähne nicht zu gefährden, ist es stets gut, vor dem Einsetzen des Rades zu prüfen, ob sich der Hub-Stern auch wirklich drehen lässt!

17) **Die Umlenkung des Hammers in die Senkrechte** ist schon bei den Schwarzwälder Holzuhren – wie auch bei den frühen Eisenuhren – auf recht einfache Weise vorgenommen worden. Das hölzerne Hebstiftenrad dreht sich hier entgegengesetzt und drückt den Hammerstift nach unten, wodurch der Arm der senkrechten Hammerwelle nach aussen gedrückt wird und der Hammer oben über dem Werk ausschwingt.

Die Schnittzeichnung zeigt deutlich die Lagerung der Wellen, die an den Enden mit Bohrung versehen sind, damit sie auf den in die Holzplatinen eingeschlagenen Stiften leicht drehen. Die Stifte sind zum Zerlegen herauszuziehen!

Der starken und dauernden Belastung wegen sind die Hebstifte stets gut zu ölen, besser zu fetten, da sich Öl gern in die Ecken zum Rade hin zieht, wo es doch nicht gebraucht wird.

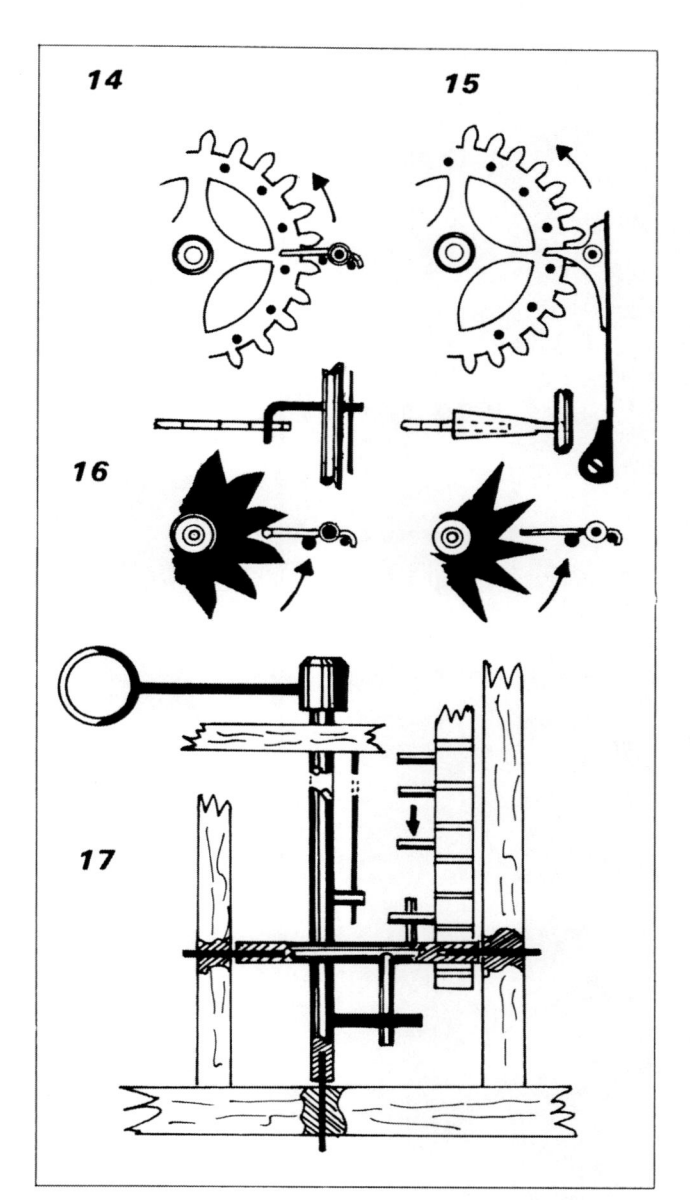

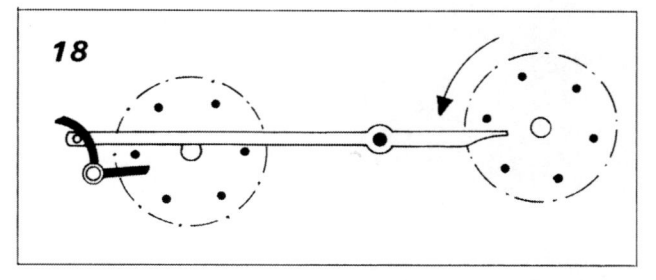

18) **Zum Stundenschlag werden oft die Viertelschlag-Hämmer verwendet**, um nicht auf beiden Seiten Gongstäbe ansetzen zu müssen. Der Stundenhammer hebt dabei über ein geradliniges oder auch winkliges Gestänge den Hammer auf der anderen Seite des Werkes.

Die Uhr stammt etwa aus der Zeit um 1750 und besitzt ein grosses 2 × 12 Stunden-Zifferblatt mit Kalenderangabe von Datum und Wochentagen und exzentrischem Minutenzeiger; der Stundenzeiger ist zentrisch. (2 Fotos Thomas-André.)

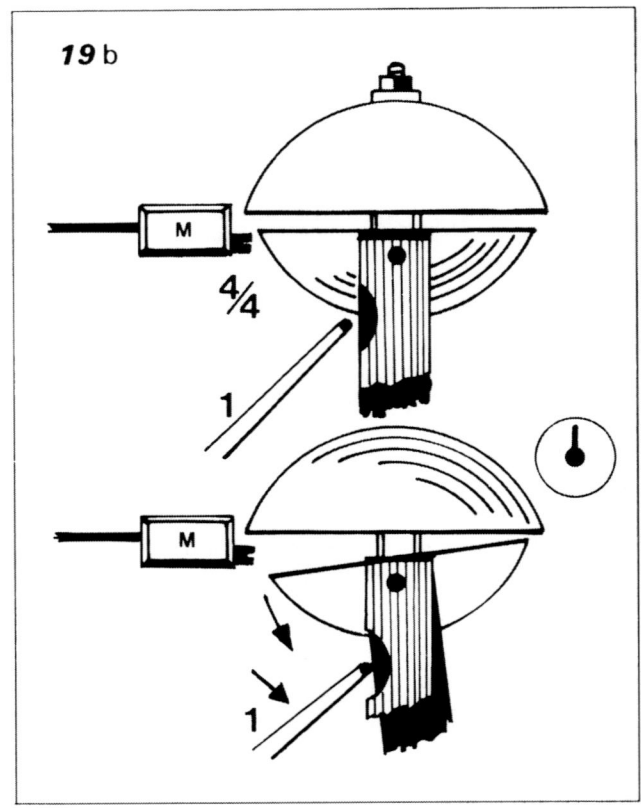

19a + b) **Bei einem 4/4-Schlagwerk mit nur einem Hammer** wird auf originelle Weise die hellere Viertel-Glocke durch die doppelte Schlossscheibe abgeschwenkt! Der grosse Winkelhebel (1) bewegt den Glockenträger seitwärts, wenn die vordere kleine Schlossscheibe mit einer ihrer hohen Nocken den Winkelhebel hebt. Nunmehr trifft der Hammer mit seiner Schraube nicht mehr die Viertel-Glocke, sondern der Hammer selbst schlägt auf der oberen Glocke den tiefen Stundenschlag. – Die grössere Schlossscheibe steuert alle Schläge des Schlagwerkes in einem Lauf; nach dem vierten Viertel-Schlag wird der Hebel 1 die untere Glocke abschwenken, so dass die Schraube im Hammer ins Leere trifft. – Die Auslösesperre des Schlagwerks ist bei 3 sichtbar, ausgehend von der Hammerwelle. Zwischen Rückplatine und Zifferblatt ist unterhalb der Hammer-Lagerung das Spindelrad 2 ausserhalb des Werkes zu sehen, das als ‹Hebstiftenrad› den Hammer-Hub ausführt.

20) **Das Umstellen eines Hammers**, damit er die andere Glocke trifft wegen des Tones in anderer Höhenlage, geschieht auf die verschiedenste Weise. Ein besonders interessantes Werk hebt den Hammer durch eine zweite Nockenpartie auf der Schlossscheibe: die äusseren Einschnitte entsprechen der üblichen Funktion zur Steuerung der Schlagzahl, und zwar sowohl der Stunden als auch aller Viertelstunden. Damit aber die Stundenschläge auf der anderen Glocke

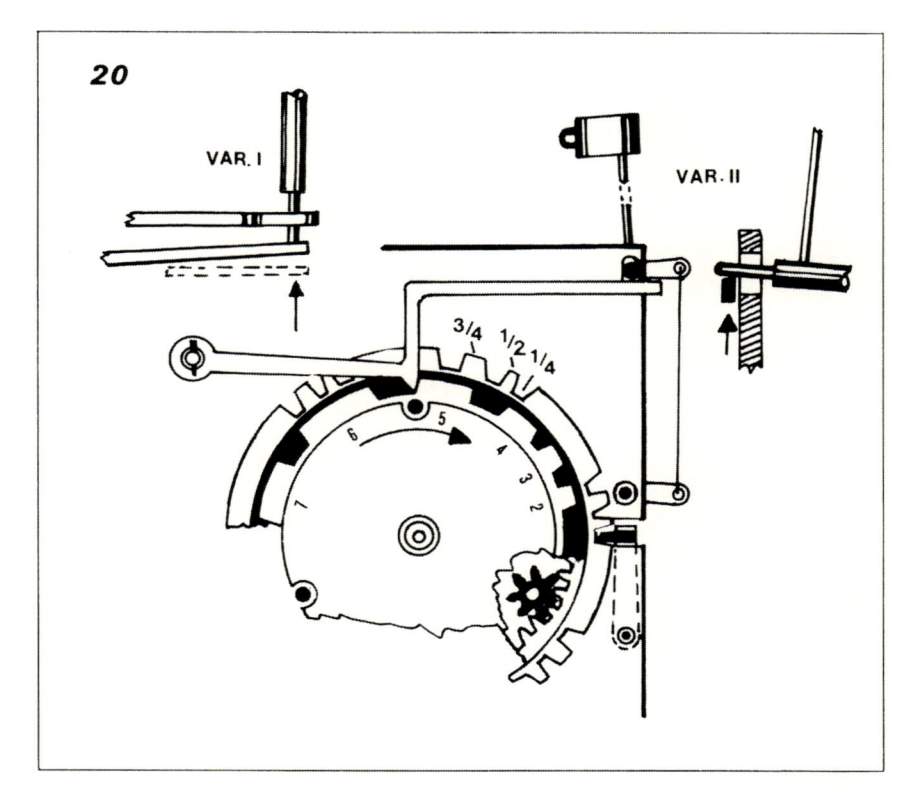

angeschlagen werden, wird die Hammerwelle mittels eines Winkelhebels durch den inneren Kreis von senkrecht zur Radebene stehenden Kämmen etwas angehoben. Diese Kämme entsprechen in ihrer Länge genau der Dauer der Viertelstunden; sie sind natürlich versetzt angeordnet, da die Steuerung der Schläge etwa im rechten Winkel vor dem Anheben des Hammers erfolgt.

Eine andere Variante dieser Hammer-Umstellung besteht darin, dass nur der eine Zapfen in einem länglichen Loch der Platine angehoben wird, also etwas schräg gelegt wird. Aus diesem Grunde ist der Hammer nicht direkt vom Hebstiftenrad angehoben, sondern über ein Gelenk-Gestänge.

21) **Das Ausschalten der Viertelschlag-Hämmer** beim Stundenschlag wird oft angewendet bei Dreiviertel-Schlagwerken. Diese Bim-Bam schlagenden zwei Hämmer werden zumeist vom Wechselrad durch Stifte über einen Hebel entweder ganz ausgehoben oder zumindest daran gehindert, die Gongstäbe oder Glocken zu treffen. Die drei Stifte sind in diesem Falle nötig, da die Übersetzung zwischen Minutenrohr und dem Wechselrad hier 1:3 ist. In sorgfältig gearbeiteten Werken sind oft Merkpunkte angesenkt, um die richtige Stellung der Räder zueinander zu markieren; ist dies nicht der Fall, muss auf richtige Einstellung geachtet werden, damit die Hämmer zur rechten Zeit ausgeschaltet werden.

22) **Bei Gongstäben, die zu beiden Seiten** des Werkes in einem Gongklotz angeordnet sind, besteht oft die Notwendigkeit, auch auf der Seite gegenüber dem

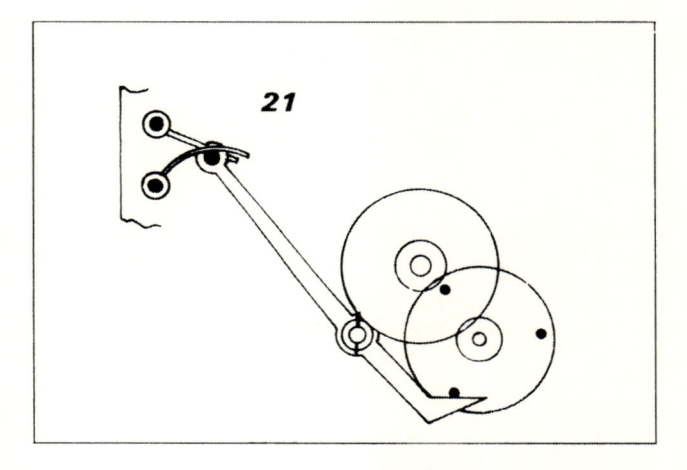

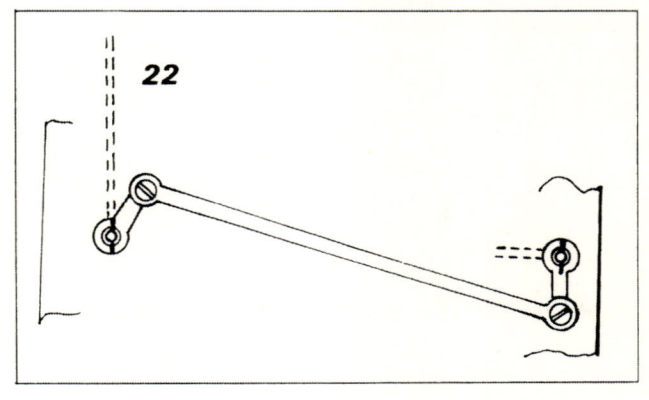

77

Schlagwerk Hämmer zu betätigen; es geschieht durch einen langen Hebel, entweder ausserhalb der Platine, manchmal auch innerhalb. Auch ist der Hebel oft in der Mitte auf einer Ansatzschraube drehbar und wirkt als doppelarmiger Hebel.

23) **Bei mehreren Gongstäben**, wie sie bei den Melodie-Schlagwerken nötig sind, ist es üblich, dass für den Stundenschlag-Akkord nur drei der Viertelhämmer durch ein Winkel-Gestänge angehoben werden.

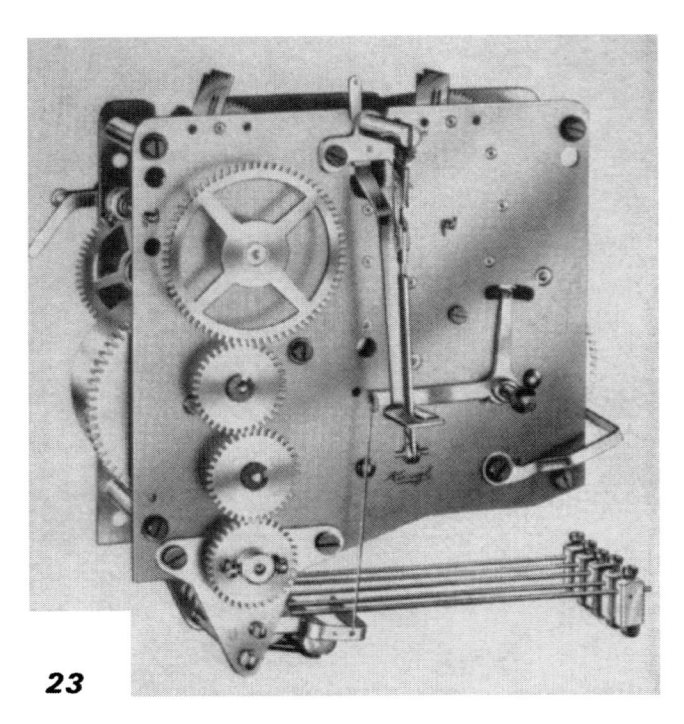

23

Rückseite eines Westminster-Tischuhrwerkes mit den Übertragungsrädern vom Hebstiftenrad im Werk zu den unten angewinkelten Hämmern.
Für den Stundenschlag-Akkord werden nur drei der Viertelhämmer durch das Winkel-Gestänge angehoben.

24) **Oft dient auch eine Schneckenstufe auf dem Wechselrad** dazu, stündlich den Hammer so zu verschieben, dass er auf die Stundenglocke trifft, anstatt auf die höher klingende für den Viertelschlag.
Selten jedoch ist es, dass an Stelle des Hammers der Glockenstuhl mit der Glocke in die andere Ebene gehoben wird!

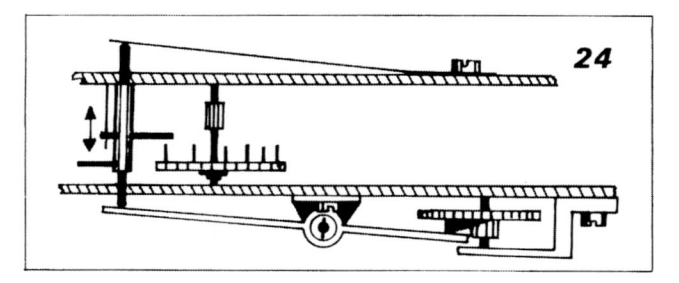

24

Nacht-Abstellung für Schlagwerke

Automatische Nacht-Abstellung für Schlagwerke ist in englischen Uhren oft zu finden – im Gegenteil zu anderen Fabrikaten, wo dies fast nur in den Uhren mit ‹Grande sonnerie› oder Melodie-Schlagwerken der Fall ist.
Bei den Uhren mit ‹Grande sonnerie› wird die Stundenstaffel mit 2 × 12 Stunden-Stufen dazu herangezogen; zwischen dem 24-zahnigen Stern und der Staffel befindet sich ein Nocken mit entsprechender Erhöhung, der einen Hebel bewegt für die Sperrung des Stunden-Rechens, um die Umschaltung auf ‹Petite sonnerie› zu bewirken.

25) **In englischen Uhren** wird durch einen Stift im Wechselrad ein 12-zahniger Stern alle 2 Stunden weitergeschaltet. Die Segment-Scheibe hebt den Winkelhebel an dessen langem Stift 1 für meist weniger als 12 Stunden und drückt den Hebel mit Stift 2 in den Bereich des Anlaufrad-Stiftes 3. Hierdurch ist automatisch jede Nacht das Schlagwerk daran gehindert, die Nachtruhe zu stören. – Mit dem grossen Hebel an der Seite kann von Hand das Schlagwerk völlig ausgeschaltet werden, wobei dieser Hebel an dem langen Stift 1 den Winkelhebel in der gleichen Weise wie das Segment das Schlagwerk stoppt.

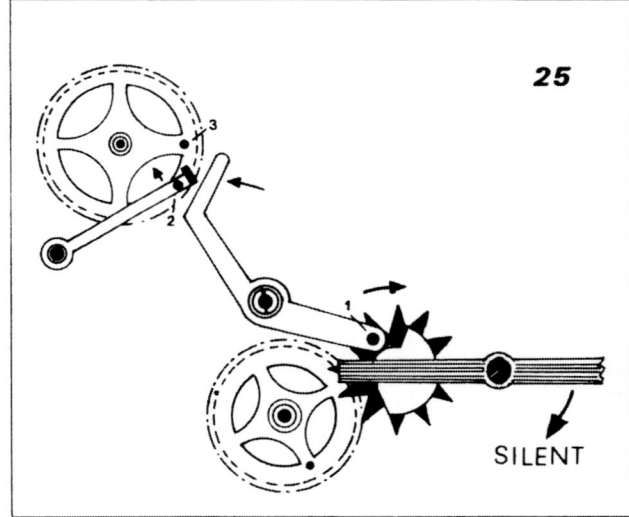

25

SILENT

26) **Eine einfachere Konstruktion für die automatische Schlagwerk-Abstellung** bedient sich eines 24-zahnigen Malteserkreuzes; es verdient zwar diese Bezeichnung nicht mehr durch die grosse Anzahl von Einschnitten, doch ist es die gleiche Mechanik wie bei den Malteserkreuz-Federstellungen!
Die Fortschaltung geschieht hier stündlich mittels Stift und Sicherungs-Scheibe. Auf dem grossen Rad sitzt fest das Segment, dessen Teil mit grösserem Radius einen Hebel anhebt zum Anhalten des Schlagwerkes.

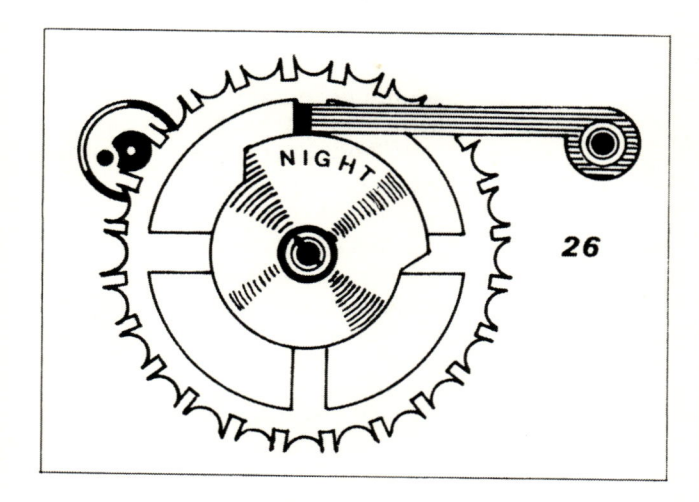

Windfänge, Übersicht

27) Um den zu schnellen Ablauf des Schlagwerkes zu verzögern und auch gegebenenfalls zu regeln – also das Tempo gleichmässig zu machen – läuft am Ende des Laufwerkes der ‹Windfang›.

a) In der einfachsten Form jedoch – auch bei den Schwarzwälder Uhren noch oft – war es kein Windfang, sondern eine **massive Rolle (aus Blei)**, deren grosse Trägheit den Ablauf verzögerte.

b) Meistens findet man ein **dünnes Messingblech**, das in der Mitte entsprechend ausgewölbt ist für die Aufnahme der Achse, so dass oben und unten Laschen über und unter die Welle greifen. Eine dünne Stahlfeder ist mit einem angespitzten Ende in ein Loch des Bleches eingesetzt und greift derart über die Welle, dass der Windfang sich mit sanfter Reibung drehen lässt. Der abrupte Stopp am Ende des Schlagens könnte zu Beschädigungen von Rad oder Trieb führen, wenn die mehr oder weniger grosse Masse des Windfanges nicht frei auslaufen kann. Die erwähnte Feder hält in einer Nut der Achse das Windfangblech in der richtigen Höhe.
Sehr oft ist der Windfangzapfen am Trieb in einem Exzenterlager derart verstellbar gelagert, dass damit der Ablauf in gewissen Grenzen reguliert werden kann: beim Tieferstellen verzögert sich der Ablauf, beim Seichterstellen läuft das Schlagwerk schneller ab.

c) Eine absonderliche Form eines ‹Regulators› besteht in einer Blattfeder mit einem Gewicht, das bei schnellem Lauf sich durch die Zentrifugalkraft nach aussen bewegt und den Ablauf verzögert, sich jedoch am Ende sofort an die Welle zurückbewegt.

d) Eine **Kombination von Windfang und Zentrifugal-Regulator** wird oft in Schlagwerken angewendet, bei denen der Hub eines oder mehrerer Hämmer eine wechselnde Belastung verursacht und wo zum gleichmässigeren Ablauf eine solche Regulierung notwendig ist.

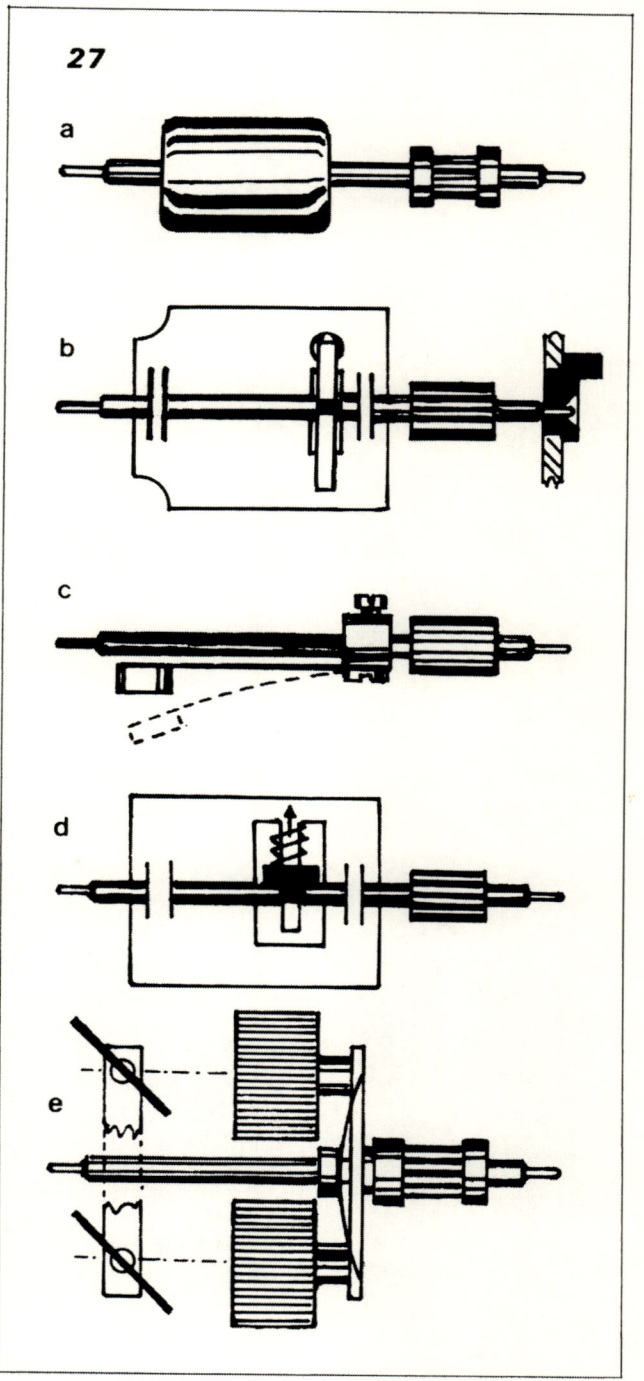

e) Für **grosse Schlag-Laufwerke** ist – wie bei Turmuhren – eine Konstruktion mit verstellbaren Windfang-Blechen üblich. Während oft nur eine Blattfeder die Kupplung zwischen Achse und Windfang bildet, ist bei Turmuhren eine regelrechte ‹Freilauf-Ratsche› eingebaut.

79

27

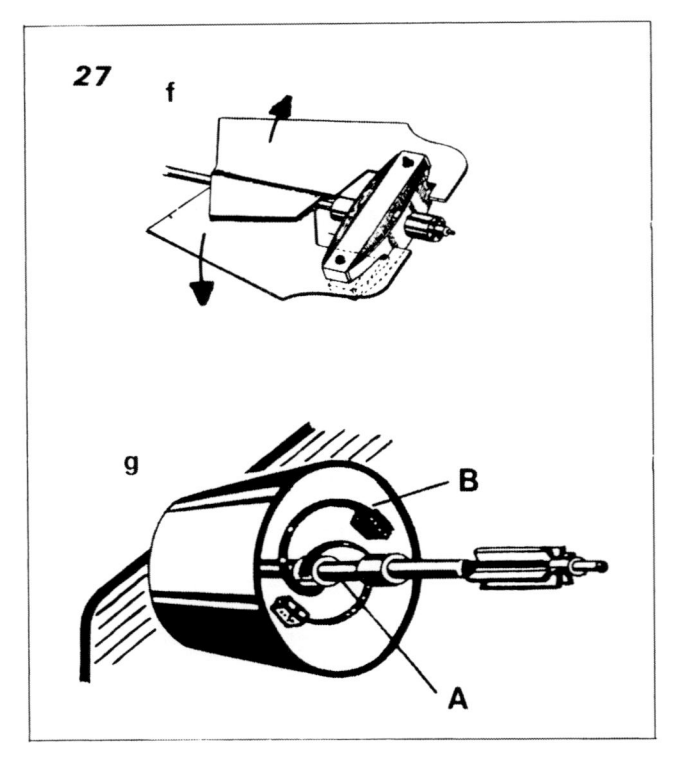

den Enden mit Bremsklötzchen versehen sind. Da die äussere Trommel konisch ist, kann die Ablauf-Geschwindigkeit dadurch geändert werden, dass das Feder-System auf der Achse verschoben wird. Je grösser der Radius ist, um so langsamer läuft das Werk, und umgekehrt.

Klangkörper, Übersicht

28) **Der einfachste Klangkörper ist der Rundgong,** der in den Wiener und Schwarzwälder Uhren zu finden ist. Sein Ton ist oft nicht besonders schön, und er muss sicher befestigt sein, sowohl in der Fassung als auch auf dem Resonanzholz. Der Hammer muss metallisch sein, um überhaupt einen Ton zu erzeugen. Ein etwaiges Lederpolster im Hammer kann man ‹härten› durch Einölen und nachfolgendes vorsichtiges Erhitzen.

28

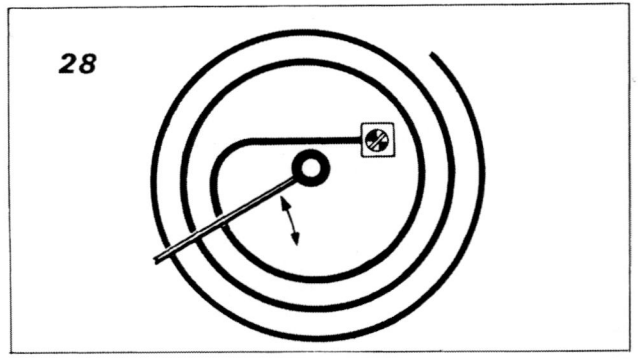

29) **Die Glocke** aus Metall klingt wesentlich angenehmer; aus Bronze oder gar aus Silber ist ihr Ton unvergleichlich schöner. Wie bei allen Schlagwerken, darf der Hammer nach dem Anschlag nicht auf der Glocke ruhen, was das Ausklingen der Glocke dämpft und ein hässliches Scheppern erzeugt. Der Hammer federt entweder im Stiel oder er wird durch eine Feder wieder vom Tonträger abgehoben.
Die Glocken findet man oft zwischen Lederscheiben gebettet, um ihren Ton noch zu verbessern, was bei kleineren Glocken jedoch kaum möglich ist.
Glocken springen bei einem Fall sehr leicht, sie sind daher sehr vorsichtig zu behandeln. Einen solchen Glocken-Sprung kann man zwar mit Zinn auslöten, doch ist der ursprüngliche Ton damit nicht wieder zu erreichen.

f) **Die Windfangbleche, die sich bei schnellerem Lauf** weiter öffnen zur Verzögerung des Tempos, sind üblich bei den Hausuhren, vor allem bei Melodie-Schlagwerken. Ihre Konstruktion ist zwar unterschiedlich, doch ist die Wirkung die gleiche: die ‹windfangende Fläche› wird vergrössert. Auch hier ist natürlich die federnde Kopplung angebracht.
g) **Neu ist ein regelrecht bremsender Zentrifugal-Regulator** in Wanduhren, dessen federnde Arme an

29

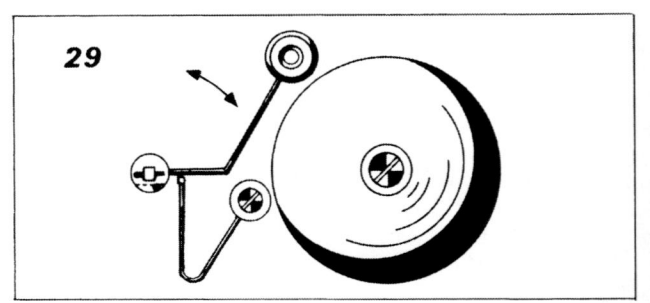

30) **Die Glasglocken** wurden bei Schwarzwälder Uhren angewendet. Sie sind in Holzgestellen aufgehängt und mit ihnen werden auch Glockenspiele ausgestattet.

30

31) **Der Röhren- oder Tubengong** besitzt wohl den edelsten Ton. Der Länge der Röhren wegen kann er nur in Boden-Standuhren Anwendung finden. Die Röhren sind frei an Fäden aufgehängt und werden durch Hämmer angeschlagen, die mit Holz oder Leder gepolstert sind. Ihres verhältnismässig grossen Durchmessers wegen hängen die Röhren an der Rückwand nebeneinander, wodurch sich auch die Anordnung der Hämmer senkrecht zur Werk-Ebene erklärt.

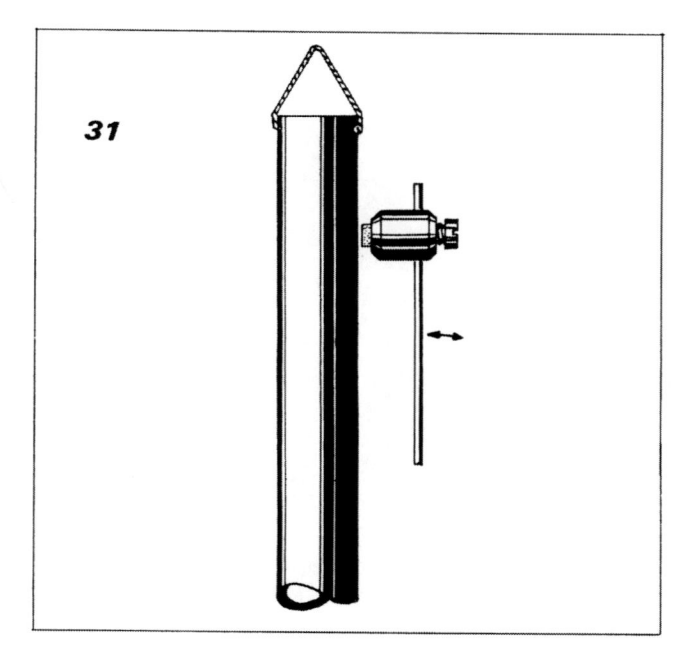

31

31a) **Der Stabgong** benötigt mehr Raum als die vorgenannten Klangkörper – umso mehr, je tiefer der Gong tönt. Die Stäbe sind in einen massiven Klotz fest eingeschraubt und unmittelbar unter der Schraube nach oben hin verjüngt zugefeilt. – Die Hämmer sind mit einem Leder bestückt, das meist eingeschraubt ist. – Viele gute Schlagwerk-Uhren besitzen statt eines Stiftes – mit dem der Hammerweg begrenzt wird –

eine verstellbare Justierung, oft wie hier mit einer Gegenmutter gesichert. Der Kegel an der Schraube lässt den Hammer sicher an den Gongstab fallen, veranlasst ihn aber zu einem geringen Rückgang, um den Stab frei ausklingen zu lassen.

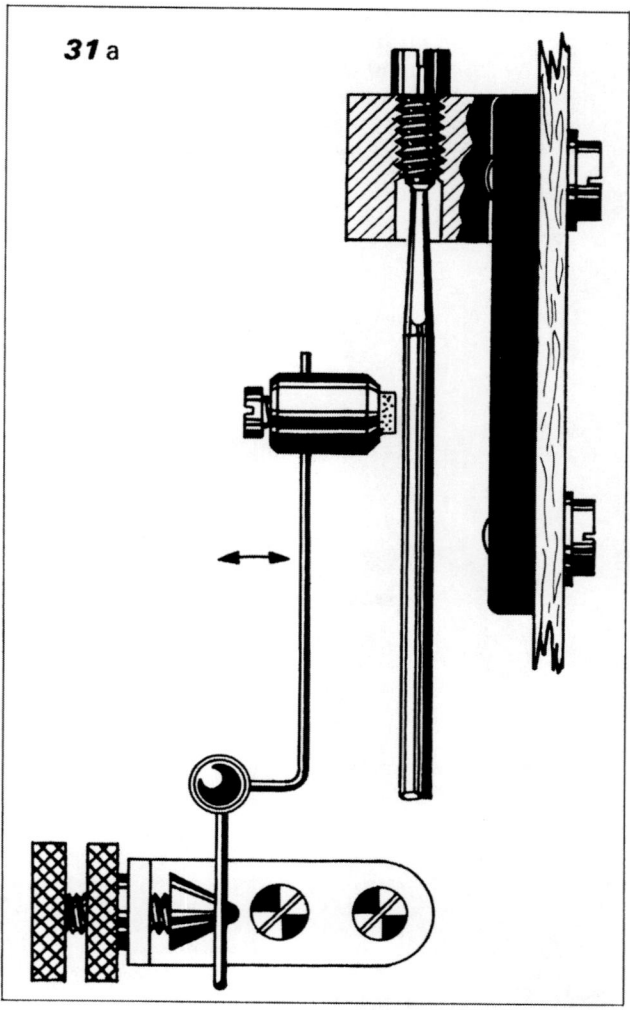

31a

32) **Die Blasebalg-Pfeifen** sind durch die Kuckucks-Uhren bekannt geworden. Seltener sind Uhren mit

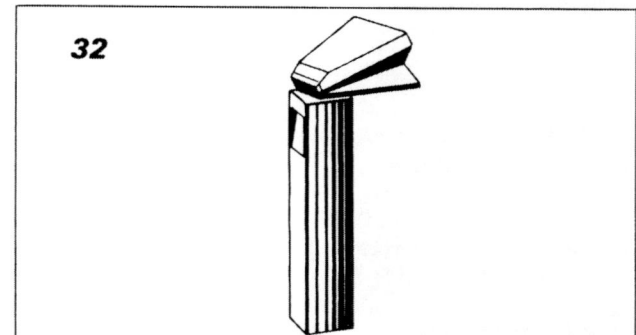

32

81

Wachtelruf ‹Hihihi›. Schadhafte Blasebälge – die aus Ziegenleder gefertigt sind – können mit dünnem Leder geklebt werden.

33) **Automaten-Figuren** schlagen nach den grossen Vorbildern an italienischen und anderen Turmuhren auch an Wanduhren die Glocken an. Der Mechanismus ist immer ausserordentlich einfach, da sich entweder die ganze Figur dreht oder ein Arm durch Drahtzug betätigt wird. Es sind auch alte Uhren bekannt, bei denen ein ‹jack› (französisch ‹jaquemart›) die Viertel mit dem Hammer anschlägt, die Stunden hingegen mit einem Fuss gegen die tiefere Glocke tritt.

33

34

34) **Musikwerke** treten meist erst nach dem Stundenschlag in Tätigkeit. Am einfachsten sind die Zungenspielwerke, die oft mehrere Musikstücke spielen können, wobei die Walze in ihrer Längsrichtung verschoben wird, entweder von Hand oder selbsttätig. Eine Reparatur an der Stiftwalze oder den Stimmzungen ist eine heikle Angelegenheit. Wenn die harten Stahlstifte abgebrochen sind, kann man sie nach innen durchschlagen und neu einsetzen. Eine Zunge kann schon eher ersetzt werden; ihre Länge ergibt sich aus den benachbarten Federn und die Abstimmung ist durch Anlöten des Abstimmgewichtes und entsprechendes Abnehmen von Material ebenfalls zu bewerkstelligen.

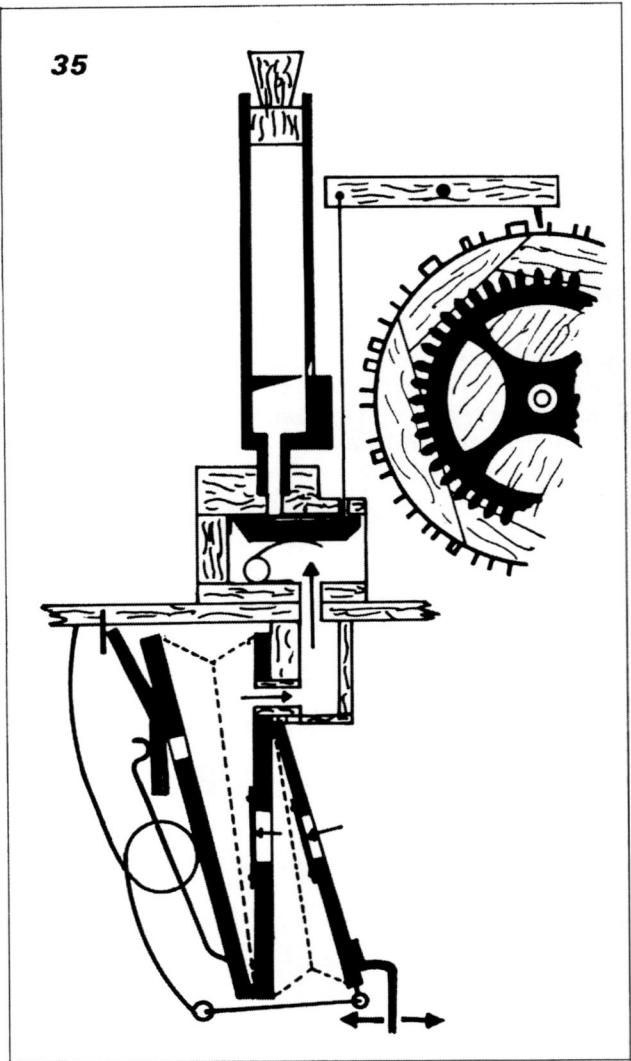

35

35) **Flöten-Spieluhren** stellen eine besonders beliebte Art von Kunstuhren dar, für die auch Haydn, Mozart und Beethoven spezielle Kompositionen geschrieben haben. Ihre Apparatur ist eine Wissenschaft für sich, die schon bei der Lufterzeugung durch den Blasebalg beginnt. Ein Kurbelzapfen auf der Windfangwelle betätigt die erste Kammer, deren Luft durch ein Ventil in das Magazin strömt. Eine Feder hält den Blasebalg unter Druck, damit die Pfeifen durch den Luftstrom ertönen. Am Deckel des Magazins ist ein Ausgleichsventil, das sich öffnet, wenn zuviel Luft vorhanden ist; dies ist oft der Fall, wenn die kurzen Pfeifen

der hohen Töne ansprechen. Die Pfeifen werden auch hier durch Stiftwalzen geöffnet, wobei jedoch für länger gehaltene Töne die Pfeife durch U-förmige Stifte länger geöffnet bleibt. Der Blasebalg aus dünnem Leder ist sehr empfindlich und er muss absolut dicht sein.

Falls die Flächen der Faltung ausbeulen, können sie mit Leder hinterklebt werden. Vom Blasebalg fliesst die Luft durch einen Kanal in die Windlade, in deren Deckel die einzelnen Pfeifen gesteckt sind. Unter jeder Pfeife ist ihr Ventil angebracht, das durch die Stifte der Walze über eine Wippe geöffnet und geschlossen wird. Auch hier sind die Walzen längs verstellbar, um mehrere Musikstücke darauf unterzubringen.

Absteller für das Schlagwerk sind sehr oft in der Weise vorgesehen, dass auf dem Zifferblatt Zeiger entsprechend eingestellt werden. Es ist verständlich, dass die mehr oder weniger langen Melodien sowohl auf die Dauer als auch besonders in der Nacht störend wirken. Nacht-Abstellung für das Schlagwerk ist daher – vor allem in englischen Uhren – häufig anzutreffen. Morgens wird das Schlagwerk wieder in Tätigkeit gebracht (siehe IV/25 und 26).

Entwicklung der Schlossscheibe

Die Schlossscheibe hat sich im Grundprinzip bis auf den heutigen Tag – auch in moderneren Uhren – erhalten und es ist interessant, ihre Entwicklung in den verschiedenen Ausführungen zu verfolgen.

36) **Eine Schlossscheibe für den Zyklus von sechs Stunden und die Viertel** dürfte eine Rarität sein – die grosse Schlossscheibe bedeckt fast die gesamte Rückseite der Uhr. Angetrieben wird sie von einem Rad auf der Achse der Gewichtswalze; die Gewichte hängen an Schnüren.

Die Uhr wird **Roccatagiata** (italienische Renaissance) zugeschrieben. Sie ist von einem künstlerisch ausgeführten Bronze-Engel gekrönt, der auf der mittleren von drei Glocken mit dem Fuss die Stunden anschlägt, während er die Viertel an kleineren seitlichen Glocken mit einem Hammer ertönen lässt.

37) **Eine eiserne Schlossscheibe – nur für die vollen 12 Stunden** – besitzt dieses Uhrwerk, das etwa um 1500 entstanden ist.

Ein Stift des Gehwerkes gibt stündlich das Schlagwerk frei durch Anheben des Hebels K, doch wird sofort nach der ‹Warnung› das Anlaufrad B mit dem Hebel J angehalten bis zum endgültigen Stundenschlag auf ‹Voll›. Die Anzahl der Stunden bestimmt die grosse Schlossscheibe E, die auf der Achse des Beisatzrades F dreht und in deren Lücken ein Arm des Hebels K einfällt zum Stillsetzen des Schlagwerkes.

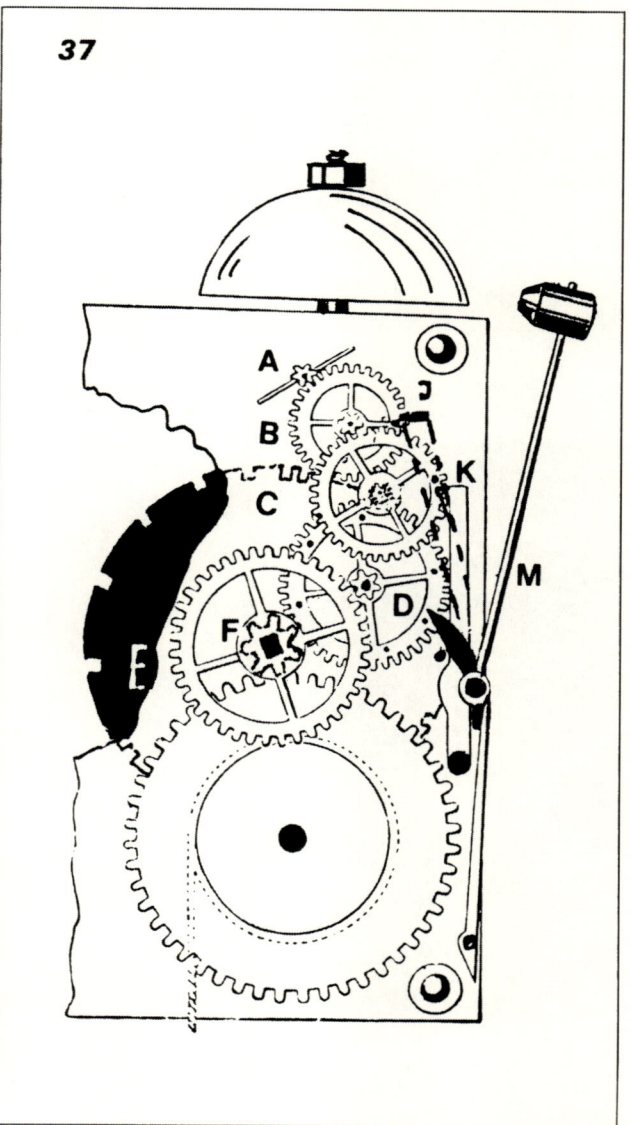

38) Eine Schlossscheibe für 24 Stunden verwendete **Samuel Knibb, London,** 1665 in seiner Tischuhr. Seiner Uhr sieht man die Liebe an, die er für die Herstellung aufgewendet hat. Da besticht die künstlerische Gravur der Spannscheibe für die Schlossscheibe und des daneben sitzenden Klobens für die Lagerung des Pendels. Bemerkenswert sind auch die eleganten Verriegelungen, mit denen an Stelle von Stiften oder Schrauben die Platinen gehalten werden.

SAMUEL KNIBB LONDON 1665

39b) Aussen gezahnte Schlossscheibe mit innen angeordneten Einschnitten für die Schlag-Steuerung.

39a) Aussen gezahnte Schlossscheibe, bei der die der Stundenzahl entsprechenden Zahnlücken vertieft sind.

39c) Innengezahnte Schlossscheibe mit interessanter Lagerung.

39d) Eine Schlossscheibe ‹wie ein Gedicht› hat Jan van Ceulen, Haag (ca. 1670) an seiner Uhr angebracht. (Science Museum, London)

40) **Die Schlossscheibe** besitzt am Umfang, oder senkrecht aufgesetzt, verschieden lange Nocken; in den Lücken erfolgt jeweils nur ein Schlag – für die halbe Stunde; wird der Einfallhebel K jedoch durch die Nocken am Einfallen gehindert, erfolgt die gewünschte Anzahl von Stundenschlägen. Da halb eins, 1 Uhr und halb zwei mit je 1 Schlag nebeneinander liegen, ist hier eine breitere Lücke vorhanden. Es gibt zwei Arten der Schlossscheiben:

a) **Bei scharfkantigen Lücken in der Schlossscheibe** tastet der Einfallhebel K nach jedem Schlag den Umfang der Scheibe ab; er wird hierzu durch das Fallenrad gezwungen, das bei jedem Schlag eine volle Umdrehung ausführt. Die auf diesem Rad sitzende Nockenscheibe lässt den Hebel einfallen, wenn eine Lücke vorhanden ist. Die Schlossscheibe wird in diesen Uhren meist durch ein Trieb entsprechend gedreht (siehe auch Abb. Seite 87 und 88).

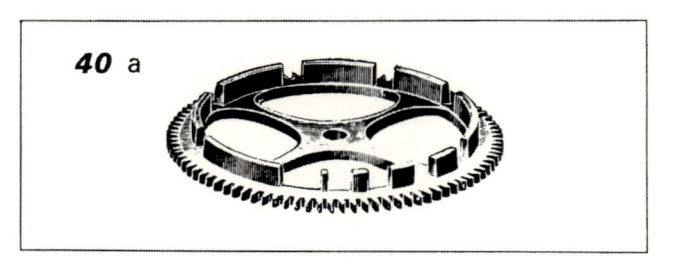

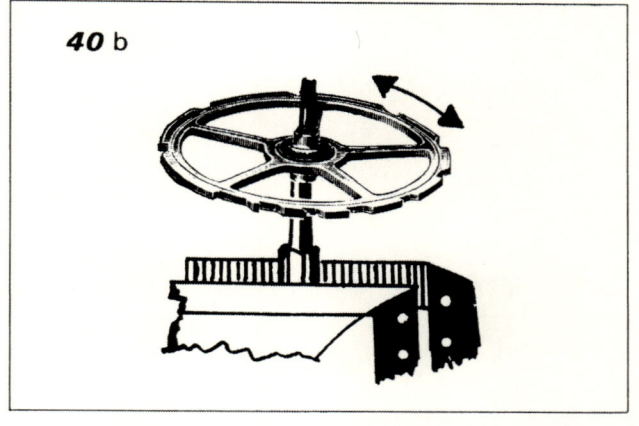

Schwarzwälder Tast-Schlossscheibe.

Pariser Gleitschlossscheibe (auf dem Butzen zur Korrektur drehbar).

b) **Die Gleit-Schlossscheibe** besitzt bei jeder Lücke Anschrägungen, die den Einfallhebel emporheben, wenn mehr als ein Schlag erfolgen muss. Dadurch entfällt bei dieser (Pariser) Art des Schlagwerkes das Anheben des Einfallhebels, und der Hebel gleitet ständig auf dem Umfang des Nockens. Die Gleitschlossscheibe E sitzt direkt auf der Achse des Beisatzrades F; sie ist auf ihrem Butzen notfalls zügig drehbar. Zu beachten ist bei beiden Arten von Schlossscheiben, dass der Hebel sicher genug abfällt. Bei falscher Stellung der Scheibe erfolgt – durch ungenaue Teilung hervorgerufen – manchmal gleich wieder der Stundenschlag oder es ergeben sich zwei Schläge bei ‹Halb›.

41

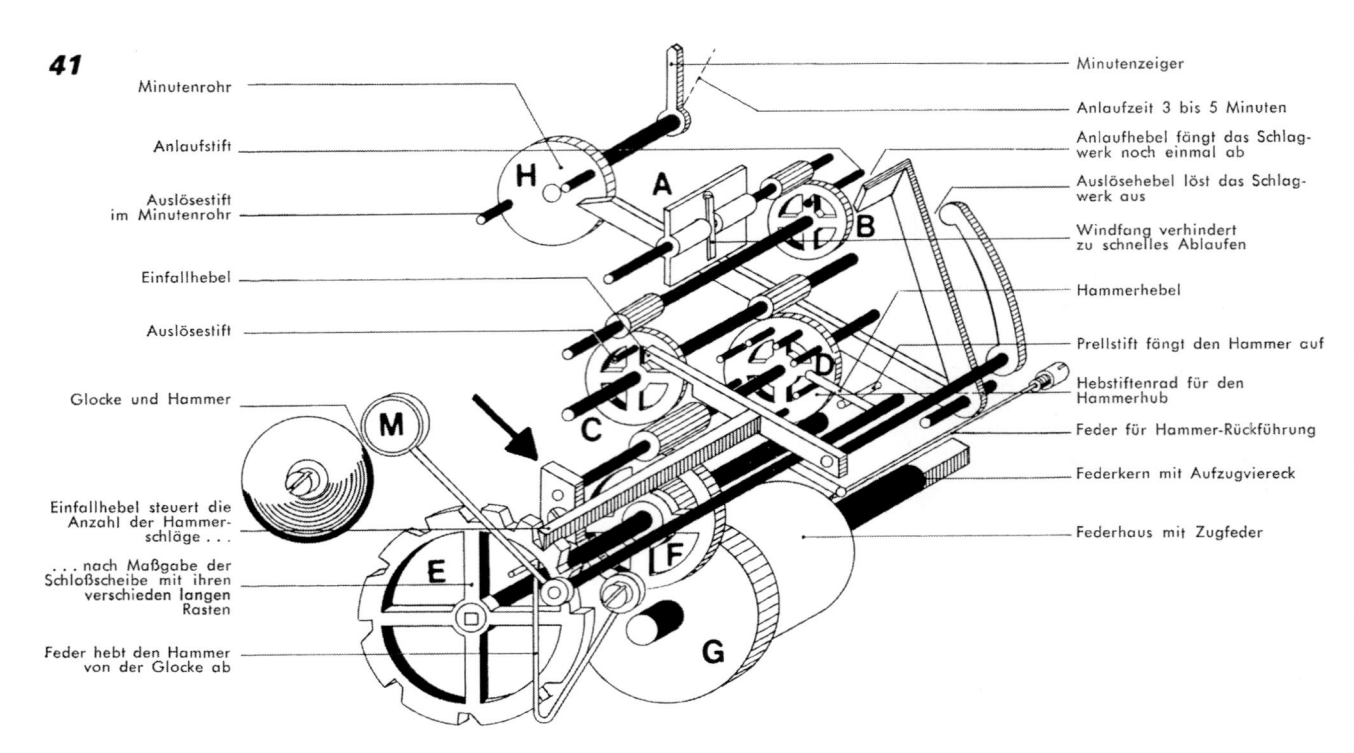

- Minutenrohr
- Anlaufstift
- Auslösestift im Minutenrohr
- Einfallhebel
- Auslösestift
- Glocke und Hammer
- Einfallhebel steuert die Anzahl der Hammerschläge...
- ...nach Maßgabe der Schloßscheibe mit ihren verschieden langen Rasten
- Feder hebt den Hammer von der Glocke ab

- Minutenzeiger
- Anlaufzeit 3 bis 5 Minuten
- Anlaufhebel fängt das Schlagwerk noch einmal ab
- Auslösehebel löst das Schlagwerk aus
- Windfang verhindert zu schnelles Ablaufen
- Hammerhebel
- Prellstift fängt den Hammer auf
- Hebstiftenrad für den Hammerhub
- Feder für Hammer-Rückführung
- Federkern mit Aufzugviereck
- Federhaus mit Zugfeder

Schlagwerk mit Steuerung durch die Gleit-Schlossscheibe.

Der Pfeil weist auf den Justierkloben hin zur Erleichterung des richtigen Zusammensetzens.

Schlossscheiben-Schlagwerk bei der Reparatur

42) Das Zusammensetzen des Schlagwerkes entsprechend den schon erwähnten Regeln ist nicht immer ganz einfach, da meist auch das Gehwerk unter der gleichen Platine liegt. Manche Werke sind allerdings ‹Uhrmacher-freundlicher› konstruiert und besitzen getrennte Platinen der beiden Laufwerke, was bei 4/4 Schlagwerken besonders wünschenswert ist.

Man muss also schon beim Einsetzen der Räder versuchen, sie in die richtige Stellung zueinander und zu den Hebeln zu bringen: Hubstift kurz vor den Hammerhebel, Auslösestift vor den Auslösehebel und Anlaufstift etwa unter den Windfang. Ältere Werke haben bisweilen Merkpunkte am Umfang der Räder, die die Stelle bezeichnen, mit der das Rad in das nächste Trieb eingreifen soll.

Leider bleiben die Teile nicht immer in der gewünschten Stellung stehen, wenn man die Platine darüber setzt und die Zapfen in die Zapfenlöcher bringen muss. Ein einfaches zweckmässiges Werkzeug ist aus einer schmalen Uhrfeder schnell zurecht gefeilt und hat die Form einer ‹Miniatur-Hellebarde›: mit ihr kann man auch weit im Werk Zapfen in jede Richtung bringen, also sowohl weiter schieben als auch zurückholen, bis sie in das Zapfenloch kommen.

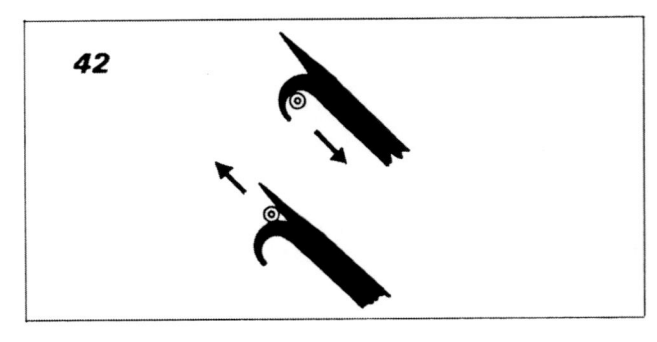

42

43) Der Probelauf nach dem Zusammensetzen ergibt oft genug, dass die Räder nicht ganz richtig zueinander stehen. Vielfach sind bei den entsprechenden Rädern Justierkloben (siehe IV, Abb. 41) auf der Platine angebracht, die man bequem abschrauben kann, ohne dass das andere Werk durcheinander fällt beim Lüften der Platine. Der hervorragende Uhrmacher E. Donauer (†), Luzern, schrieb vor Jahren: ‹Beim Zusammensetzen des Schlagwerks von Pariser Pendulen gibt es einen Trick, der von den dortigen Penduliers praktiziert wird und ordentlich Zeit sparen hilft. Bei besseren Qualitäten ist bekanntlich für den hinteren Zapfen des Hebnägelrades und sogar für denjenigen des Anlaufrades eine Brücke vorhanden. Bei einer ganzen Anzahl von Fabrikaten fehlen diese jedoch, was dann dazu führt, dass beim Einstellen des Schlagwerkes jedesmal die Platine hochgehoben werden muss. Das kann aber durch folgenden Trick umgangen werden:

Zwischen die Triebe der für das Einstellen des Anlaufs in Frage kommenden Räder wird der rückwärtige Teil einer drei- oder vierreihigen Uhrmacherbürste eingeführt und diese ganz leicht gekippt (Abb. 43). Dadurch kommt das Trieb, das eine leichte Durchbiegung erfährt, aus dem Eingriff, was ermöglicht, das Rad um soundsoviel Zähne vor- oder rückwärts zu drehen. Bei den harten und dünnen Trieben der Pariser Pendulen ist absolut keine Gefahr vorhanden, dass sie verbogen werden oder brechen. Bei gewissen anderen Werken wäre die Sache natürlich nicht ratsam.›

messer der runden Messingscheibe ergibt sich aus der Stellung des Einfall-Hebels, wenn der Auslösestift unter dem Einfall-Hebel frei vorbeiläuft. Die Messingscheibe wird mit ihrem Butzen auf die Beisatzrad-Welle des Schlagwerkes in der zusammengesetzten Uhr aufgesetzt. Dann zeichnet man in der Reihenfolge der Halb- und Stundenschläge von 1 bis 12 an, wo der Einfallhebel die Lücken verlangt nach den vollen Stunden für den Halbstundenschlag. Zu berücksichtigen ist dabei die breitere Lücke für die drei Einzelschläge um 1/2 1, 1 Uhr und 1/2 2. Für die Tiefe der Lücken wird in die Scheibe eine Rille eingedreht. Für das Einfeilen der Lücken ist eventuell eine Stahl-Schablone empfehlenswert, die man vom Mittelpunkt aus mit herumdreht.

43

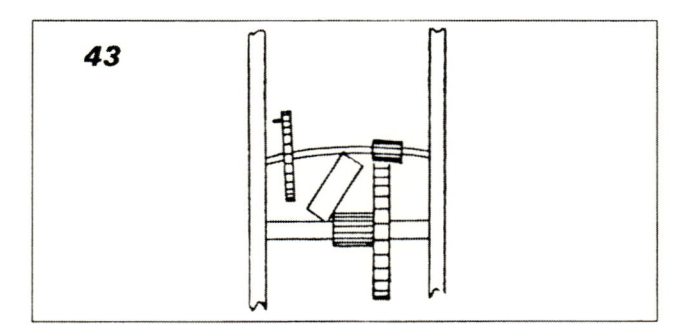

Anfertigung einer Schlossscheibe

44) Theoretisch sind für jeden Schlag 4° zu rechnen, da 78 Stundenschläge und 12 Halbschläge zusammen 90 Schläge ergeben: 360° : 90 = 4°. In der Praxis fräst man jedoch die Lücken auf jeder Seite um 2° breiter, um dem Einfallhebel Zeit zu geben, das Schlagwerk stillzusetzen. Die praktische Ausführung ist mit einer Teilscheibe ‹180› am rationellsten und genauesten möglich.

Ohne Teilscheibe und Fräseinrichtung müssen mit dem Zirkel auf der vorgesehenen Messingscheibe Umfang und Teilung angerissen werden. Um den Umfang der Schlossscheibe in 90 Teile zu zerlegen, wird mit dem Radius des Kreises der Umfang in 6 Teile geteilt, jedes Sechstel in 5 Teile und diese wieder in je 3 Teile, (6 × 5 × 3 = 90). Hierbei entspricht jeder Teilstrich einem Schlag. Die dabei unvermeidlichen Ungenauigkeiten müssen beim Probieren ausgeglichen werden, so dass es ratsam ist, etwas Material dafür vorsorglich stehen zu lassen, also die Lücken etwas schmaler zu fräsen oder zu feilen.

Man kann auch anders vorgehen: Der Aussendurch-

44

Richtig Falsch

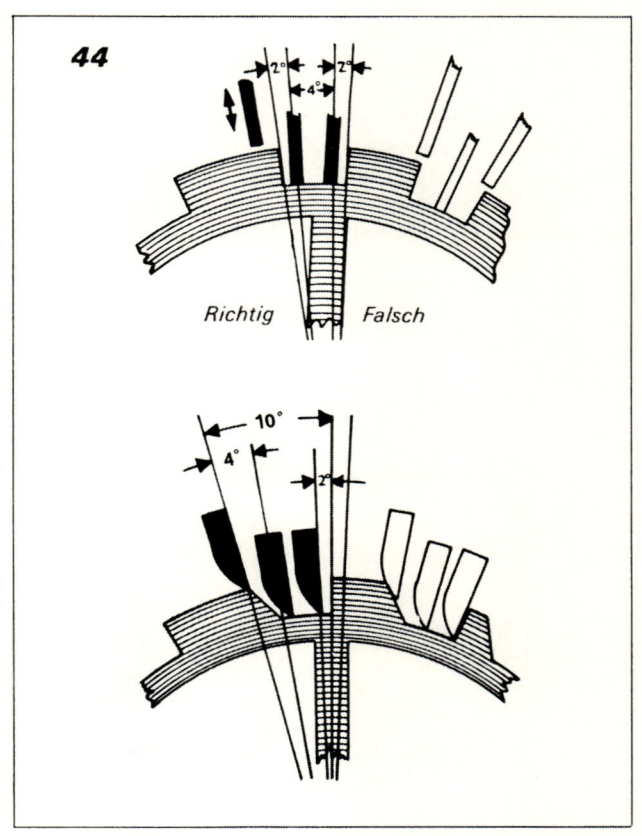

45) **Das Vierkantloch in der Nabe der Schlossscheibe** kann – auf einfachste Weise – mit einer Vierkantfeile ausgefeilt werden. Wichtig ist dabei jedoch, dass das rundgebohrte Loch sehr gleichmässig bearbeitet wird, damit es genau zentrisch bleibt. Man soll die Feilstriche zählen und den Druck ebenfalls sehr gleichmässig halten, damit auf allen vier Seiten stets gleichviel Material abgenommen wird.

Besser wird die Nabe mit einem Vierkant-Dorn vor dem Aufnieten der Scheibe aufgedornt, damit auf einem Viereck-Drehstift die Nabe aussen rund und passend gedreht werden kann. Man kann mit einem oder meh-

reren konischen Vierkant-Dornen das Nabenloch mit kräftigen Hammerschlägen aufweiten.
Statt mehrerer konischer Vierkant-Dorne kann man auch einen Räumdorn mit drei Stufen benutzen. Nach der Benutzung der ersten Stufe weist das Nabenloch noch etwas Rundung auf, erst beim tieferen Einschlagen werden die Ecken verschärft.

Wenn eine Uhr falsch schlägt...

46) Mit etwas Vorsicht kann der **Stundenzeiger auf die richtige Stunde** gedreht werden, sofern er nicht zu fest auf dem Stundenrohr sitzt; Gewalt darf auf keinen Fall angewendet werden, da sonst Zähne im Stundenrad verbogen werden oder gar ausbrechen. Es ist nur darauf zu achten, dass sich dabei der Zeiger auf dem Rohr nicht nach vorn schiebt; er ist in dem Falle etwas zurück zu drücken. Diese Art der Berichtigung lässt sich sowohl **bei Schlossscheiben-** als auch **bei Rechenschlag-**Werken anwenden.

Das gleiche gilt für die folgende Methode, die aber etwas zeitraubender ist: man dreht den **Minutenzeiger** langsam in Richtung auf ‹Voll›, aber nur bis zum Anlauf-Geräusch der ‹Warnung›. Nun dreht man den **Minutenzeiger** langsam zurück, die Uhr schlägt trotzdem! Dies wiederholt man so lange, bis die Uhr richtig schlägt.

Bei Uhren, deren Werk leicht zugänglich ist, lässt sich das Schlagwerk auch an dem **seitlichen Auslösehebel** zum Schlagen bringen, ohne dass die Zeiger verstellt werden müssen. Auch an dem **Einfallhebel**, der in der Schlossscheibe die Zahl der Schläge abtastet, lässt sich das Schlagwerk auslösen.

Da ein **Rechenschlagwerk** stets die Zahl von Schlägen ausführt, die die Stundenstaffel dirigiert, wird ein Rechenschlagwerk kaum falsch schlagen, es sei denn, der Stundenzeiger wurde verstellt.

Schwarzwälder Uhren, Kuckuck und Wachtel

47) Alte ‹Schwarzwälder› waren früher überwiegend aus Holz gebaut, später nur noch das Gestell, während die Räder aus Messing gegossen wurden; die Triebe als ‹Hohltriebe› wurden anfangs auch noch ‹holzgespindelt›, bald aber auch aus Metall gefertigt. – Da durch das Verziehen des Holzgestelles ein Schief-

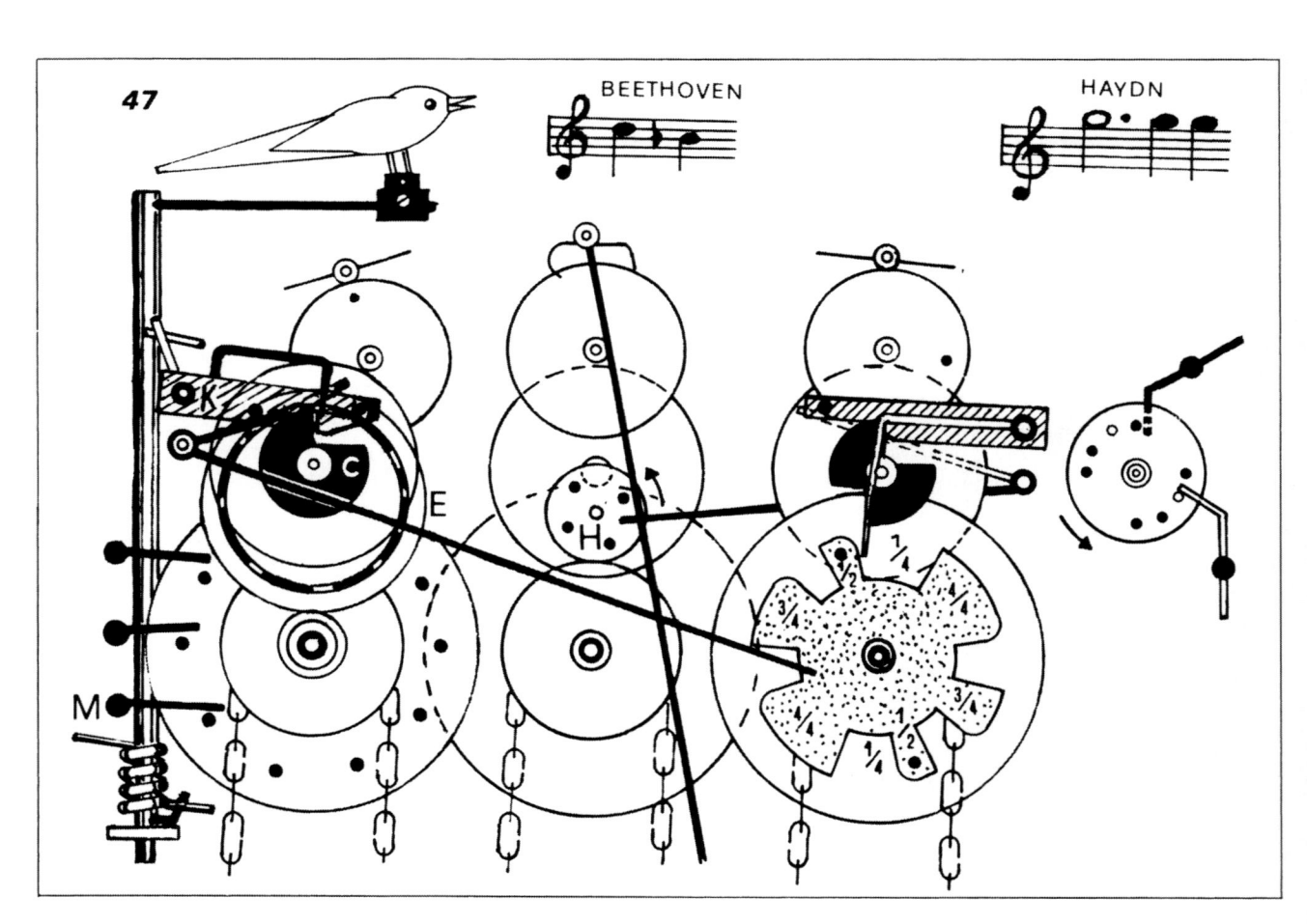

stehen der Achsen befürchtet wurde, hatte man die Zapfen als bauchige ‹Tonnenzapfen› in den Messingbuchsen laufen lassen. Eingelaufene Messingbuchsen müssen ersetzt werden (siehe Kap. I/11).

Das Schlagwerk einer Schwarzwälder Uhr ist mit einer Tast-Schlossscheibe E ausgerüstet, deren äusserer Zahnkranz von einem Trieb auf der Achse des Kettenrades gedreht wird, das gleichzeitig mit den Hebstiften für die Betätigung des Hammers M versehen ist. Falls es sich um eine Kuckucksuhr handelt, werden hiervon auch zwei Hebel für die Blasebälge des Kuckucks-Rufes angehoben, anschliessend an den Tonfederschlag.

Der originelle Kuckucks-Ruf – der den späteren Weltruf der Schwarzwälder Uhren begründete – wird begleitet von dem in der Gehäuse-Tür erscheinenden Kuckuck; durch einen einfachen Draht an einem Blasebalg wird er bei jedem Ruf am Schwanz angehoben und bei jedem Verneigen öffnet er den Schnabel und bewegt die Flügel. Der Kuckuck auf der Stange wird mittels Winkelhebel von dem Einfallhebel K gedreht und bleibt während des Schlagens draussen stehen, bis der Hebel wieder in die Lücke des Fallenrades C einfällt und beim Zurückgehen des Vogels die Tür zuklappt. Dieses Schlagwerk ist einfacher konstruiert als die anderen Schlossscheiben-Schlagwerke und auch einfacher zusammenzusetzen. Nicht nur, dass Schlagwerk und Gehwerk unter getrennten Brücken sitzen, sondern auch die ‹Warnung› regelt sich praktisch von selbst, da alles von dem Einfallhebel abhängt. Lediglich ist auf jeden Fall zu beachten, dass der Anlauf erfolgen kann, ohne dass ein Hammer angehoben wird.

Der seltene Wachtelruf ertönt jeweils nur zu den vier Viertelstunden, wozu ein besonderes Viertel-Schlagwerk vorhanden ist, dessen Viertel-Schlossscheibe zwei Stunden für eine Umdrehung benötigt. Im Grunde ist es gleich konstruiert wie das andere Schlagwerk; der Unterschied besteht nur in der Betätigung des Wachtelrufes: hier sind ein Hebel für den Schlag und ein zweiter für den Wachtelruf ‹Hi-hihi›, der von drei Stiften auf der anderen Seite der Scheibe hervorgerufen wird.

Den Kuckucks-Ruf hat Ludwig van Beethoven in seiner ‹Pastorale-Sinfonie› mit den Terz-Tönen d_2 und b_1 ausgedrückt. In der Schwarzwälder Uhr werden dazu gedeckte Orgelpfeifen von 14 und 17,5 cm Länge verwendet; als offene Pfeifen müssten sie doppelt so lang sein, also 28 und 35 cm! (Die erste Kuckucksuhr baute Anton Ketterer um 1730!)

Der Wachtelruf ertönt nach Haydn mit dem Ton g als gedeckte Pfeife mit der Länge 9,5 cm, als offene Pfeife 19 cm.

48a) Moderne Kuckucksuhren werden neuerdings mit Rechenschlagwerk gebaut, da durch die kurze Gangdauer von nur einem Tag oder weniger die Uhren oft stehen geblieben sind und das Schlagwerk nicht mehr mit den Zeigern übereinstimmte. Diese Änderung ergab auch eine Schwierigkeit, die mit dem Öffnen und Schliessen der Tür zusammenhängt. Da ein Rechenschlagwerk keinen Einfallhebel besitzt, der ständig während des Schlagens seine Stellung behält, ist ein Rechenschlagwerk mit einer andersartigen ‹Vogel-Konstruktion› versehen. Hierbei wird die gekröpfte Stange durch eine Achse bewegt, die in einen Winkelschlitz der Platine einrastet, nachdem sie eine derartige Schräglage eingenommen hat, dass der Vogel in der offenen Tür erscheint.

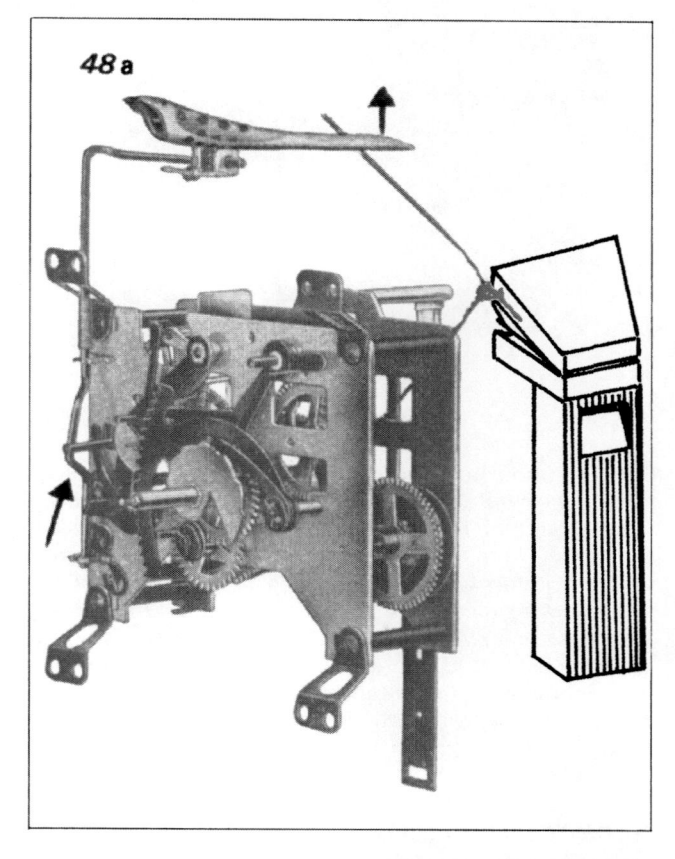

Ein Draht an einem der Blasebälge hebt den Schwanz des Kuckucks, wobei dieser den Schnabel öffnet und die Flügel hebt!

48b) Kuckuckuhr mit Rechenschlagwerk – andere Bauart

Das Stundenrad trägt wie üblich die Stundenstaffel St, die den Abfall des Rechens begrenzt. Auffallend ist bei diesem Werk die doppelte Zahnung des Rechens – sie ist bedingt durch die tiefe Anordnung des Schöpfers Z, der auf der verlängerten Welle des Herzrades sitzt.

Das Werk ist gerade ‹angelaufen› – gleich gibt der Stift im Hebel E den Rechen frei! Dann fällt der Auslösearm B vom Stern des Minutenrohres ab und das Schlagwerk beginnt seinen Lauf. Der Arm E ist mit der traditionellen Einfallschnalle verbunden, und diese fällt nicht eher in den Einschnitt des Herzrades ein, bevor

48 b

der Stift im Arm E in den mittleren Einschnitt gleiten kann.

Eine Besonderheit der Konstruktion verlangt der Kukkuck, da er während des Schlagens in der geöffneten Tür stehen soll. Das Heraustreten bewirkt eine zweite Kurve auf dem Herzrad durch ein Gestänge. Damit nicht bei jedem Umlauf des Rades der Kuckuck zurückspringt, wird dieses Gestänge durch den Arm K blokkiert, bis am Ende der Stift T den Arm K auf der Schräge zurückschlägt und der Kuckuck auf dem Drahtarm O in das Gehäuse zurückkommt. Auf sehr einfache Weise benutzt dieser Arm K die verlängerte Welle A des Kettenrades als Anrichtstift.

Schlossscheiben-Schlagwerke mit Repetition

49) Schlossscheiben-Schlagwerke mit Repetition sind eine Seltenheit und wenig bekannt; ihre Konstruktion ist ausserordentlich interessant und macht dem Erfindergeist der Schwarzwälder Uhrmacher alle Ehre! Sie beruht auf einer Rutschkupplung, die während des normalen Schlagens auf der Schlossscheibe zurückgehalten wird, da sie an einen Stift anläuft. Wird an der ‹Anfrage-Schnur› gezogen, und damit das Schlagwerk direkt ausgelöst, dreht sich die Schlossscheibe um die zuletzt geschlagene Stundenzahl zurück! Hierzu sind auf dem Umfang der Schlossscheibe aussen Stifte oder Sperrzähne im gleichen Abstand wie die Stundenkämme der Schlossscheibe; eine besondere Sperrklinke X stoppt den Rücklauf der Schlossscheibe bei der anfallenden Stundenzahl und das Schlagwerk beginnt seinen Lauf.

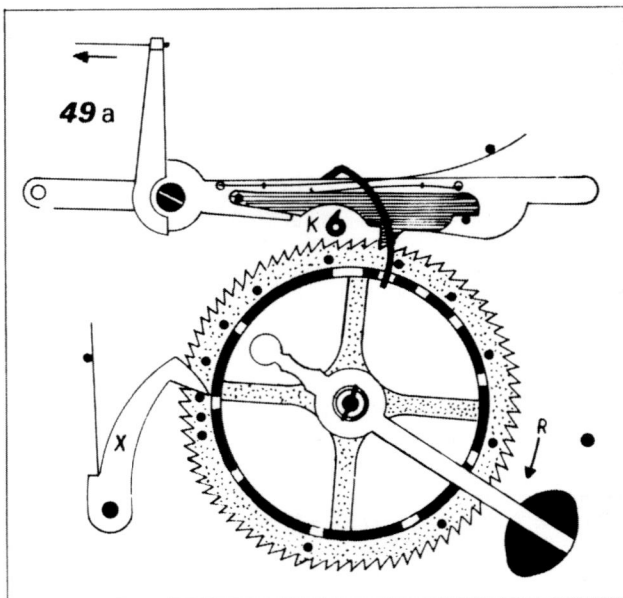

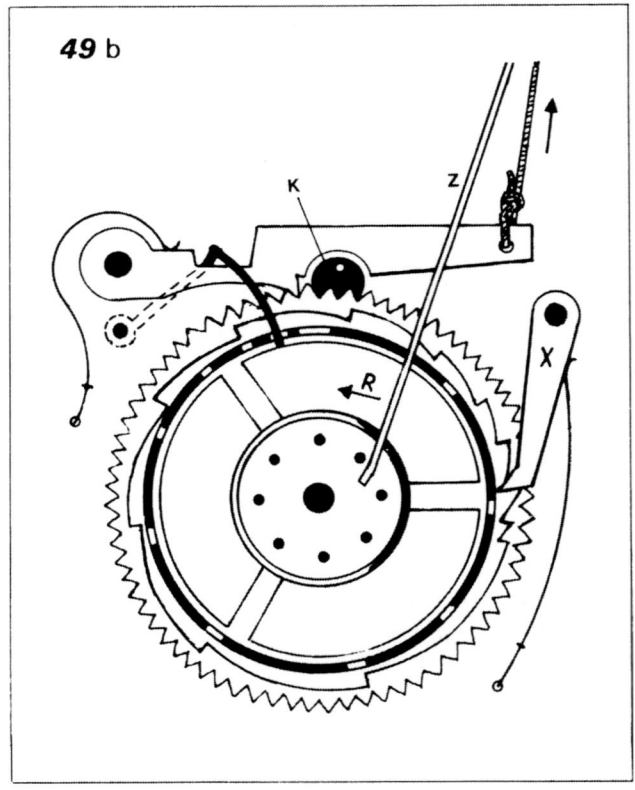

49 a

49 b

49a und b) Es sind unterschiedliche Konstruktionen; bei der einen Art ist ein einarmiger Hebel mit einem Gewicht versehen, der die Schlossscheibe zurückholt. Bei der anderen Art ist eine kräftige Drahtfeder Z im Gestell befestigt, die an einige Stifte in der Mitte der Schlossscheibe während des normalen Schlagens

immer wieder neu angreift, um für das Zurückdrehen bei der ‹Repetitions-Anfrage› bereit zu sein.
Da bei diesen Repetier-Uhren die Schlossscheibe nicht ständig mit einem gezahnten Trieb in Eingriff stehen kann, besitzt sie Sperrzähne, in die ein Schöpfer K eingreift und wie beim Rechenschlagwerk die Scheibe Zahn für Zahn weiterbewegt.
(Siehe Schriften der ‹Freunde alter Uhren›, 1977 J. Wenzel und 1980 H. Branding.)

Der ‹Surrer›

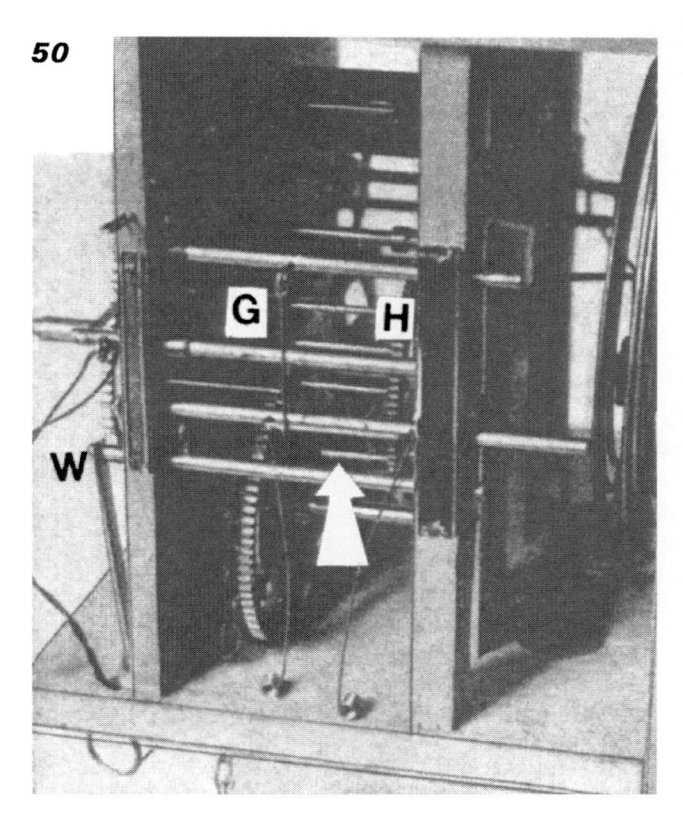

50

50) Die Abbildung zeigt den ‹Surrer›, der stets die richtige Zeit auch repetiert!
Wenn wir von der Seite in das Werk schauen, fällt uns an dem Hebstiftenrad H vor allem auf, dass ein Stift immer kürzer ist als der andere, und wir vermuten ganz richtig, dass die Uhr eben nur so viele Schläge tut, wie der Hammer – je nachdem, wie weit er in seiner Längsrichtung verschoben ist – noch erreichen kann. Dieses Verschieben geschieht durch den Hebel A, dessen Stellung durch die Schnecke S angegeben wird und die durch einen Stift des Viertelrohres stündlich weitergestellt wird.
Vorher aber muss die Uhr die Viertelstunden angeben! Das tut sie auf ähnliche Weise, denn auf der anderen Seite des Hebstiftenrades sind noch einmal vier verschieden lange Stifte für den kleineren Hammer angebracht. Da der Hammer unbedingt über der Tonfeder bleiben muss, ist noch ein besonderes Gestänge angeordnet, so dass nur der Antriebshebel, nicht aber der Hammer selbst verschoben wird. Das Gestänge des Stundenhammers ist auf der Seite des Werkes deutlich sichtbar bei G. Das Verschieben des Viertelhammers geschieht durch den Winkelhebel W, der seine Stellung durch die stufenförmige Schnecke auf dem Viertelrohr – unter dem Stundenrad gut sichtbar – begrenzt erhält.
Wird nun das Schlagwerk durch die Stifte auf dem Wechselrad über den Hebel B ausgelöst, so schlägt das Laufwerk erst die Viertelstunden, natürlich nur so viel Schläge, wie der Hammer in den Bereich der Stifte hineinragt. Ist es erst ein Viertel, dann schlägt die Uhr die übrigen drei Schläge ‹nur in Gedanken›! Mit dem gleichen Lauf des Werkes schliessen sich auf der anderen Seite des Hebstiftenrades die Vollschläge an. In gleicher Weise wie beim Viertelschlag werden die ‹überschüssigen› Schläge einfach ausgelassen, so dass das Werk bei jeder Auslösung immer die gleiche Laufdauer hat – nämlich für die höchste Schlagzahl: 12 Uhr. Hat die Uhr ihre Aufgabe erledigt, dann läuft das Laufwerk die restliche Zeit leer als ‹Surrer›.

Wiener Rechenschlagwerk

51) **Der Rechen-Transport** erfolgt durch den ‹Schöpfer› K als ‹Einzahn-Trieb›, wobei jeder Zahn einem ‹Hammerschlag› entspricht. Der Einfallhebel J – der ein Zurückfallen des Rechens verhindert – gleitet auf

den schrägen Rückenflächen der Zähne empor und fällt mit Geräusch in die nächste Zahnlücke. – Wenn der wirksame Teil des ‹Schöpfers› länger ist als nötig, wird der Rechen L etwas zu weit geführt und fällt mit nochmaligem ‹Klick› zurück an den Einfallhebel.

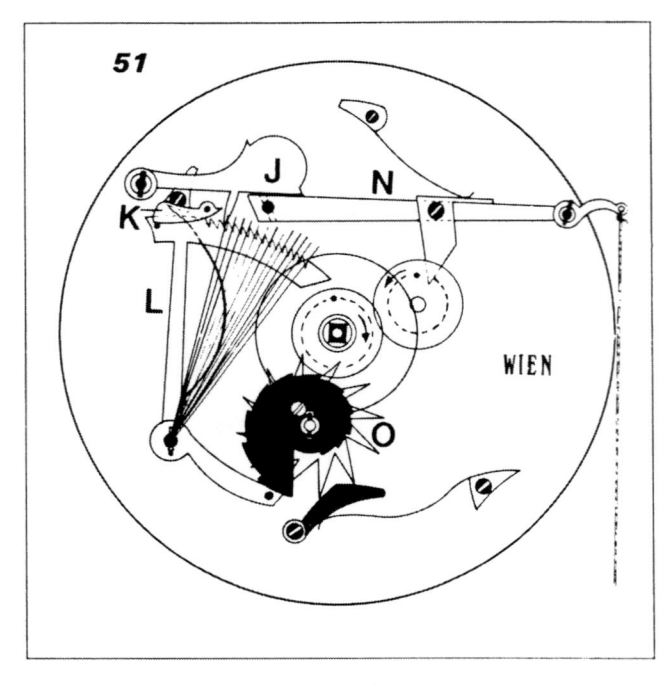

Wiener Rechenschlagwerk mit nur stündlicher Auslösung: Die ‹Kadratur› unter dem Zifferblatt (Kadratur von lat. ‹cadere› = fallen).

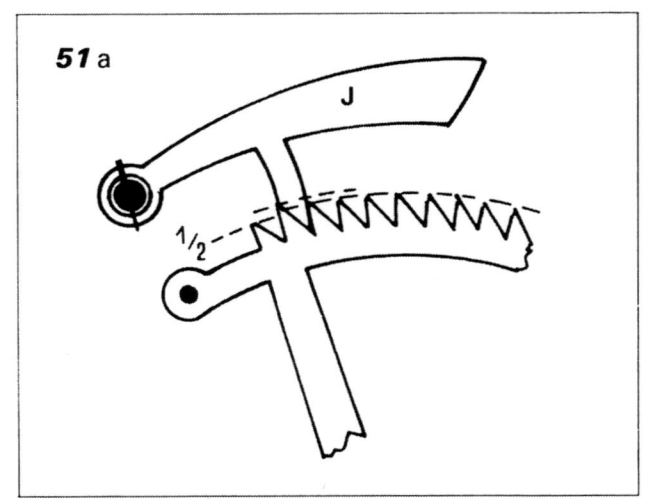

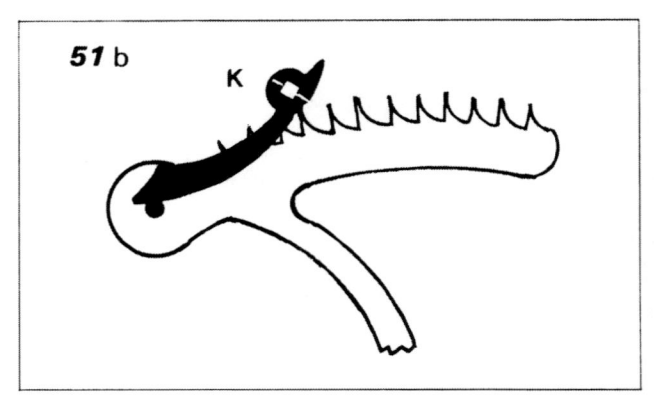

Rechen-Transport, Übersicht

51a) Der Anfang der Rechen-Verzahnung ist nicht immer gleich; vor allem bei älteren Uhren ist auch der erste Zahn ebenso hoch wie die übrigen. Beim ‹Halbschlag› wird durch den Auslöse-Stift des Minutenrohres (oder Wechselrades), der näher zum Mittelpunkt steht, nur so weit ausgelöst, dass der Einfallhebel zwar das Schlagwerk freigibt zur ‹Warnung›, beim Schlagen jedoch transportiert der Schöpfer den ersten Zahn nur ‹blind›, und nach dem Halbschlag fällt dieser erste Zahn wieder zurück an den Einfallhebel.
Bei späteren Konstruktionen ist der erste Rechenzahn oft kürzer als die übrigen, sodass gewissermassen eine doppelte Sicherheit besteht für den Halbschlag.
51b) Bei der klassischen Rechenkonstruktion wird der Lauf des Schlagwerkes durch Anlaufen des langen Schöpferarmes auf den Stift im Rechen beendet. Um die Belastung für die Achse des Schöpferrades geringer zu machen, sind neuere Schlagwerke derart konstruiert, dass der mit schwächerer Kraft anzuhaltende Anlaufstift das Schlagwerk stoppt.

52) Einfaches Haus- oder Standuhr-Werk mit Gewicht-Antrieb und Stabgong.
Der Transport des Rechens L erfolgt ‹lautlos›: der Einfallhebel J wird durch den Nocken des Schöpfers K beim Eingriff des Schöpfer-Stiftes ausgehoben und erst nach Beendigung des Transportes wieder eingesenkt.

53) Eine etwas aufwendig erscheinende Lösung für den lautlosen Rechen-Transport bedient sich eines Doppel-Rechens, wobei die flachere Teilung mit kleinerem Radius zur Sperrung dient, während der Transport wie üblich mit einem Stift-Schöpfer an der grossen Teilung erfolgt.

54) Ungewöhnlich ist die Bauart (von G.A. Krumm für die Fabrik Gustav Becker in Freiburg-Schlesien konstruiert) mit einem Doppelstift-Schöpfer, der keiner besonderen Sperrung bedarf, da stets einer der Stifte im Eingriff ist! Die nach aussen verlängerte Schlagwerk-Achse trägt den justierbaren Schöpfer, der zum Schlagen angehoben wird – er dreht in einem länglichen Loch der Platine. Ähnlich arbeitet der sichelförmig ausgefräste Schöpfer gleichfalls gleichzeitig als Transport-Organ und Sperrer.

93

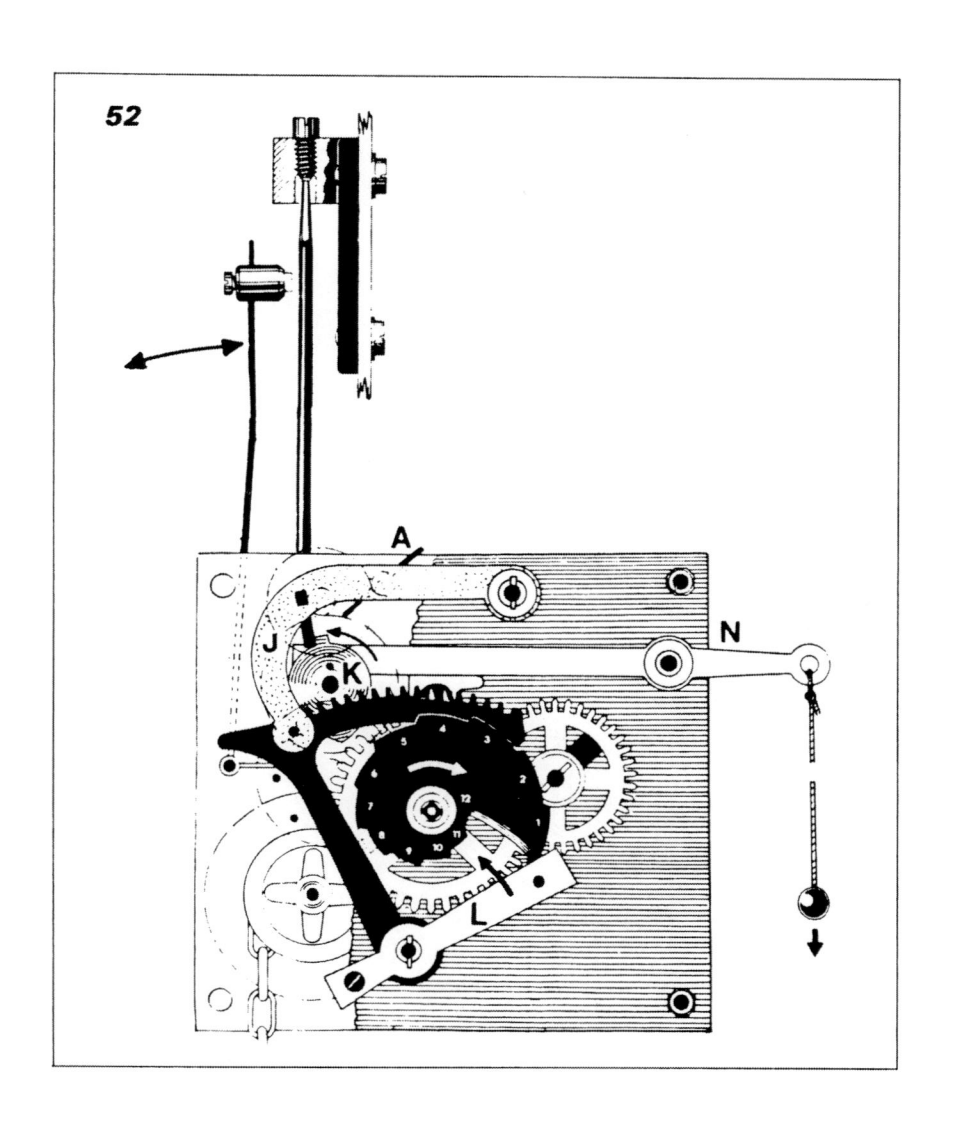

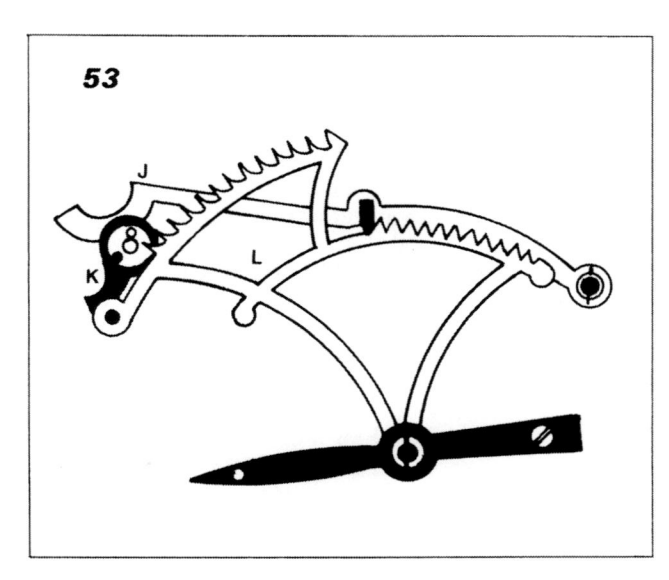

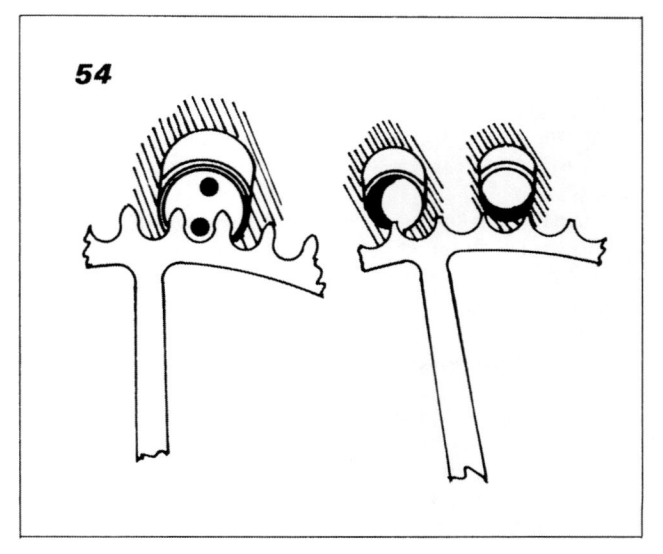

55) **Der ‹geräuschlose Rechen-Abfall›** ist relativ selten verwirklicht, obwohl doch der weite Weg des Rechens bei den höheren Stundenschlagzahlen einen sehr hörbaren ‹Knack› verursacht. Man hat am Rechen eine schiefe Ebene angebracht, die ihn beim langsamen Anheben der Schlagwerkhebel sanft nach unten gleiten liess.

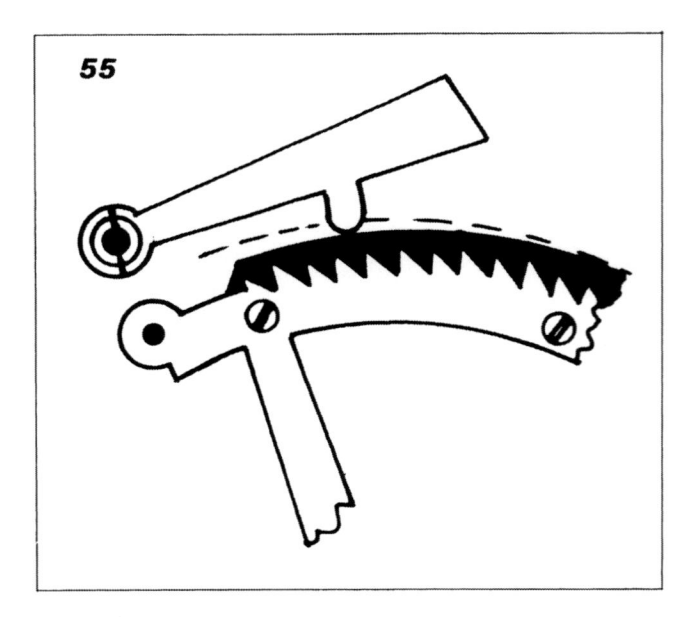

Besondere Rechenschlagwerk-Konstruktionen

56) **Der ‹lautlose Rechen-Abfall›** erfolgt in der Weise, dass der Stift S in der Viertel-Schlossscheibe V den Rechen L an seinem rückwärtig angelenkten Arm während des 4/4-Schlages langsam niedergleiten lässt.
Den ‹geräuschlosen Rechentransport› bewirkt der nierenförmige Schöpfer-Nocken K, der den Schöpfer-Stift trägt. Der Einfallhebel J wird während des Stift-Eingriffes aus dem Rechen ausgehoben und erst nach der Weiterbewegung um einen Zahn wieder eingesenkt.
Zur ‹automatischen Schlagfolge-Regelung› besitzt die Viertel-Schlossscheibe V eine tiefere Lücke nach dem 3/4-Schlag. Der Winkel auf dem Auslösehebel N fällt steiler ein und löst nur dann die richtige 4/4-Schlagfolge aus, wenn auch der längere Zacken des Auslöse-Sternes auf der Minutenradwelle höher auslöst.
57) **Rechenschlagwerke** sind besonders stark auch durch die ‹Pariser Pendulen› in der Welt vertreten. Ein kleiner Konstruktions-Unterschied besteht in der Form des ‹Schöpfers› K, der auf der Welle nur aussen als kleiner Finger ausgebildet ist, ohne den längeren Arm, der zum Anhalten des Laufwerks auf den Stift im Rechen aufläuft. Wenn hier der letzte Rechenzahn unter den Einfallhebel gelangt, fällt dieser etwas tiefer als es die Rechenzähne erlauben würden und damit wird der Stift im Schöpferrad aufgehalten; da dies an einem wesentlich längeren Hebelarm als beim Schöpfer selbst erfolgt, ist die Belastung der Welle kleiner. Der Rechen ist so günstig angeordnet, dass er durch sein Eigengewicht fällt und keiner Feder bedarf. Der Halbstundenschlag wird durch den Stift ausgelöst, der auf kleinerem Radius sitzt und das Schlagwerk nur eben auslöst, ohne jedoch den Rechen auf die Stundenstaffel fallen zu lassen. Der Rechen wird vom Schöpfer erfasst und transportiert, er fällt jedoch sofort wieder zurück an den Einfallhebel!
Beim Windfang A ist – wie beim Anker des Gehwerkes

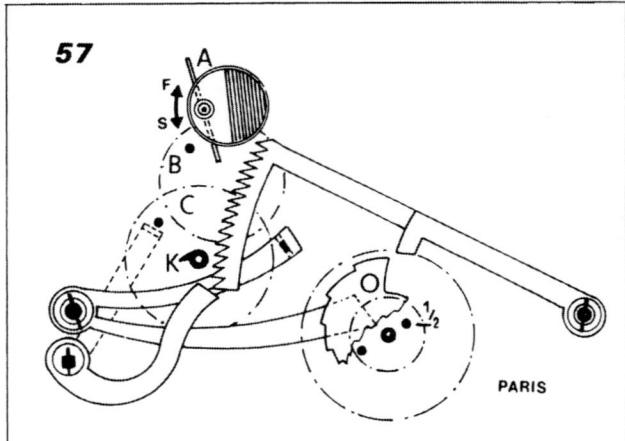

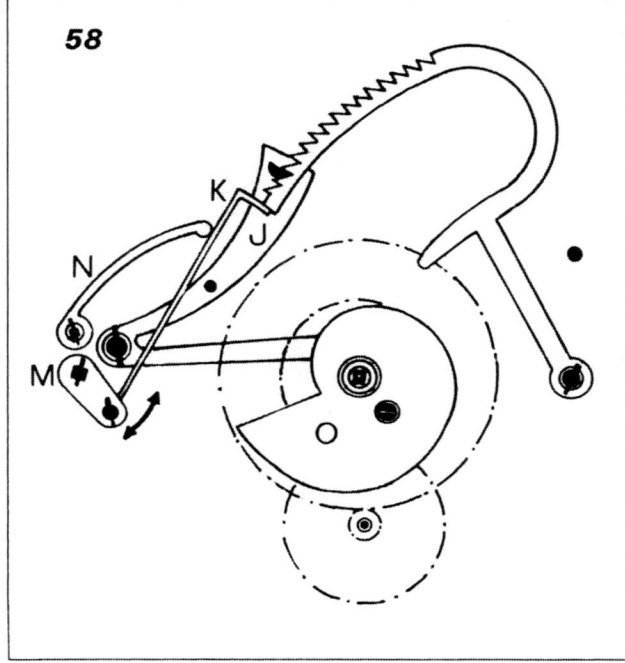

56

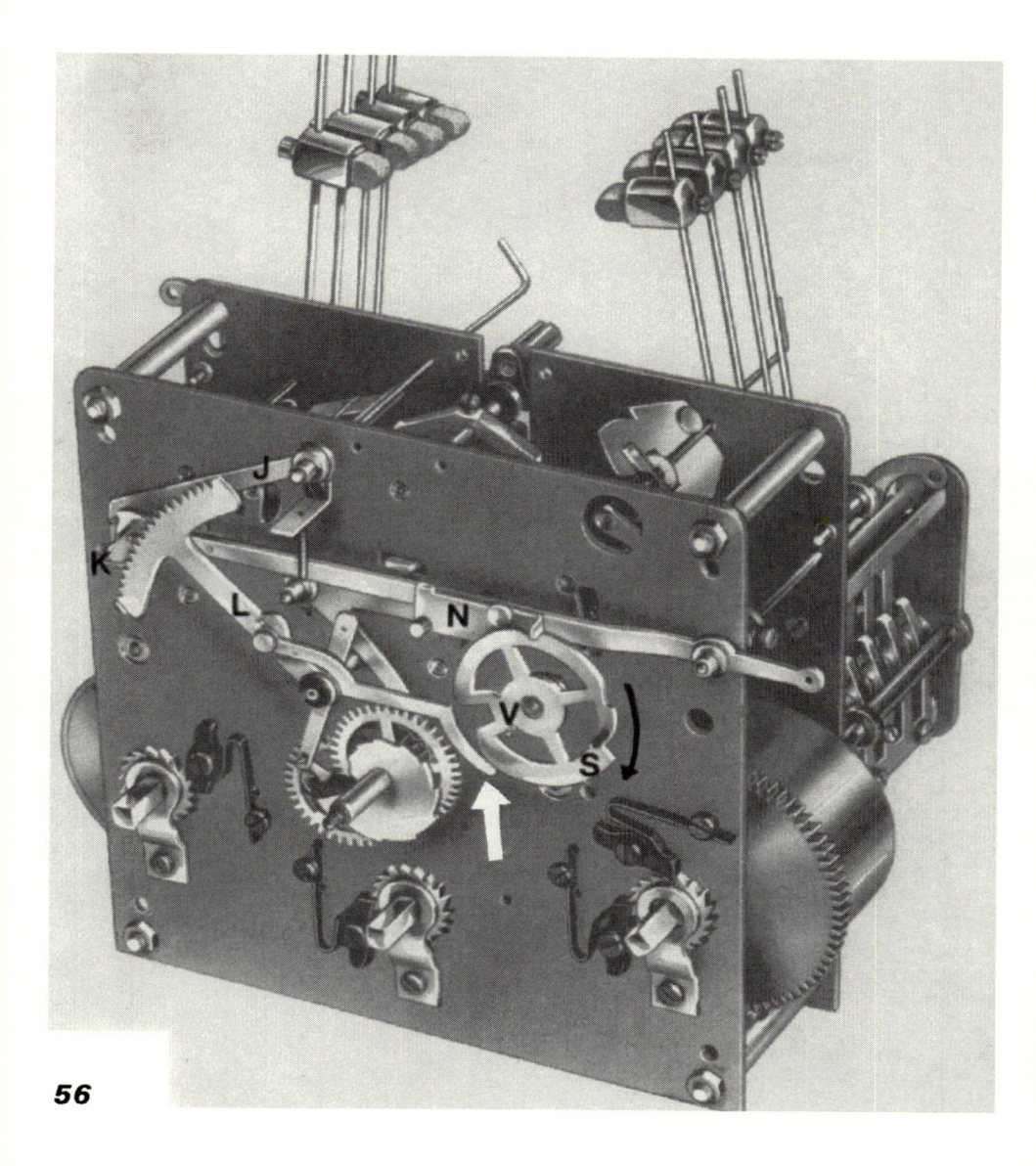

Lautloser Rechen-Abfall im 8-Tag-4/4-Westminster-Schlagwerk, 8 Stäbe, für Wanduhren.

– ein verstellbares Exzenter-Futter angebracht, mit dem durch Veränderung der Eingriffs-Entfernung die Geschwindigkeit des Ablaufes – in kleinen Grenzen – reguliert werden kann: stellt man den Eingriff tiefer, läuft das Werk langsamer, stellt man ihn flacher, schlägt die Uhr schneller.

58) Selten anzutreffen ist ein französisches Pendulen-Werk, das zwar auch mit Rechen arbeitet, doch wird der **Transport nicht durch einen Schöpfer**, sondern durch einen Hebel vorgenommen, der **vom Hammer M betätigt wird**. Auf dieser zarten Schaltklinke K liegt der Auslösehebel N auf, der am Ende des Rechen-Transportes vor den Rechen tiefer fällt und mit seinem Hebel im Werk das Schöpferrad an dessen Stift anhält. Die Auslösung erfolgt durch den Hebel von den Stiften im Minutenrohr; der Stift im Hebel J hebt die Schaltklinke und gibt dadurch den Rechen frei; hierbei wird auch der Auslösehebel N angehoben für die Freigabe des Schlagwerkes nach der Warnung.

Comtoise-Uhren

59) **Die ‹Comtoise›-Uhren** (Morbier) haben eine völlig abweichende Schlagwerk-Konstruktion. Diese Uhren zeichnen sich aus durch ein langes Pendel, das zwar leicht ist, aber durch seine reiche Verzierung auf der Pendelstange sehr gewichtig aussieht. Es schwingt unmittelbar hinter dem Zifferblatt; die seitliche Pendelgabel ist mit der Pendelstange in der Werkmitte durch einen Arm verbunden. Die Pendelstange ist für das Zeigerwerk in der Mitte entsprechend ausgespart. Die Gestelle sind in Skelett-Bauweise aus Eisen gefertigt und mit Messingrädern versehen.

Das Schlagwerk wird in Abständen von 2 Minuten bei ‹Voll› zweimal ausgelöst, wozu der Auslöse-Arm zwei Nasen besitzt. Dieser Arm schnellt bei ‹Halb› und ‹Voll› unter Federwirkung den Rechen-Sperrarm aus dem Rechen, der gleichzeitig den Sperrstift dem Schlagwerk-Rad freigibt (siehe Abb. S. 56 und 73). Bemerkenswert ist der geradlinige Rechen, der unter seinem eigenen Gewicht nach unten fällt. Da das Schlagwerk dann sofort – ohne vorherige Warnung – zu laufen beginnt, muss der Rechen in kürzester Zeit auch die tiefste Stufe bei ‹12› erreicht haben: die Rechenlagerung soll darum nie geölt werden! Nach Beendigung des Schlagens fällt der Sperrarm am Ende der Zahnung tiefer ein und sperrt das Schlagwerk am Stift.

Schlagwerk ohne Rechen oder Schlossscheibe

60) **Ein Schlagwerk ohne Rechen oder Schlossscheibe** ist selten anzutreffen, jedoch ist seine Konstruktion so originell und einfach, dass man es zunächst kaum versteht. Auch dieses Werk arbeitet ohne Anlauf oder Warnung. Der Auslöse-Arm A wird vom Minutenrohr-Stift wie üblich zur Seite gedreht. Dabei wird einmal die Stahlfeder B zu dem Doppelarm C gespannt und am Ende der Bewegung wird auch der Sperrarm D zurückgedrückt, so dass nunmehr der Doppelarm unter der Spannung der Feder auf die Stundenstaffel E schnellt. Das Schlagwerk beginnt sofort zu laufen. Der Doppelarm ist sanft zügig drehbar auf der Achse des Schlagwerk-Beisatzrades und dreht sich damit langsam in den Bereich des Sperrarmes, der nach Vollendung der vorbestimmten Schlagzahl abgefangen wird. Bei ‹Halb› fällt der Doppelarm gegen die hohe Stufe der Scheibe F des Minutenrohres, so dass nur ein Schlag erfolgen kann.

Stundenstaffel

61) **Die Stundenstaffel** sitzt in einfachster Weise meist fest auf dem Stundenrohr. In diesem Fall ist das Stundenrad so in das Wechselradtrieb einzusetzen, dass der Stift des Rechenarmes in die Mitte der Stufen fällt, was bei den kurzen Stufen mit kleinem Radius – also ‹10-11-12› – am besten zu kontrollieren ist.
Statt gestufter Staffelscheiben finden sich – besonders in Pariser Pendulen – Schneckenkurven als Steuerungs-Organ für den Stundenrechen. Da der Einfallhebel stets die genaue Stellung des Rechens bestimmt, ist eine etwaige geringe Ungenauigkeit unbedenklich, wie sie ja auch bei den gestuften Staffelscheiben vorkommen kann.
Die hohe Radial-Stufe zwischen 12 und 1 ist oft abgeschrägt, um ein Weiterdrehen der Zeiger über die ‹12› hinaus zu ermöglichen, falls der Rechenarm – ohne dass die Uhr geschlagen hatte – auf der Stufe 12 liegengeblieben war. Der Stift des Rechenarmes für das Abtasten der Staffelstufen ist in alten, guten Uhren in eine längere Feder eingenietet und so abgeschrägt, dass er auf die Schräge der Stundenstaffel aufgleitet (siehe IV, Abb. 53). In moderneren Uhren ist dieser Rechenarm selbst federnd ausgebildet, um ausweichen zu können.

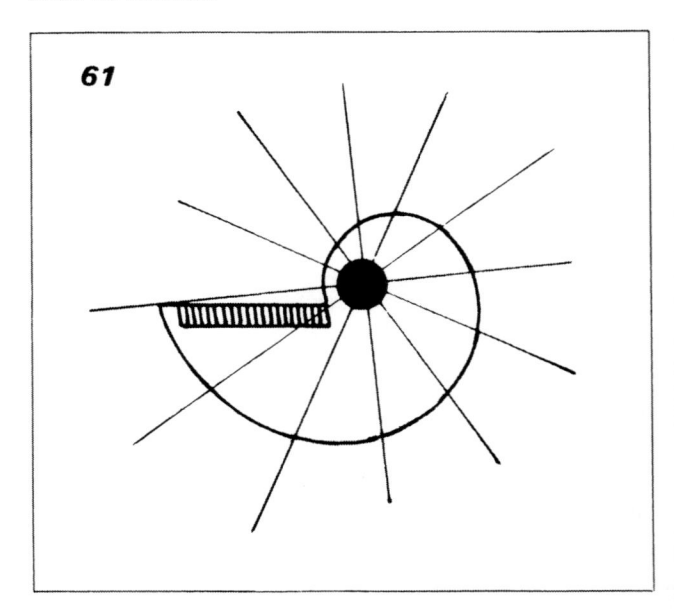

62) **Falls die Stundenstaffel auf einem besonderen Schaltstern sitzt** wie in den meisten alten Uhren, wird sie von einem Stift im Minutenrohr oder im Wechselrad stündlich weitergeschaltet. Sowohl zur Sicherung

der jeweiligen Stellung der Staffel als auch zum schnelleren Schalten wird der 12-zahnige Stern durch Federn oder Klinken gehalten, deren Enden als winklige schiefe Ebenen ausgebildet sind, deren zweite Hälfte den Schaltstern springen lässt. Diese Gleitflächen sind also unbedingt etwas zu ölen. Anders ist es, wenn die Sicherung durch eine Rolle erfolgt, die in gleicher Weise arbeitet.

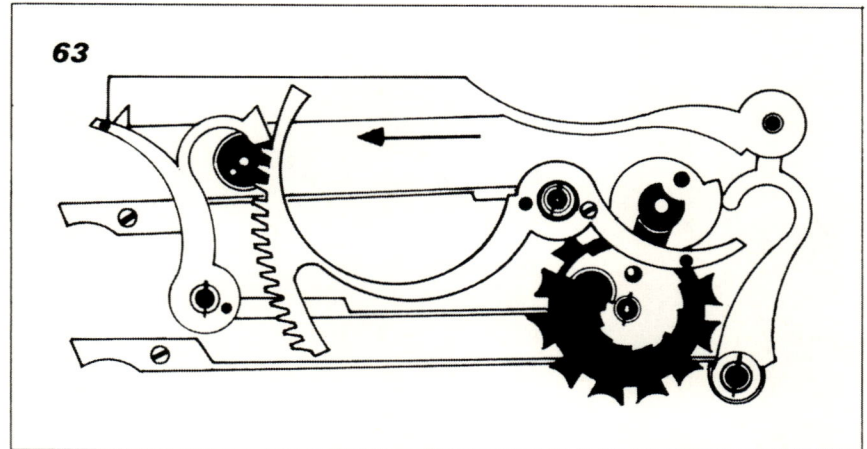

62

63

63) **Dass die Stundenstaffel durch einen ‹Malteser-Eingriff› transportiert und gleichzeitig gesichert wird, ist sehr selten.** Die Auslösung erfolgt durch die Schnecken-Stufe auf dem Minutenrohr, wo auch der Stift angeordnet ist für die Schaltung der Staffel.
Die Schlagwerk-Auslösung erfolgt ‹ohne Warnung› (Anlauf) und zwar wie bei den ‹Comtoise›-Uhren mit Wiederholung nach 2 Minuten. Die graziöse Formgebung der Kadraturteile macht das Werk zu einem Kabinettstück besonderer Art!

Dreiviertel-Schlagwerke

64) **3/4-Schlagwerke mit nur einem Laufwerk** schlagen die Viertel mit dem Doppelschlag ‹Bim-Bam›, während die vollen Stunden mit einzelnen Schlägen angezeigt werden. Die Steuerung der Anzahl der Schläge erfolgt durch die **gleiche Stundenstaffel**, bei der allerdings für die zwei und drei Viertelschläge die hohen Stufen der Stundenschläge ‹Eins› und

‹Zwei› eingeschnitten sein müssen für den tieferen Abfall des Rechens.

So wie bei manchen Uhren der Halbschlag dadurch gesteuert wird, dass der Rechen nur für einen Zahn – oder nur ‹blind› – freigegeben wird, erfolgt hier durch die vier in verschiedenem Abstand im Minutenrohr angeordneten Auslösestifte auch ein verschieden hoher Anhub des Einfallhebels. Dadurch werden nur die ebenfalls veschieden hohen ersten drei Rechenzähne freigegeben.

65) Die **Ausschaltung des zweiten Hammers**, der beim Stundenschlag nicht benötigt wird, erfolgt hier durch einen Stift im Wechselrad, durch den der Hebel M ausgelenkt wird, um den Hammer abzufangen, bevor er den Klangkörper trifft.

66) In Uhren dieser Art ist eine **Viertel-Staffel auf der Minutenwelle** angebracht, die das vierte Viertel der vollen Stunde freilässt für den tieferen Abfall des Rechens. Auch hier ist die Stundenstaffel bei ‹Eins› und ‹Zwei› entsprechend tief eingeschnitten bis zur Stufe ‹Drei›.

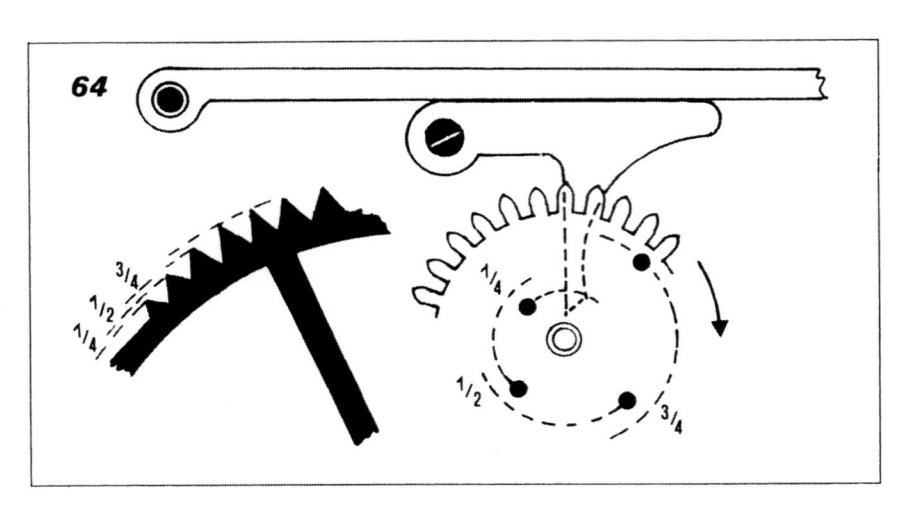

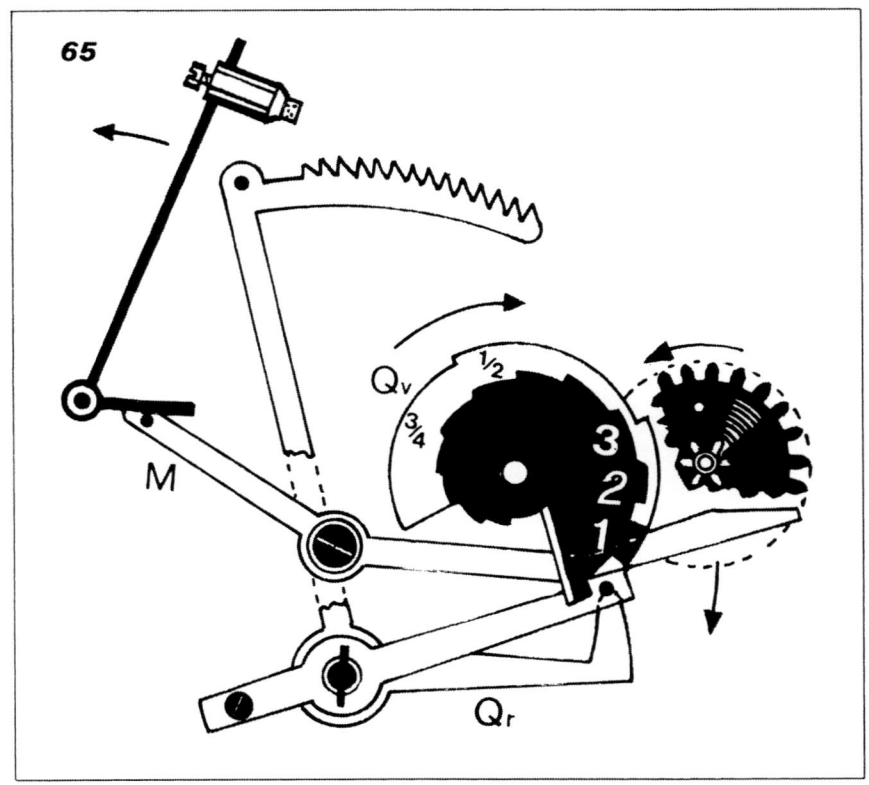

66

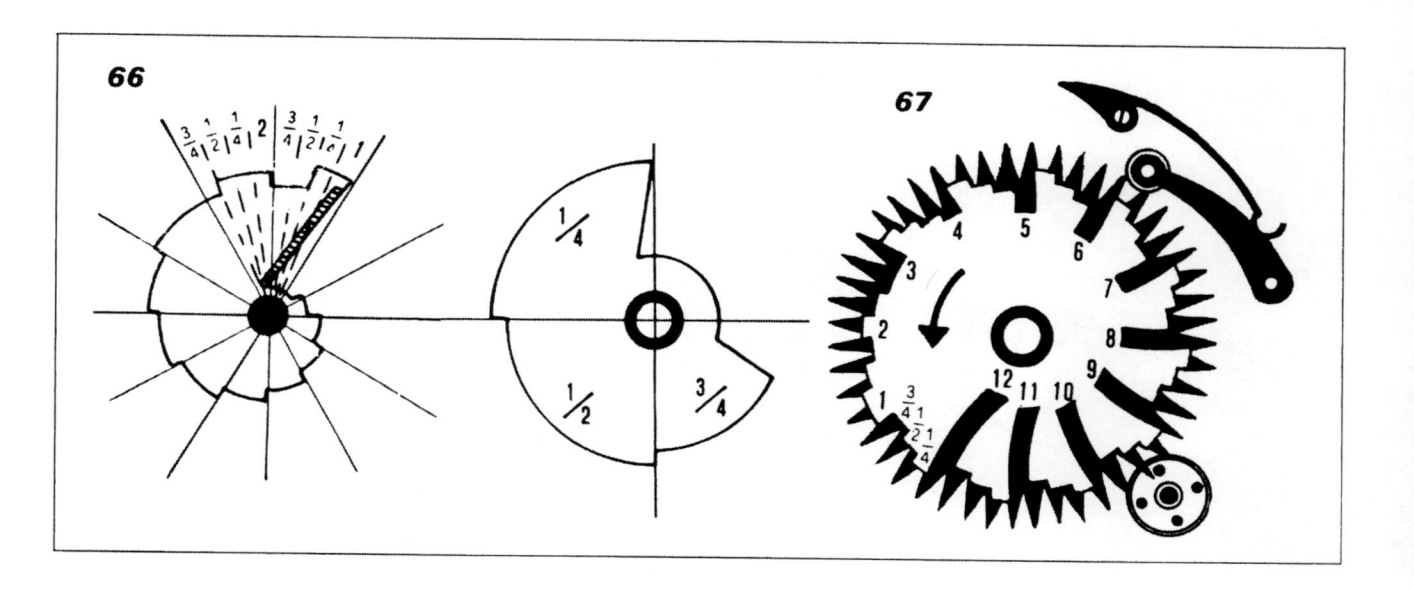

67

67) **Wenn bei einem 3/4 Schlagwerk** – also mit nur einem Laufwerk – die Steuerung aller Viertelschläge direkt durch eine einzige Stundenstaffel erfolgt, muss sie für jede Stunde auch die entsprechenden Viertelstufen aufweisen und somit auch alle Viertelstunden weitergeschaltet werden. Hierzu dient eine kleine Scheibe mit vier Stiften, die sich also in einer Stunde einmal dreht. Der Schaltstern muss demnach $4 \times 12 = 48$ Zähne besitzen!

Konstruktion von Stundenstaffel und Rechen

68) Beide Teile stehen insofern in einem engen Zusammenhang, als die Staffelstufen und die Rechenzähne durch den gleichen Winkel bestimmt werden. Die Rechenzähne weisen natürlich eine grössere Teilung auf, da sie sich an dem längeren Hebelarm befinden. Diese Teilung hängt vom Hub des Schöpfers ab, der jedoch nur etwa zur Hälfte ausgenutzt wird; es entspricht also die Teilung höchstens dem Schöpfer-Radius. Da der den Rechen sperrende Einfallhebel stets einige Zähne entfernt vom Schöpfer eingreift, besitzt der Rechen entsprechend mehr Zähne als nur ‹12›, meist 14 bis 15.

Theoretisch sollte der Arm, der die Stundenstaffel abtastet, gleich der Entfernung Rechendrehpunkt-Staffeldrehpunkt sein, was jedoch nicht immer der Fall ist. Dieser Arm kann natürlich jeden beliebigen Winkel einnehmen zum Rechen; bei schweren Rechen ist es oft nötig, die Stellung der beiden Hebel gegeneinander durch einen eingebohrten Stift in der Nietung zwischen Butzen und Rechen zu sichern.

Nach den vom Werk abgenommenen Massen der Achs-Entfernungen lässt sich eine Zeichnung im vergrösserten Massstab herstellen, aus der sich gesuchte Werte abnehmen lassen. Falls zu einem vorhandenen Rechen die Stundenstaffel zu konstruieren ist, muss zunächst bestimmt werden, wieviel Grade 12 Zähne des Rechens umfassen. Bequem geht es, den Rechen auf ein Blatt Papier zu legen und Drehpunkt, Zahnkreis und den ersten und zwölften Zahn abzuzeichnen, wonach die Sehne ausgemessen werden kann, oder direkt der Winkel bestimmt wird. Mit der Division ‹Gradzahl : 12› ist auszurechnen, wieviel Grad auf einen Zahn entfallen. Ferner ist hiermit auch die zu verwendende Teilscheibe zu bestimmen, nämlich

$$\frac{360° \cdot 12}{\text{Grad für 12 Zähne}} \; ; \; \text{hier:} \; \frac{360 \cdot 12}{36} = 120$$

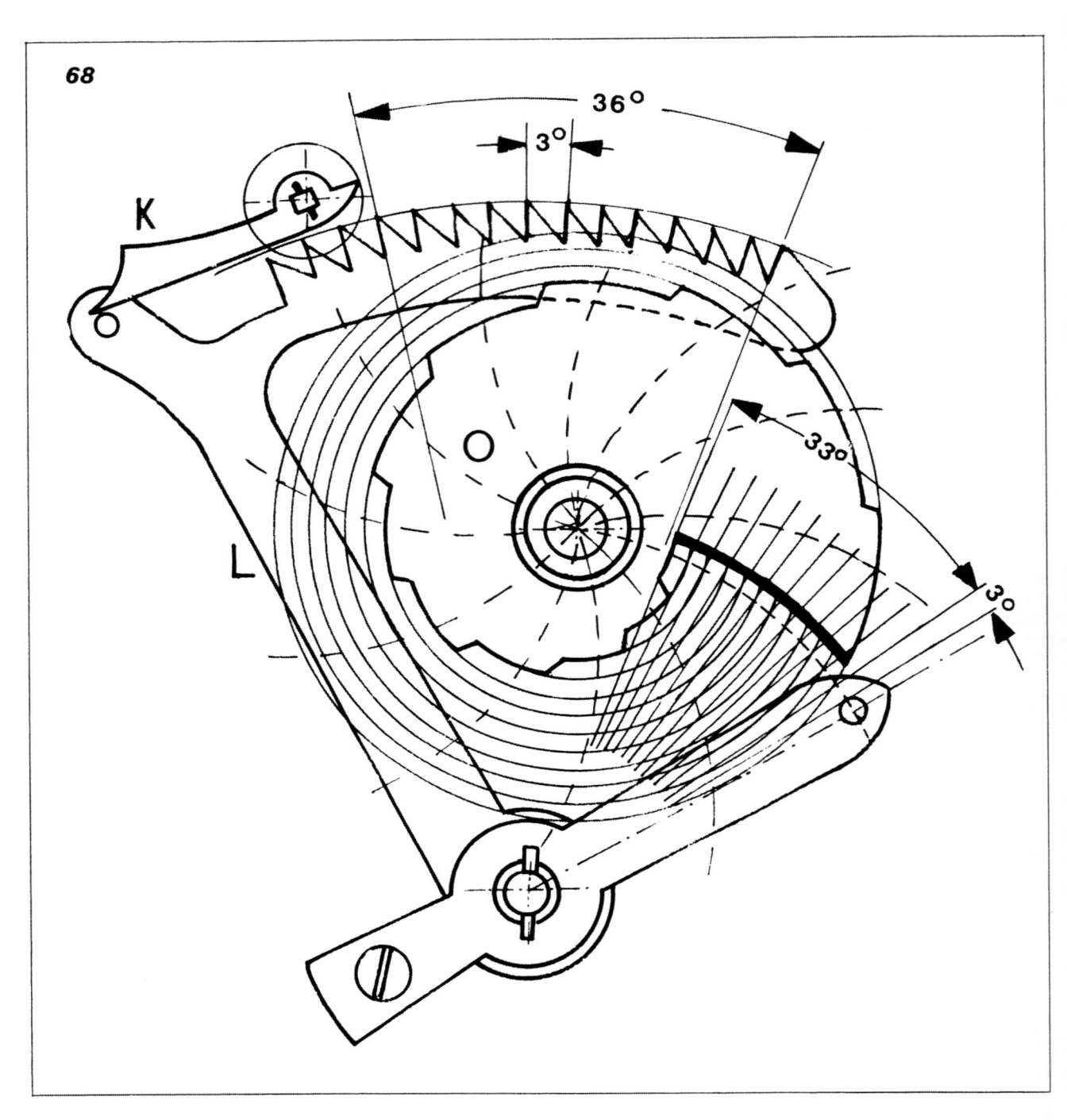

Für die Konstruktions-Zeichnung – etwa Massstab 2 : 1 – wird zunächst der Winkel für die 12 Rechenzähne – hier 36° – angetragen und in 12 Teile geteilt, wonach die Rechenzähne gezeichnet und eventuell auch der Rechen fertig gezeichnet wird, was allerdings für die Arbeit nicht nötig ist. Der aus dem Werk gegebene Drehpunkt der Staffel wird eingezeichnet und der Durchmesser der kleinsten Staffelstufe ‹12› entsprechend der Nabe angegeben. (Auf einfachste Weise kann der äussere Durchmesser der ‹1 Uhr-Stufe› bestimmt werden, indem man das Schlagwerk ‹12› schlagen lässt und den Hub des Rechens nachmisst, den der Weg des Tast-Armes beschreibt.) Auf der Zeichnung werden nur für 11 Zähne die Stufen konstruiert und für jeden Zahn der Winkel angetragen oder der Hub der 11 Zähne in 11 Teile geteilt. Der einzelne Schlag für ‹Halb› und für ‹Voll 1 Uhr› erfolgt ausserhalb der Stundenstaffel!

69

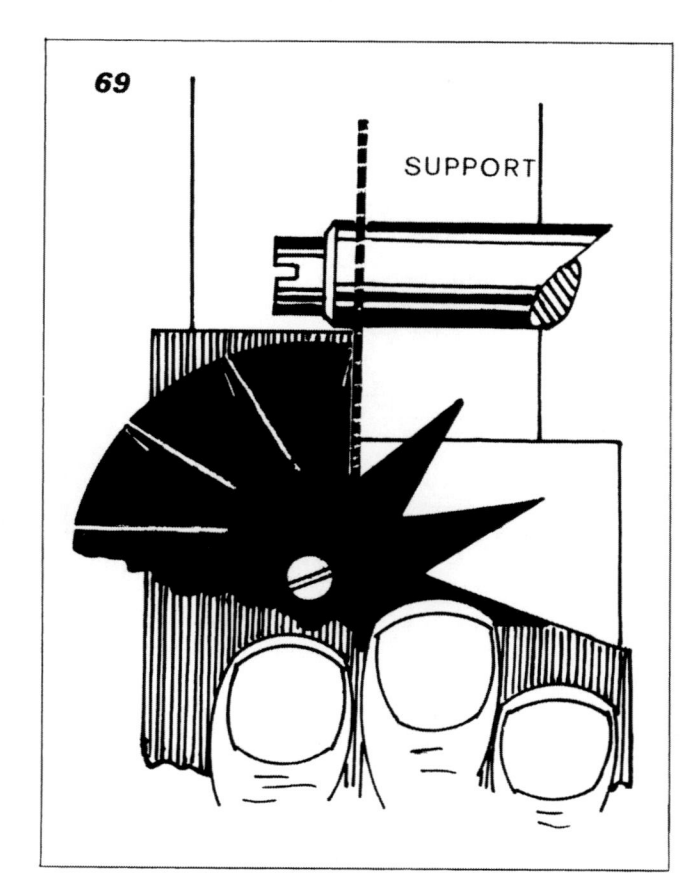

SUPPORT

70

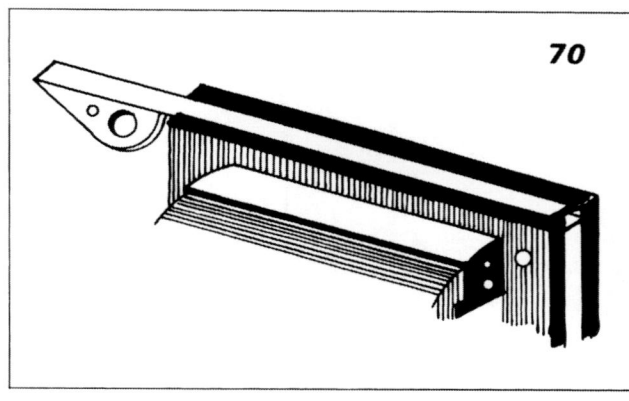

Zwei Tips von Meister Reinhard (Sarnen, Schweiz):
69) **Zum Aussägen des 12er Sternes für eine Stundenstaffel** ist eine Messing-Unterlage praktisch, auf der die runde Scheibe um einen Zapfen gedreht werden kann; sie wird auf dem Supportschlitten mit dem Stichelhalter festgespannt, sodass der Vorschub an die Kreissäge mit der Supportspindel erfolgen kann. Auf der Scheibe sind die 12 Teile vorgezeichnet und die Scheibe wird mit den Fingern festgehalten. Zuerst werden alle 12 Flanken der einen Seite gesägt; danach wird die Scheibe ganz einfach umgeklappt und alle Flanken der Gegenseite – die ja den gleichen Winkel haben – werden gesägt. – Obwohl das Aussägen der Flanken an der Kreissäge auch ohne die Schablone möglich wäre, sichert doch die Drehung um den Zapfen die stets gleiche Richtung des Sägeschnittes.

70) **Für das Ausfeilen einer dünnen Blattfeder** – wie sie etwa als Sperrfeder gebraucht wird oder in längerer Ausführung für den Rechen oder einen anderen Hebel – empfiehlt sich eine Unterlage mit einer passend langen und breiten Nut, in der die Blattfeder sicher gelagert werden kann und nicht wegrutscht.

Die Nut kann natürlich bei entsprechender Werkzeug-Ausrüstung in der Drehbank gefräst werden, doch lässt sich eine solche Unterlage auch mit drei Messingplatten herstellen, von denen die mittlere der Federbreite entspricht; mit einigen Stiften sind die Platten schnell verbunden.

Die hintere Gegenplatte kann auch aus Holz und etwas dicker sein.

Da solche Federn meist aus viel breiterem Bandstahl hergestellt werden, sei erwähnt, dass sie mühelos auf die ungefähre Breite mit einem Meissel abgestemmt werden können, wobei das Stahlband in etwa gewünschter Breite in den Schraubstock gespannt ist und der Meissel über den Schraubstockbacken geführt wird.

Schlagwerk-Melodien

71) **Die Melodie-Schlagwerke** schlagen zu jeder Viertelstunde. Die Melodien sind so komponiert, dass die Tonfolge innerhalb einer Stunde zweimal abläuft. So ist es bei den bekanntesten Melodien ‹Westminster› und der doppelt so umfangreichen Tonfolge ‹Whittington›. Letztere ist zum Gedenken an den berühmten Lord-Mayor von London so benannt. Der Text dafür lautet etwa: ‹Dick Whittington, viermal Lord-Mayor of London-Town› (zwischen 1396 und 1419). Die Westminster-Melodie stammt von Georg Friedrich Händel (1685-1759).

72) **Alte englische Glocken-Geläute** (Chimes) scheinen keine Melodie im üblichen Sinne zu besitzen, sie sind für den Kenner aber erkenntlich als mathematische Kombinationen der Töne. Diese ausserordentlich kunstvollen und verwickelten Glockenspiele haben ihre Namen und bilden den Stolz der Kirche. Mit Handglocken wird ein solches Spiel eingeübt, bevor an den Glocken des Turmes die Vorführung erfolgt. Sie heissen u.a. ‹Grandsire Triples›, ‹Kent Treble Bob›, ‹Stedman›.

40 000 Briten frönen in über 160 Clubs einem urbritischen Sport: Bell Ringing (Glockenläuten), und ‹spielen› uralte Partituren – den Grandsire Doubles, Plain Bob, Cambridge Surprise, Stedman Doubles.

Der ‹Grandsire Doubles› und der ‹Stedman Doubles› verlaufen nach folgendem Schema:

```
Grandsire                Stedman
Doubles                  Doubles

1 2 3 4 5 6              1 2 3 4 5 6
2 1 3 5 4 6              2 1 3 5 4 6
2 3 1 4 5 6              2 3 1 4 5 6
3 2 4 1 5 6              3 2 4 1 5 6
3 4 2 5 1 6              2 3 4 5 1 6
4 3 5 2 1 6              2 4 3 1 5 6
4 5 3 1 2 6              4 2 3 5 1 6
5 4 1 3 2 6              4 3 2 1 5 6
5 1 4 2 3 6              3 4 2 5 1 6
1 5 2 4 3 6              4 3 5 2 1 6
1 2 5 3 4 6              4 5 3 1 2 6
2 1 5 4 3 6              5 4 3 2 1 6
2 5 1 3 4 6              5 3 4 1 2 6
5 2 3 1 4 6              3 5 4 2 1 6
5 3 2 4 1 6              3 4 5 1 2 6
3 5 4 2 1 6              4 3 1 5 2 6
3 4 5 1 2 6              3 4 1 2 5 6
4 3 1 5 2 6              3 1 4 2 5 6
4 1 3 2 5 6              1 3 4 2 5 6
1 4 2 3 5 6              1 4 3 5 2 6
1 2 4 5 3 6              4 1 3 2 5 6
2 1 4 3 5 6              1 4 2 3 5 6
2 4 1 5 3 6              1 2 4 5 3 6
4 2 5 1 3 6              2 1 4 3 5 6
4 5 2 3 1 6              2 4 1 5 3 6
5 4 3 2 1 6              4 2 1 3 5 6
5 3 4 1 2 6              4 1 2 5 3 6
3 5 1 4 2 6              1 4 5 2 3 6
3 1 5 2 4 6              4 1 5 3 2 6
1 3 2 5 4 6              4 5 1 2 3 6
usw.                     usw.
```

Französische Melodien heissen ‹Les Cloches comtoises› und ‹Cloches du Jura› (siehe ‹Pendulerie› von J.-C. Nicolet).

73) **Die Betätigung der Hämmer** erfolgt fast immer durch eine vom Schlagwerk angetriebene Stiftwalze, die in einer Stunde zwei Umdrehungen ausführt. Beim Einstellen des Schlagwerkes ist zu beachten, dass die richtige Tonfolge zur richtigen Viertelstunde ertönt: bei ‹Westminster› erklingt auf 1/4 als einziger Takt die absteigende Notenfolge. Zur halben Stunde werden die folgenden beiden Takte gespielt und auf 3/4 sind es drei Takte. Zur vollen Stunde erklingen vier Takte vor dem Stundenschlag.

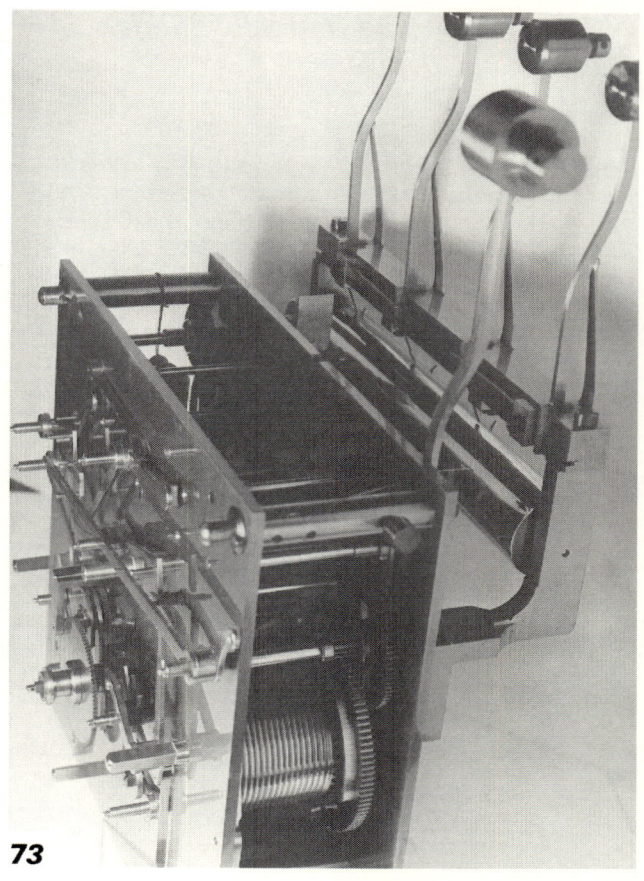

73

74) **4/4 Westminster Standuhrwerk mit Kettenaufzug.** Lautloser Rechen-Transport durch Zahntriebe. Auf einer durch die Platine herausragenden Welle sitzt fest ein Trieb gleicher Grösse wie das Trieb auf dem Hebel, der bei der Auslösung den Rechen freigibt für den Fall an die Staffel.

74

Westminsterwerke mit selbsttätiger Regelung

75) Die selbsttätige Schlagregelung bei Westminster-Schlagwerken basiert meist auf dem Zusammenwirken der Auslösestifte im Minutenrohr und der Viertel-Schlossscheibe: diese Schlossscheibe mit der hohen Stufe vor Voll-Auslösung gibt das Schlagwerk nur dann frei, wenn der am weitesten aussen sitzende Vier-Viertel-Stift des Minutenrohres die Auslösehebel weit genug anhebt.

75a) Interessant und abweichend ist diese Konstruktion, die mit einer etwas komplizierteren Kadratur das Anlaufrad B freigibt und anhält. In der I. Zeichnung ist der Ruhezustand dargestellt. Der lange Auslösehebel I hebt auch den oberen Hebel mit dem Einfallhebel K an, der unter Einwirkung der Wendelfeder durch den Stift I im Vorfall V nach oben gehoben wird. Der Anlaufstift 3 wird durch den Hebel I nach der ‹Warnung› angehalten, bis der Stift im Minutenrohr zur Viertel- oder vollen Stunde das Schlagwerk freigibt.

Während des Viertel-Laufes schleift der Vorfall V auf der Schlossscheibe, bis er in eine Lücke einfällt, deren Wandung ihn nach rechts drückt, so dass der Einfallhebel K den Anlaufstift 3 abfangen kann zum Stillstand des Schlagwerkes.

Die II. Zeichnung zeigt die Stellung der Kadratur nach der Anlauf-Warnung.

75b) **Eine einfache Lösung, die richtige Schlagfolge zu sichern,** besteht in einer zweiten Nockenscheibe W hinter der Viertel-Schlossscheibe. Sie besitzt nur eine einzige Vertiefung, in die der Auslösehebel K eingreift. Wenn normalerweise auch der obere Hebel in der Lücke vor dem Vier-Viertel-Kamm liegt, kann der längere Auslösearm des Minutenrohres das Schlagwerk auslösen. Andernfalls wartet die Uhr so lange, bis die kürzeren Arme vorbei sind – ohne jede Auslösung – und nun erst erfolgt die Vier-Viertel-Melodie, der dann die Stundenschläge wie üblich folgen.

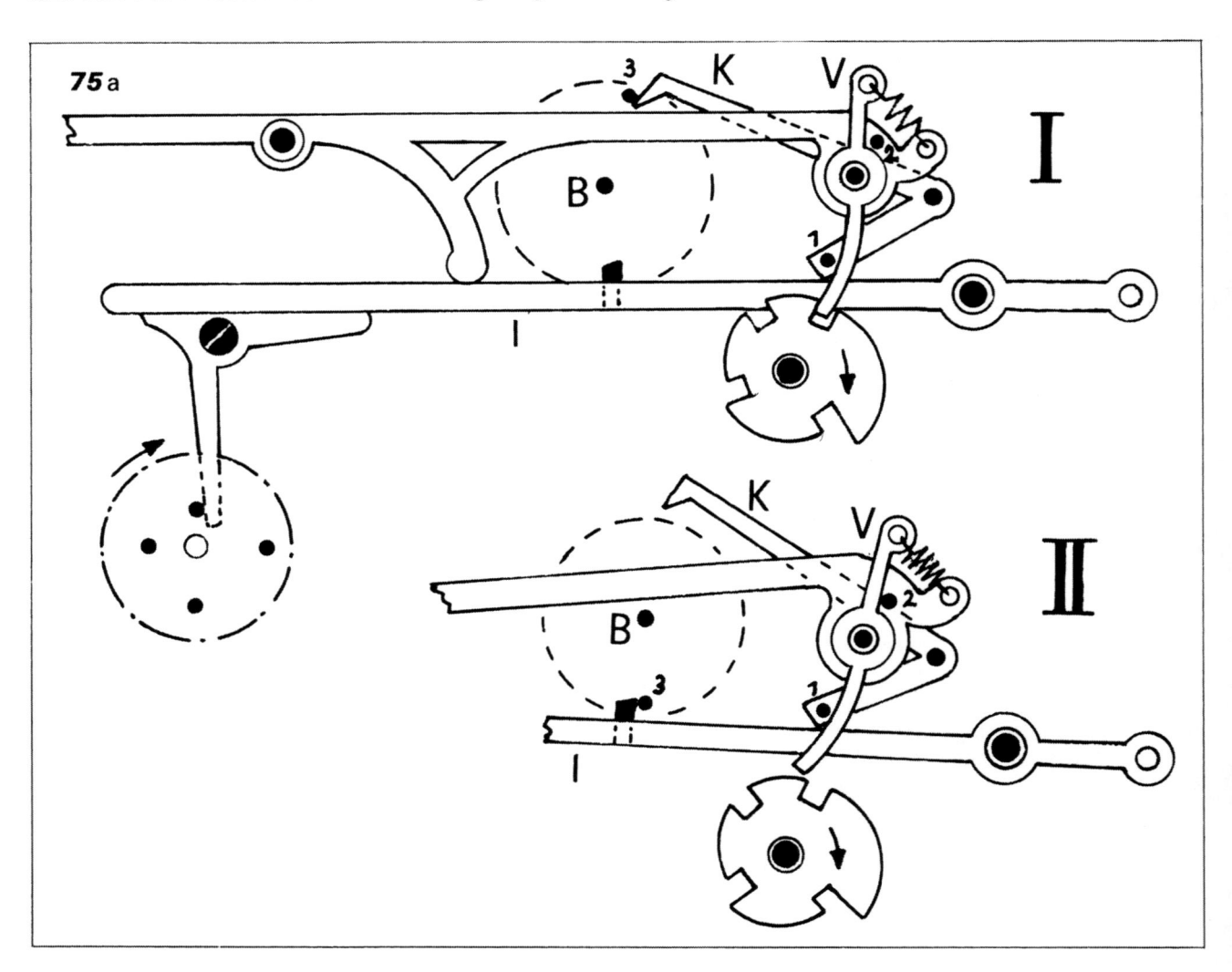

75 b

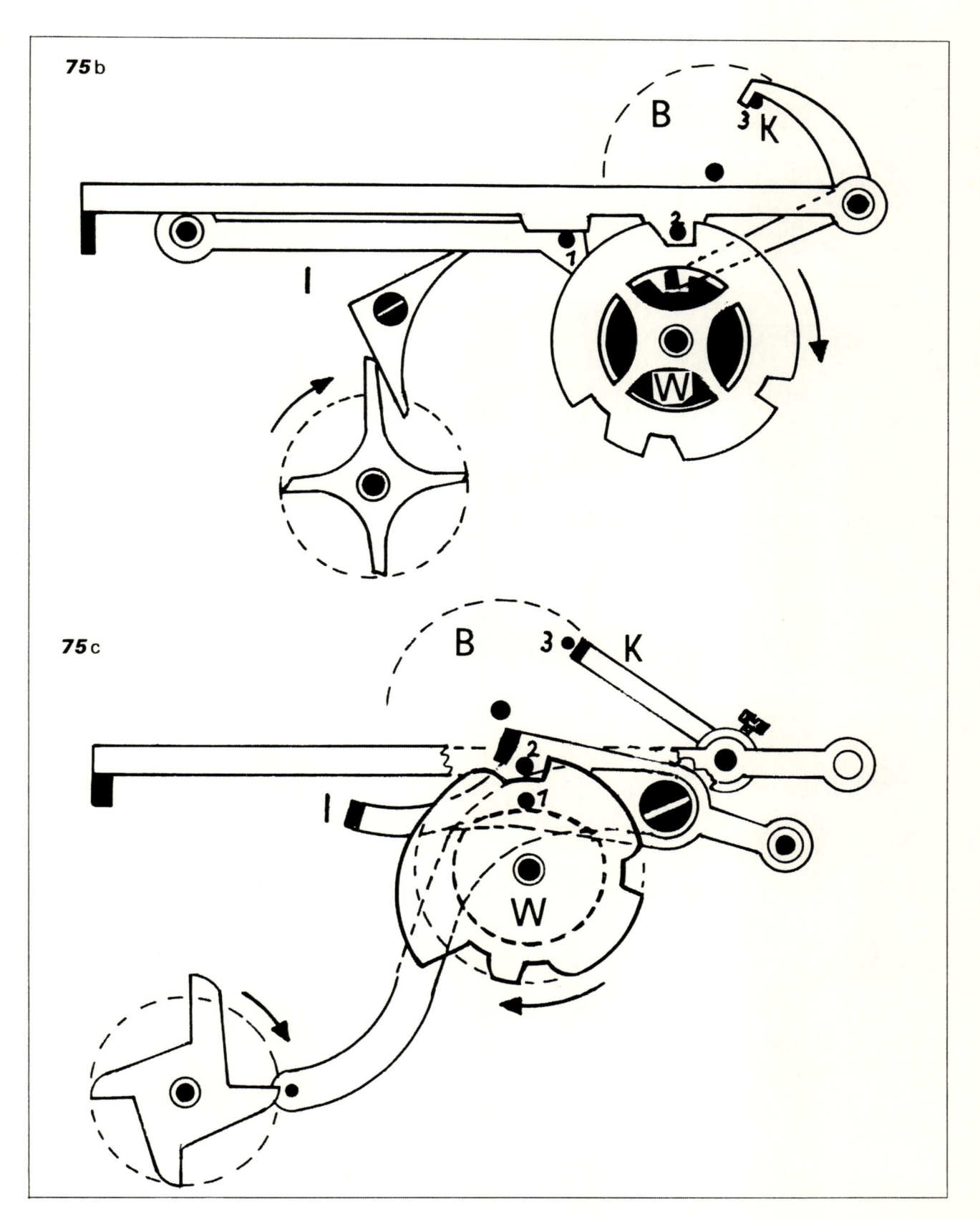

75 c

105

75c) Ebenfalls auf dem vierten, längeren Auslösearm des Minutenrohres beruht die Konstruktion, bei der der Auslösungshebel I von der Nockenscheibe W aus dem Bereich der kurzen Viertelarme herausgenommen wird. Diese Scheibe sitzt auf der gleichen Achse wie die Viertel-Schlossscheibe und hebt und senkt am Stift 1 des Hebels den langen Auslösearm. Stift 2 wird von der Schlossscheibe in üblicher Weise gesteuert für die Auslösung des Viertelschlagwerkes, mit der auch der Hebel K den Stift 3 freigibt und anhält. Hebel K ist auf der Achse mittels Schraube regulierbar und sitzt zwischen den Platinen, also nicht unmittelbar sichtbar, wie auch die Funktion der Nockenscheibe und der Hebel hinter der Schlossscheibe zum Teil nicht zu sehen sind.

Stilarten von Pendulen

Sammlung des Musée international d'horlogerie, La Chaux-de-Fonds/Schweiz.

LOUIS XIV
(1643-1715) Barock

LOUIS XV
(1715-1774) Rokoko

LOUIS XVI
(1774-1799)

DIRECTOIRE
(1790-1800)

EMPIRE
(1800-1820)

BIEDERMEIER
(1820-1850)

Grande sonnerie

Im ‹Dictionnaire professionnel illustré de l'Horlogerie›, von G.-A. Berner (Französisch, Deutsch, Englisch, Spanisch) ist auf Seite 610, Nr. 2762 folgende Definition von:

‹**Non Sonne**›: In Neuenburger Pendulen ist von aussen ein ‹Non Sonne› genannter Hebel verstellbar, der drei Stellungen einnehmen kann:

Silence (Stillstand): der Hebel hält die ‹Peitsche› zurück, so dass das Schlagwerk nicht betätigt wird.

Petite sonnerie (Kleines Geläute): die Uhr schlägt die Stunden und die Viertelstunden, ohne jedoch die Stunde bei jeder Viertelstunde zu wiederholen.

Grande sonnerie (Grosses Geläute): die Uhr schlägt die Stunden, die Viertelstunden und wiederholt die Stundenangabe jede Viertelstunde.

Der ‹Non Sonne›-Hebel wird bisweilen durch eine Schnur betätigt.

Pendulen mit 4/4 Schlagwerk

76) **Pendulen mit 4/4 Schlagwerk** besitzen getrennte Laufwerke für die Viertel- und für die Stundenschläge. Die Auslösung erfolgt nur durch die vier Stifte im Minutenrohr über das Viertel-Schlagwerk und zwar als ‹Moment-Auslösung› (Schnepper N) ohne Warnung oder Anlauf! Zur vollen Stunde erfolgen zuerst die Vier-Viertel und anschliessend werden die Stunden geschlagen. Da bei der Schnepper-Auslösung jedoch beide Rechen L abfallen – der Viertelrechen stösst mit seinem Ende gegen den Stunden-Einfallhebel J, der den Stundenrechen freigibt – darf das Stunden-Schlagwerk noch nicht laufen; deswegen hat ein Zwischenhebel Z den Stunden-Windfang blockiert, der erst freigegeben wird, wenn der Viertelrechen mit seinem Absatz am Ende diesen Hebel zurückzieht.

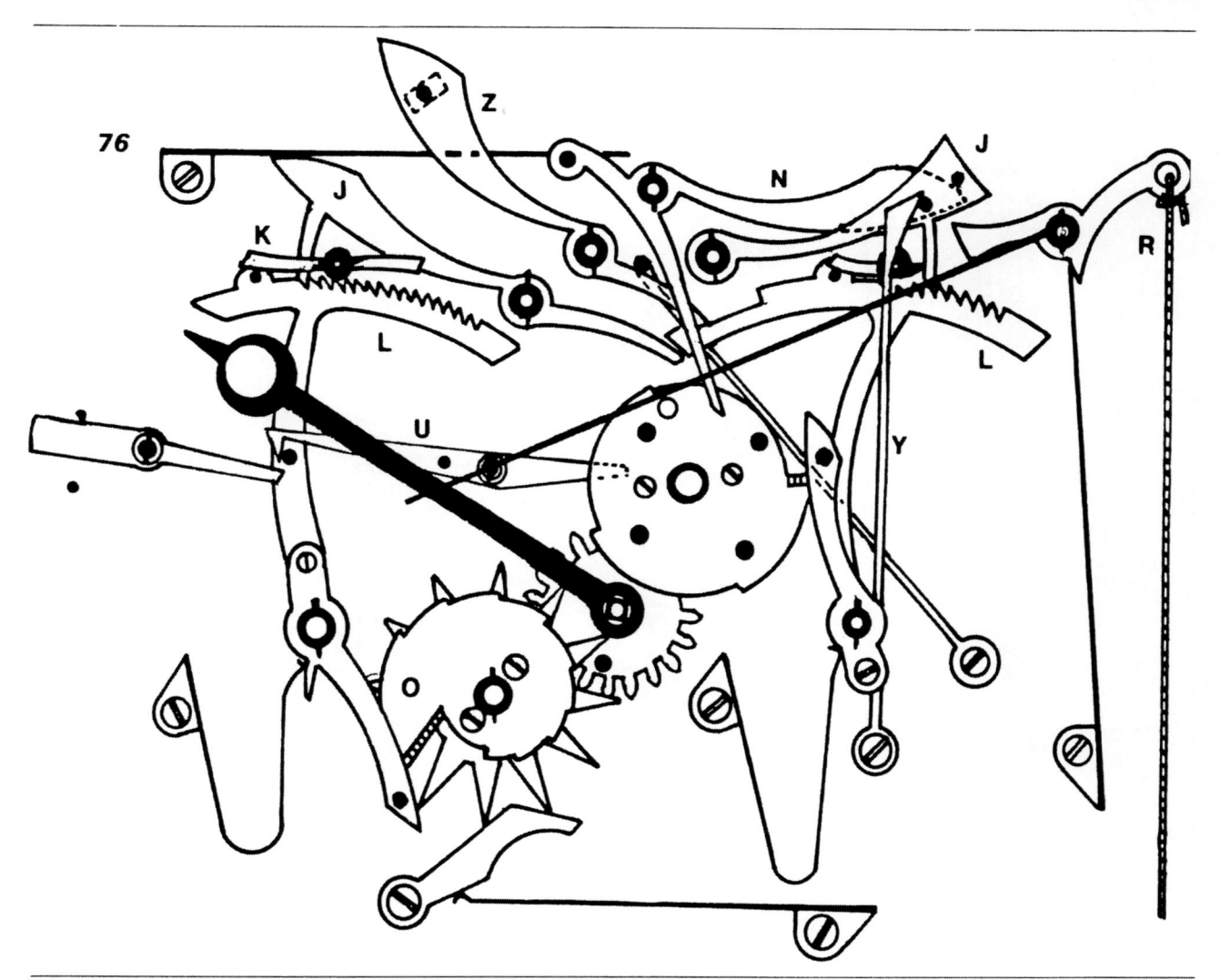

Damit bei der Auslösung des Viertelrechens dieser genügend Zeit hat während der Moment-Auslösung, wird der Viertel-Einfallhebel J von einer Sicherungsfeder Y gehalten, bis der Schöpfer K seinen Lauf begonnen hat, diese Feder zurückdrückt und nun der Viertelrechen-Einfallhebel in die Zahnung des Rechens einfällt.

Für eine Umschaltung vom 4/4 Stundenschlagwerk auf nur 4/4 Vollschlag ist ein Hebel U angeordnet, der mit seinem vorderen Haken für drei der Viertelstunden den Rechen an einem Stift zurückhält. Stündlich jedoch drückt ein Stift im Wechselrad den Hebel fort, so dass der Rechen zur vollen Stunde in Tätigkeit treten kann und die Uhr die volle Stunde schlägt. – Ein seitlicher Hebel kann jedoch durch Handbetätigung den Hebel U aus dem Bereich des Rechens heben, damit die Uhr ständig auch die volle Stunde ankündigen kann.

Bei der Repetition – oder ‹Anfrage› – wird durch den Zug am rechten Hebel R der Vorgang in gleicher Weise in Tätigkeit gesetzt. Damit aber auf jeden Fall auch die volle Stunde geschlagen wird, hebt der lange Draht am Repetierhebel den Umschalthebel U an einem Stift aus dem Bereich des Stunden-Rechens.

Zug-Repetition, Beschreibung von Berthoud

77) Übersetzung des Textes von Ferd. Berthoud in der ‹Encyclopédie Diderot et d'Alembert›.
‹Fig. 31 ist der Plan oder das Kaliber der Räder, die zur Repetition gehören. ABCDE sind die Räder des Gehwerkes mit 14 Tage Gangdauer. FGHJ sind die Räder

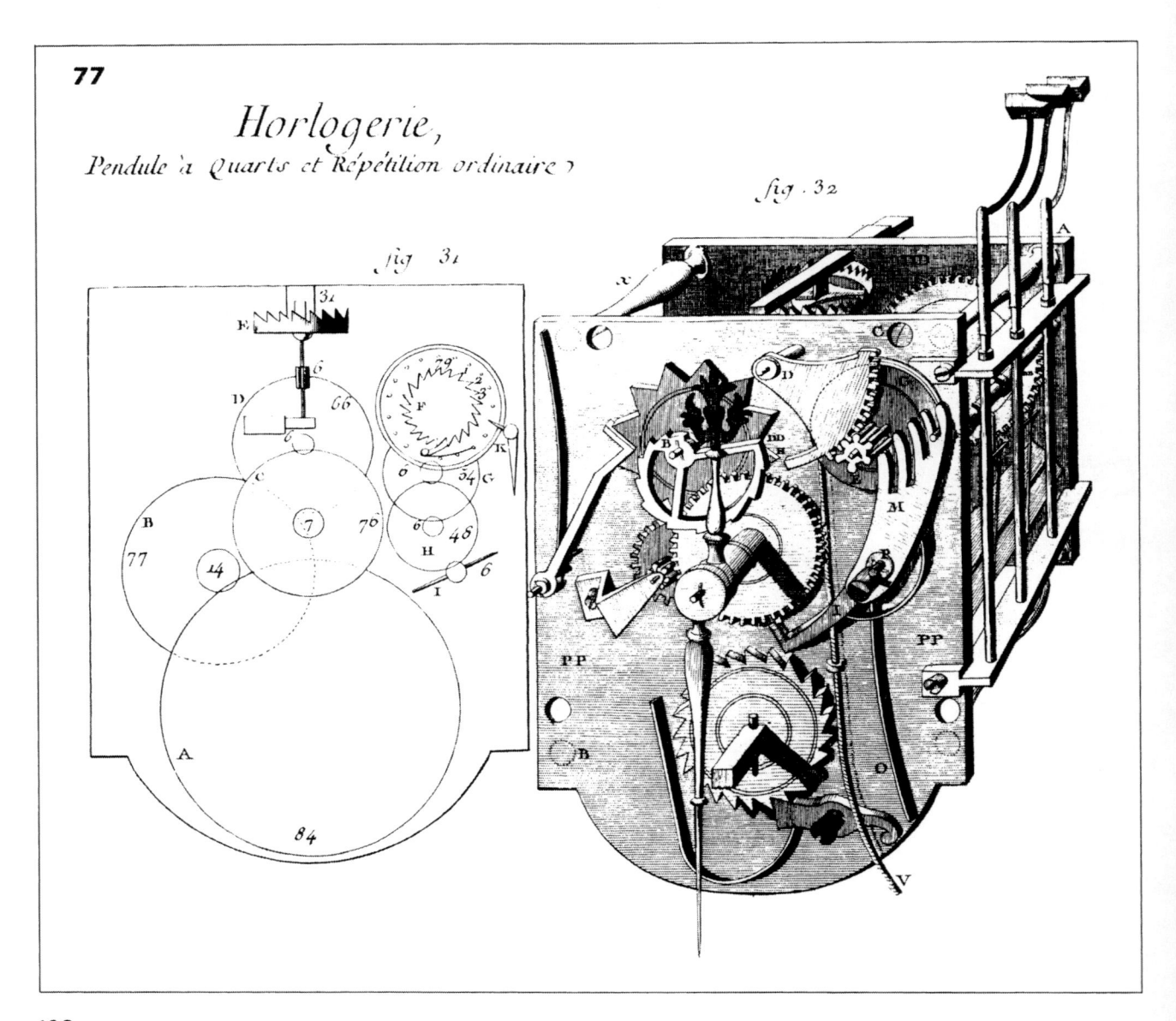

der Repetition: die drei Räder GHJ dienen nur dazu, das Tempo der Schlagfolge zu regulieren, wie es in allen Schlagwerken nötig ist. Hier die Zahnzahlen:

Gehwerk
84 ———— Triebe
77 ———— 14
76 ———— 7
66 ———— 6
33 ———— 6

Repetition
72 ———— Triebe
54 ———— 6
48 ———— 6
       ———— 6

Die Scheibe F trägt auf einer Seite 12 Stifte für die 12 Stundenschläge und drei auf der anderen Seite für die Viertel. Sie schlagen mittels drei Hammer-Hebeln auf der gleichen Achse wie K, wovon zwei der Hebel auf Viereck unabhängig voneinander sitzen, während der dritte Hebel fest auf der Achse sitzt, damit alle drei Hämmer getrennt voneinander arbeiten können, wie in Fig. 32 dargestellt ist.

Die Scheibe F ist auf der Achse fest vernietet wie auch ein kleines Sperrad. Der äussere Kreis stellt die Grösse eines Rades dar, das drehbar ist gegenüber dem Sperrrad; es trägt einen Sperrkegel mit Feder wie dargestellt. Die Achse ragt durch ein kleines Federhaus, das auf der Platine befestigt ist und in dem eine Zugfeder eingewunden ist. Die Achse besitzt einen Federkern, um den die Zugfeder aufgewunden werden kann.

Wenn an der Kordel V gezogen wird (Fig. 32) dreht der Federkern links herum, ohne dass das gezahnte Rad mitdreht, und nach Loslassen der Kordel rastet der Sperrkegel in das Sperrad und veranlasst das Räderwerk, die Hämmer zu betätigen, wie die Scheibe mit den Stiften für die Stunden- und die Viertelschläge es vorschreibt.

In Fig. 33 und 34 ist T das Minutenrohr, bei t von der Seite gesehen. Dieses Rad macht wie üblich in einer Stunde eine Umdrehung und trägt den Minutenzeiger. Auf diesem Rad T ist die Viertelstaffel Q und q befestigt. Auf der Viertelstaffel dreht sich begrenzt der ‹Vorfall› R und r, gehalten durch einen Vorreiber 4. Der Zweck dieses Vorfalls (auch ‹Überfall›, frz. Surprise) ist nachfolgend erklärt. X und x ist das Wechselrad, durch dessen Trieb das Stundenrad Y und y gedreht wird.

A und a ist ein Stern, der in 12 Stunden eine Umdrehung ausführt. Z und z ist die Klinke, die die genaue Stellung der auf diesem Stern befestigten Stundenstaffel B fixiert. D ist der Rechen. E ist ein Trieb, das den Rechen bewegt. G ist eine Rolle mit einem Stift, g-e-i ist die Seitenansicht.

M-L ist die ‹Hand› mit der Seitenansicht m-l; diese Hand hat zerlegt die Form M L; o ist eine Feder mit dem Profil m o; der Viertel-Arm L und l ist Teil der ‹Hand›. Fig. 34 Nr. 2 stellt die Platine dar mit den Anrichtstiften für die einzelnen Teile. Man sieht an den punktierten Linien die Zusammenhänge der Montage. Auf der Platine befinden sich zwei Federn, die zu beachten sind; sie werden später behandelt.

Nunmehr werden die Teile an ihren Platz gesetzt und wir werden sehen, wie sie miteinander arbeiten. Die Achse des ersten Rades im Räderwerk trägt einen Kranz von 15 Stiften für die Betätigung der Hämmer; auf dieser Achse sitzt mit einem Viereck die Scheibe G E, das Trieb E greift in den Stundenrechen D ein. Wenn an der Schnur gezogen wird, bewegt sich der Arm H gegen die Stundenstaffel B, die spiralig in 12 Stufen geteilt ist. Die tiefste Stufe ist für die 12. Stunde und die höchste für 1 Uhr. Beim Ziehen an der Kordelschnur – so weit es die Stundenstaffel erlaubt hat – werden auch entsprechend viele Stift vorbereitend gedreht für das Schlagen der Stunde, bei der tiefsten Stufe ‹12›, bei der höchsten Stufe nur ‹1› Schlag.

Wir haben gesagt, dass der Stern A eine Umdrehung macht in 12 Stunden; dies geschieht stündlich durch den Stift in dem Vorfall R bei K. Auf diese Art bringt die Fortschaltung des Vorfalls zwei Vorteile: der erste ist die exakte Schaltung in kürzester Zeit, so dass kein Fehlschlag erfolgen kann. Der zweite ist hierbei der Sprung des Vorfalls am Ende der Fortschaltung, wenn der federnde Hebel Z den Stern mit der Stundenstaffel in die richtige Stellung bringt. Auf diese Weise wird verhindert, dass der Arm L M nicht irrtümlich noch 3/4 schlagen lässt, obwohl schon die volle nächste Stunde zu schlagen ist.

Die Viertelschläge werden durch die Staffel Q und die Hand M geregelt, die man die ‹Viertelführung› nennt. Zieht man an der Kordel V, wird die Scheibe G gedreht; der Stift I entfernt sich von den Fingern in der Viertelführung und fällt auf die Viertelstaffel Q, die in vier Teile geteilt ist. Wenn sich die höchste Stufe bereitstellt, bewegt sich der Stift I in die flachste Lücke. Das Rad ist dadurch zurückgehalten, die Hämmer zu betätigen, die die Viertel schlagen sollten, da das erste Viertel noch nicht vollendet ist. Bei 1/4 fällt der Viertelrechen auf die nächst tiefere Stufe, so dass die Lücke 2 der ‹Hand› den Stift I aufnimmt und der Hammer schlägt 1 Viertel; Lücke 3 erlaubt 2 Schläge für 1/2 und bei der tiefsten Staffelstufe erfolgen 3 Schläge.

So lange sich die Stellung der beiden Staffeln – Stunde und Viertel – nicht ändert, erfolgt stets die gleiche Anzahl von Schlägen bei der Repetition. Damit der Stift I leicht die Finger der ‹Hand› verlässt, bewegt er sich um den Punkt N durch eine Feder auf dem Arm L; eine andere Feder 4 ist auf der Platine befestigt und bewegt den Arm L gegen die Hand M.›

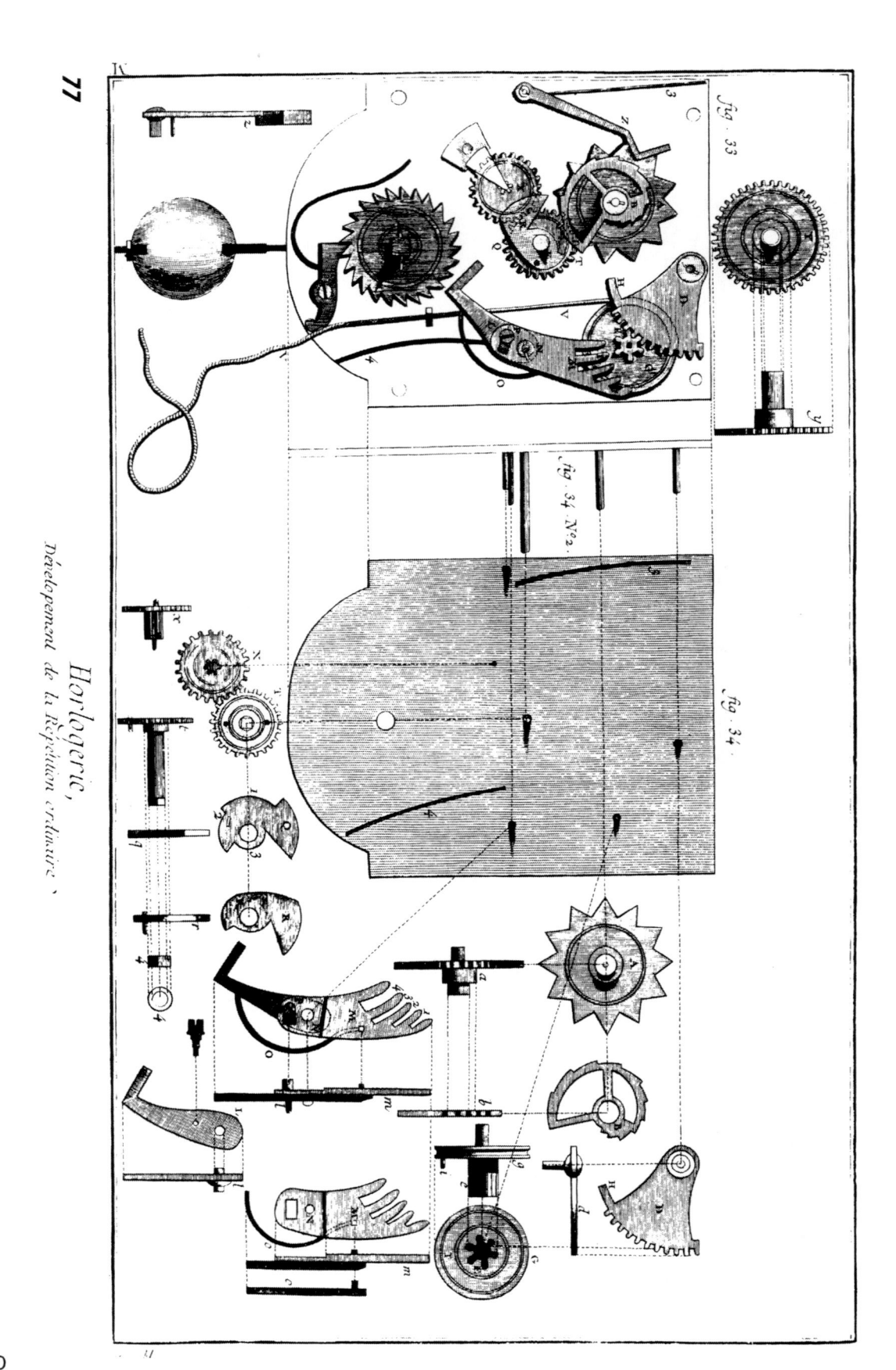

Horlogerie,
Développement de la Répétition à quantième.

fig. 33

fig. 34

fig. 34. N°2.

Neuenburger Pendule mit Viertel-Rechenschlagwerk und Zug-Repetition

77a-c) Diese **Neuenburger Pendule** ist mit Viertel-Rechenschlagwerk und Zug-Repetition ausgerüstet. Die grosse Viertel-Schlossscheibe wird vom Trieb der Zeigerwelle in 12 Stunden kontinuierlich gedreht. Sie ist sowohl mit den Stufen für den Stundenschlag als auch für die Viertelschläge versehen. Für die Auslösung des Schlagwerkes besitzt die Viertelstaffel die vier üblichen Auslösestifte, sowie den ‹Vorfall›. Dies ist das kleine Segment, das mit einem Stift den Stern der Stundenstaffel stündlich weiterschaltet; gleich-

Neuenburger Pendule mit Viertel-Repetition:

77a
I

77a Kadratur auf der Rückseite:
I die Repetitions-Schnur ist gezogen

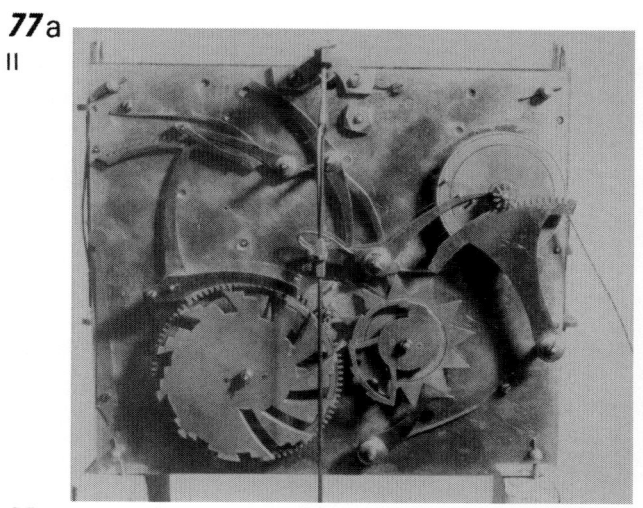

77a
II

77a Repetitionswerk ist abgelaufen – Ruhezustand

77b Seitenansichten des Werkes: Schlagwerk

77b Seitenansichten des Werkes: die Repetition

77c

77c Zifferblattseite:
rechts schräg der Umstellhebel der Hammerwelle

Fotos (5): Glasemann, Historisches Museum, Frankfurt (M)

zeitig wird bei diesem Sprung der Vorfall – oft auch ‹Überfall› genannt – vorwärts geschlagen (siehe auch die Beschreibung von Berthoud IV/77).
Die Abbildung 77a I zeigt die Kadratur des Schlagwerkes, das hier günstig auf der Rückseite des Werkes angeordnet ist – im Gegensatz zu vielen anderen Schlagwerken, zu deren Fehler-Behebung erst das Zifferblatt entfernt oder gar das Werk aus dem Gehäuse genommen werden muss.
Die Konstruktion dieser Zug-Repetition ist zwar die übliche, doch ist statt der ‹Hand› die Schnurscheibe mit 4 Stiften versehen, zwischen die der Arm des Vierteltasters je nach der Stellung der Viertelstaffel gelangt.
Abbildung 77a I zeigt die Stellung beim Zug der Kordel: die Schnurscheibe kann nur soweit gedreht werden, bis der Zahnrechen über das Trieb von der Stundenstaffel – hier bei Stufe 7 Uhr – aufgehalten wird.
In der Abbildung 77a II ist das Repetitions-Schlagwerk abgelaufen und der Vierteltaster gelangte zwischen die beiden Stifte, die die zwei Halbstundenschläge erlaubten.
Die Zifferblattseite – Abb. 77c – zeigt rechts den schrägsitzenden grossen Wipp-Hebel, mit dem das Wechselrad die Achs-Verschiebung der Hammerwelle vornimmt, damit die einzelnen Stundenschläge von den Doppelschlägen der Viertel unterschieden werden können.
Die beiden Abbildungen 77b gestatten einen Einblick in die Seitenansichten des Werkes: links ist das Schlagwerk der Uhr, in dem das Hebstiftenrad fortlaufend mit Stiften versehen ist. Die zugehörigen beiden Hammerwellen sind gekennzeichnet mit I und II. Das

rechte Bild stellt die Zug-Repetition dar; hier ist auf der Achse der Repetitions-Federwelle die Scheibe mit den Stiften für Betätigung der Hämmer für die Stunden. Die vier Stifte für die Viertel sind auf der anderen Seite. Auch hier sind die Hammerwellen gezeichnet mit III und IIII, wobei ausserdem diese Zeichen noch in der Hammer-Brücke angebracht sind.

‹Alles oder nichts›

78) Auch diese **Variante der ‹Zug-Repetition›** ist dadurch gekennzeichnet, dass sie keine ‹Hand› für die Steuerung der Viertelschläge verwendet, sondern in der Seilrolle sind aussen vier Stifte eingesetzt, deren unterschiedlicher Abstand vom Mittelpunkt jeweils einen längeren Ablauf des Schlagwerkes ermöglicht. Je nachdem, wie weit der Viertel-Arm auf die Viertel-Staffel heruntergefallen ist, greift er mehr oder weniger weit aussen zwischen die Stifte, so dass das Schlagwerk 1, 2, 3 oder 4 Viertelschläge ertönen lässt. Der Hebel ist federnd geteilt, um ohne Schwierigkeit zwischen die Stifte zu gelangen.
79) **‹Alles oder nichts›** (‹tout ou rien›) verhindert ein Falschschlagen der Repetition, das erfolgen kann, wenn nicht genug gezogen wurde und nur ein Teil der eigentlich notwendigen Schläge ertönt. Diese wahrhaft geniale Einrichtung ist auch in den Taschenuhren mit Repetition angewendet und besteht darin, dass die Viertel-Staffel nicht auf einem in der Platine festen Anrichtstift dreht, sondern auf einer federnden Wippe! Nur wenn diese Wippe von dem Viertel-Arm durch ausreichenden Druck die Gegenfeder überwindet, wird das Schlagwerk frei, das durch den langen Wippenarm an einer kleinen Palette blockiert wurde.

Grande et Petite sonnerie von P. Jaquet-Droz

80) Die Kadratur des Schlagwerkes ist auf der Werk-Rückseite angeordnet und nicht auf der Zifferblattseite; bei der Kompliziertheit des Mechanismus ist diese Art bequemer für den Uhrmacher, der bei irgendwelchen Schwierigkeiten nicht erst das Werk aus dem Gehäuse zu nehmen und Zifferblatt und Zeiger zu entfernen hat.
Das Schlagwerk wird viertelstündlich ohne ‹Warnung› (oder ‹Anlauf›) durch die ‹Peitsche› (3) ausgelöst, die von den Stiften der Viertel-Staffel (4) gespannt wird. Nahe dem Drehpunkt der Peitsche lässt eine kräftige Spannfeder (6) die Peitsche nach oben schnellen, um den Einfallhebel (14) aus der Rechen-Verzahnung zu lösen, damit die beiden Rechen (11 und 12) frei an ihre Staffeln (4) und (7) fallen können. Eine weitere Feder hält die Peitsche nach erfolgter Auslösung etwas zurück, damit sie nicht den Rechen-Einfallhebel stört.

78

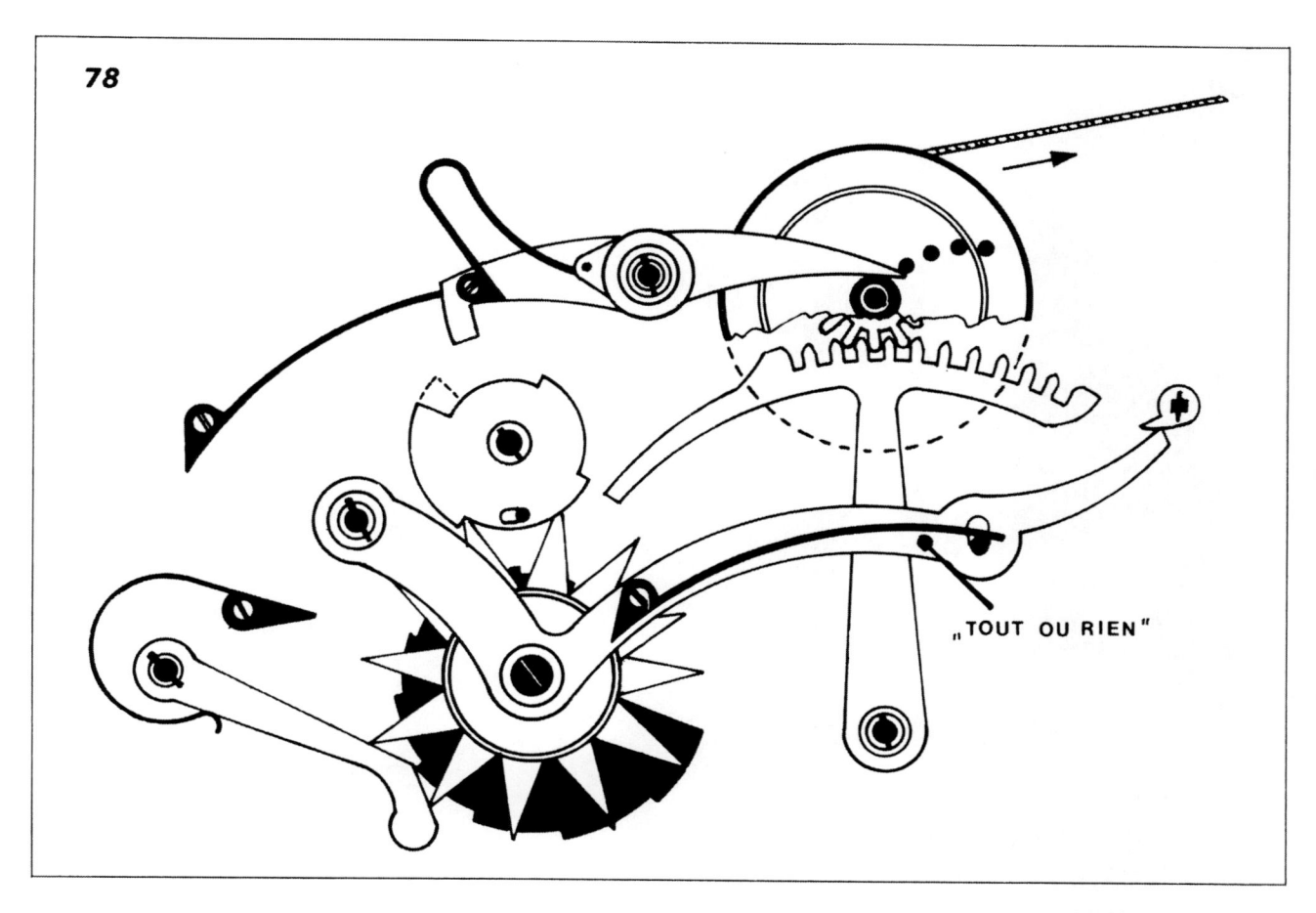

"TOUT OU RIEN"

Zwei Neuenburger Pendulenwerke   Sammlung des Musée international d'horlogerie, La Chaux-de-Fonds/Schweiz.

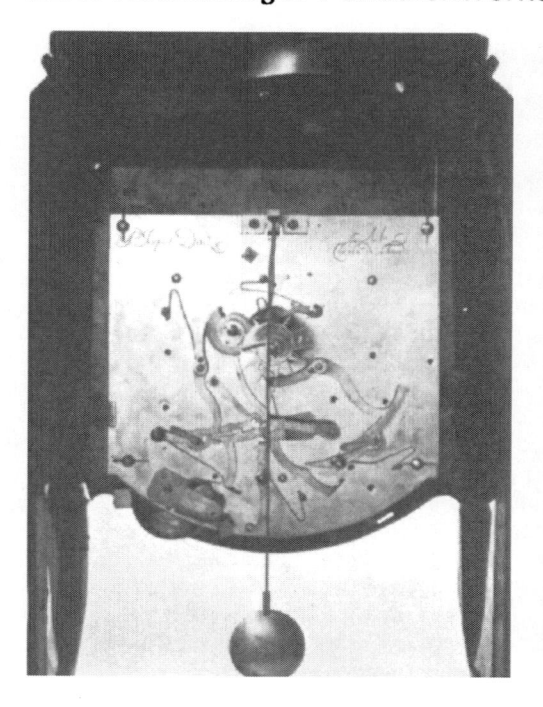

79

80

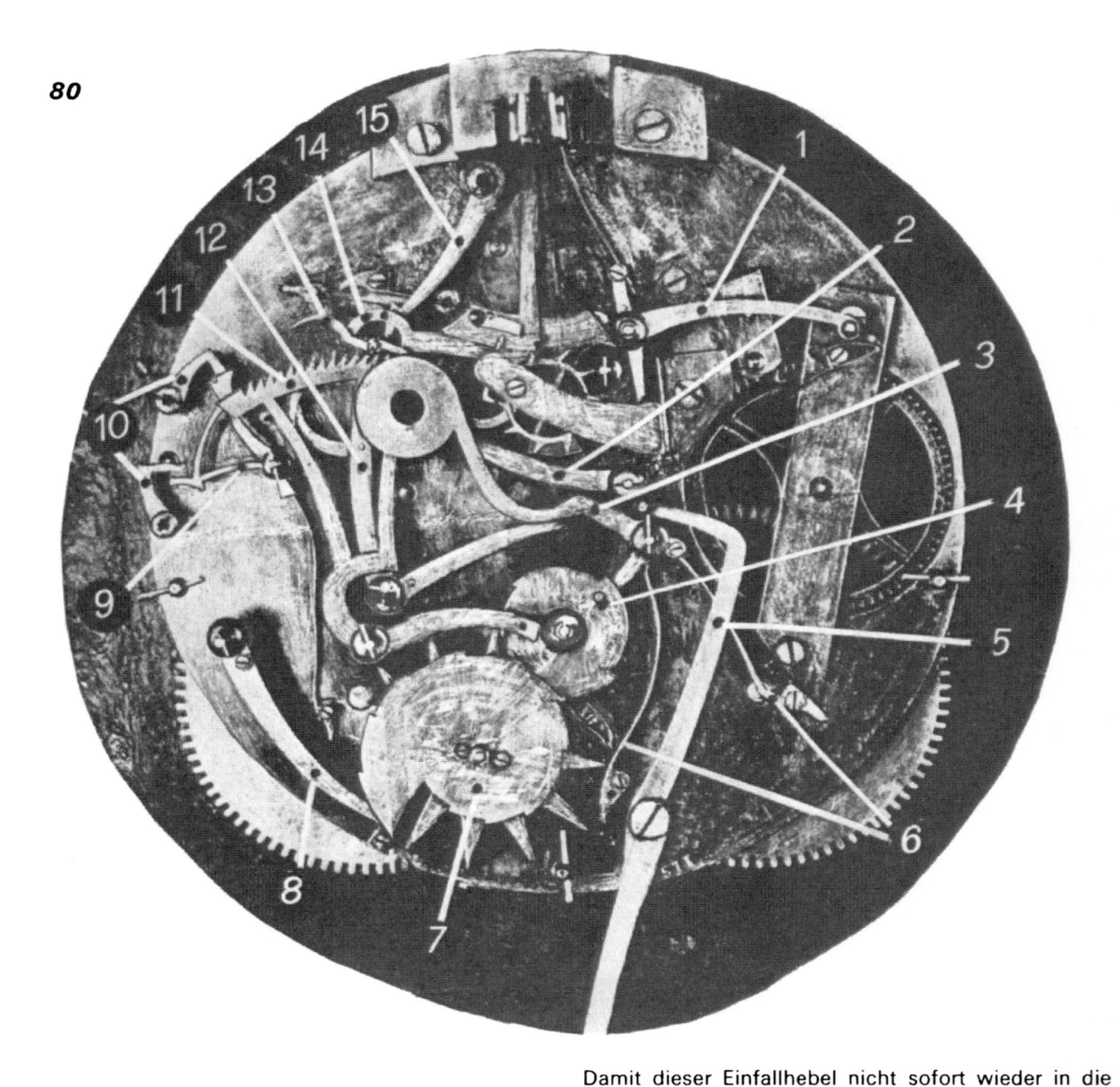

Grande sonnerie-Pendule, P. Jaquet-Droz (1721-1790):
1. Repetitions-Auslöser
2. Schlagwerk-Auslöser
3. ‹Peitsche›
4. Viertelstaffel
5. Umstellhebel ‹Non Sonne›
6. Peitschen-Feder
7. Stundenstaffel
8. Staffelstern-Sicherung
9. ‹Viertelstück›
10. Hammerwinkel
11. Stundenrechen
12. Viertelrechen
13. Doppelschöpfer
14. Rechen-Einfallhebel
15. Sicherungshebel

Damit dieser Einfallhebel nicht sofort wieder in die Rechenzahnung zurückfällt, sondern das Schlagwerk seinen Lauf beginnen kann, wird der Einfallhebel (14) von einem Sicherungshebel (15) zunächst abgefangen. Der Doppelschöpfer (13), der zuvor an einem Stift am Ende des Viertelrechens (12) festlag, ist frei geworden und stösst bei seiner Drehung sofort den Sicherungshebel (15) zurück, der seine Aufgabe erfüllt hatte.
Der Viertelrechen (12) besitzt kürzere Zähne als der Stundenrechen (11) und wird erst nach vollendeten Stundenschlägen durch den Einfallhebel gesperrt, wenn dieser den letzten kürzeren Zahn des Stundenrechens sperrt. Der Doppelschöpfer (13) besitzt deshalb verschieden lange Schöpferklinken. Der Viertelrechen (12) wird in seinem Weg von der Viertelstaffel (4)

bestimmt, die kontinuierlich vom Uhrwerk gedreht wird und in einer Stunde eine Umdrehung ausführt. Ausser den vier Stiften für die Schlagwerk-Auslösung ist noch ein Stift vorhanden für die alle Stunden nötige Fortschaltung des Sternes mit der Stunden-Staffel (7); ihre jeweilige Stellung wird durch die Klinke (8) gesichert. Durch den längeren der vier Auslösungsstifte wird auch kurz vor der vollen Stunde der Stundenrechen (11) freigegeben, wenn durch die Umschaltung auf ‹Petite sonnerie› dieser gesperrt ist. Der Stift für die Weiterschaltung der Stundenstaffel (7) sitzt in dem sogenannten ‹Vorfall›, dem kleinen Segment unter der Viertelstaffel (4), das durch den Staffelsprung vorwärts geschlagen wird und so verhindert, dass die Uhr statt ‹Voll› etwa noch ‹Dreiviertel› schlägt.

Pierre Jaquet-Droz (1721-1790) verwendete in seiner Pendule eine Hemmung von Berthoud (siehe II. Kapitel, Abb. 41). Die Hemmung ist frei vor der Rückplatine sichtbar.

80a) **Die Repetition** kann durch Zug an dem Handhebel (1) ausgelöst werden. Er bewegt den Hebel (2), der den Rechen-Einfallhebel (14) aushebt, damit das Schlagwerk in Tätigkeit tritt.

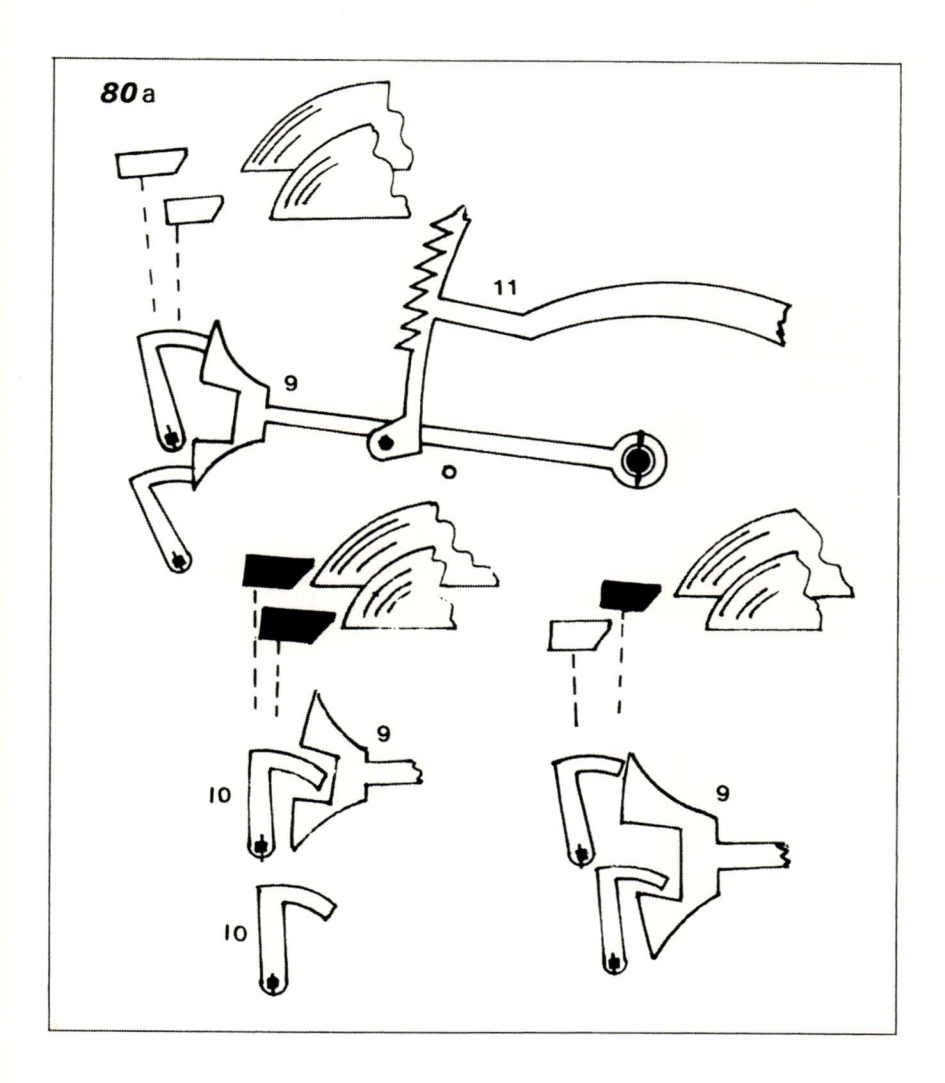

Der Stundenrechen (11) hat bei Beendigung seiner Stundenschläge noch eine besondere Aufgabe, nämlich dafür zu sorgen, dass zwischen den Stunden- und den Viertelschlägen eine kleine Pause eintritt, um die Schläge auseinanderhalten zu können. Er bewegt mit einem Stift das ‹Viertelstück› (9), das in den verschiedenen Werken oft ganz anders ausgeführt ist. Der Zweck ist jedoch stets der gleiche: damit der Stundenschlag mit dem einen Hammer durch einen tieferen Ton erfolgt und der Viertelschlag auf der helleren Glocke oder Tonfeder, muss jeweils einer der Hämmer ausgeschaltet werden. Da das Laufwerk aber weiterläuft, wird auch das Hebstiftenrad die Hämmer anheben. Das Viertelstück (9) fängt nun je nach der Einstellung durch den Stundenrechen einen Viertelhammer auf, so dass der Hammer nicht den Klangkörper berührt. Für den sogenannten ‹toten Schlag› – wo **beide** Hämmer nicht die Glocken treffen dürfen – werden **beide** aufgefangen. Für die Viertel-Schläge ‹Bim-Bam› schlagen beide Hämmer, ohne von dem Viertelstück zurückgehalten zu werden. Meist ragen die Hammerwellen nach rückwärts durch die Platine hindurch und tragen hier kleine Winkel: sie werden auf verschiedene Weise zurückgehalten, die Klangkörper zu treffen. Oft ist auch im Werk zwischen den Platinen eine ähnliche Anordnung zu finden oder es findet eine Achs-Verschiebung statt.

Automatische Umschaltung der ‹Grande sonnerie› auf ‹Petite sonnerie›

81) Hierfür eingerichtete Pendulen besitzen eine Stunden-Staffel mit 2 mal 12 Stufen, wofür der Staffel-Stern 24 Zähne aufweist und von dem Minutenrohr oder dem Wechselrad stündlich weitergeschaltet wird; auf diese Weise erfolgt eine Umdrehung in 24 Stunden.
Auf dieser Achse ist innen zwischen Stern und Staffel ein Segment, das je zur Hälfte einen kleinen und einen grösseren Radius aufweist. Ein federnder Hebel tastet auf den Umfängen und wird jeweils 12 Stunden auf dem kleineren und 12 Stunden auf dem grösseren Radius ruhen.
Die Aufgabe des hiervon gesteuerten Hebels ist es, bei den Viertelschlägen den Stundenrechen (11) zurückzuhalten, während die kleine Segment-Rolle wirksam ist; die volle Stunde wird aber trotzdem geschlagen (Petite sonnerie). Während der Nacht ruht der Hebel auf dem grösseren Radius, der Stunden-Rechen ist ständig frei und die Stunde wird jede Viertel-Stunde wiederholt. Die Einstellung des ‹Kleinen Schlagwerkes› ist für den Tag üblich, auf Wunsch des Kunden kann das ‹Kleine Schlagwerk› auch für die Nacht eingestellt werden. Es lässt sich durch Verstellen der Zeiger um 12 Stunden einrichten; dann erfolgt die Wiederholung der Stundenschläge am Tage.
Die Verlängerung des Tasthebels für das Zurückhalten des Stunden-Rechens richtet sich nach der Konstruktion der Kadratur und ist unterschiedlich; er kann den Rechen sowohl oben bei der Verzahnung treffen als auch in der Nähe des Drehpunktes, wo oft ein Stift diese Aufgabe übernimmt.
Bei manchen Neuenburger Pendulen kann diese Automatik ausgeschaltet werden. Hierzu besitzt ein Hebel am Ende eine kleine Schräge, mit der der Tasthebel auf seinem Anrichtstift etwas angehoben wird. Dadurch wird er aus dem Bereich der grösseren Rolle gehoben und ruht auf dem oberen Rohr, das dem kleineren Segment gleich ist.

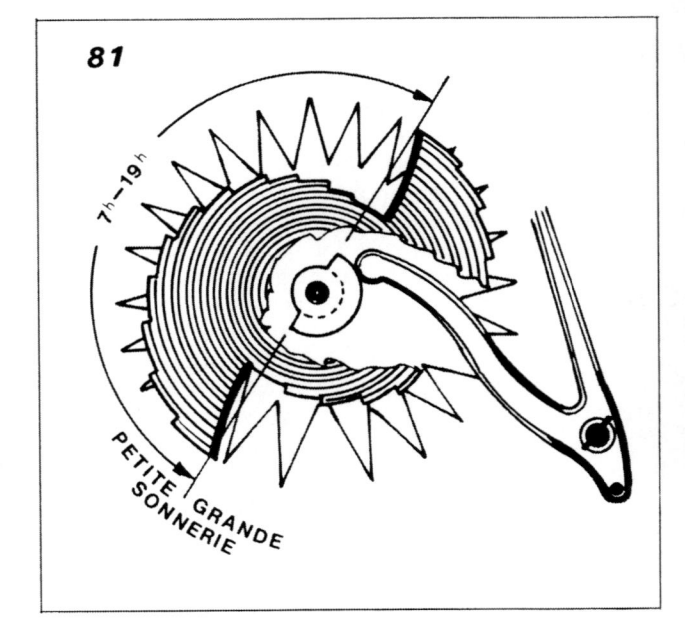

V Reinigen – Zusammensetzen – Ölen und Ingangsetzen

Reinigen

Die einfachste Art der Reinigung ist natürlich in Benzin. In einem entsprechend grossen Behälter werden die Teile mit Pinsel oder Bürste gut gesäubert und mit einem möglichst oft gewaschenen und dadurch faserfreien Leinentuch abgetrocknet. Das Hemmungsrad ist selbstverständlich ‹wie ein rohes Ei› zu behandeln. – Die Benzin-Reinigung ist für alle Arten von Uhrwerken geeignet, seien sie nun nur roh, oder poliert oder lackiert.

Die Reinigung in Seifenlauge ist jedoch **nur für polierte** Uhrwerke geeignet – für lackierte Messingplatinen ist sie Gift, da die Lackierung aufgelöst wird! Dagegen ist sie für polierte Platinen ein wunderbares Auffrischungsmittel.

Die Seifenlauge besteht aus fünf Teilen Wasser, drei Teilen Seifengeist und zwei Teilen Salmiakgeist. Zuviel Salmiakgeist lässt Messing bräunlich anlaufen. Statt Seifengeist kann Schnitzelseife oder Schmierseife gelöst werden. Alles zusammen wird in einem Topf mit Deckel gemischt und aufgekocht. Die Lauge darf jedoch nicht kochend verwendet werden, sondern nur im heissen Zustand. (Kalkhaltiges Wasser benötigt eventuell etwas Soda-Zusatz.) Die Teile werden – ohne das Hemmungsrad! – auf einen Faden oder dünnen Draht gezogen, damit keines verloren oder vergessen wird. Wichtig ist, dass **alle Messingteile** unbedingt **restlos von der Lauge bedeckt** sein müssen, da sie sonst sehr stark oxydieren. Nach etwa 1/4 Stunde der Einwirkung werden die Teile in der Lauge abgebürstet und danach unter fliessendem Wasser abgespült. In einem Spiritusbad wird das Wasser neutralisiert und in feinen Sägespänen getrocknet; für einen Einzelfall lässt sich das Trocknen auch mit einem Haartrockner (Fön) vornehmen. Ein etwa vorhandener leichter Film kann mit einer trockenen Lederfeile beseitigt werden. Falls man noch mit Poliermaterial (Rot oder Putzmittel) nacharbeitet, muss sehr gründlich jede Spur entfernt werden. Damit die empfindlichen Zähne des Hemmungsrades auf keinen Fall von schwereren Teilen des Uhrwerkes beschädigt werden, sollte es gesondert gereinigt werden.

Nach allen Reinigungsverfahren werden die Zapfenlager mit spitzem Putzholz von innen und die Ölsenkungen von aussen mit einem senkerförmig geschnittenen Putzholz gesäubert (grundsätzlich: bis sie rein sauber herauskommen!) Triebe werden ebenfalls mit spitzem Putzholz Lücke für Lücke geputzt; man hält die Räder dabei mit dem sauberen Leinentuch oder feinem Seidenpapier. Sehr ratsam ist, zum Bearbeiten der gereinigten Teile wie auch zum nachfolgenden Zusammensetzen der Uhr saubere Leinen-Handschuhe anzulegen, um die hässlichen Fingerflecke zu vermeiden, die sich sehr schnell in das Material einfressen!

Die Zapfen werden in Holundermark abgetupft, ebenso auch die Zahnspitzen des Hemmungsrades.

Die für das Polieren der Platinen zweckmässig entfernten Anrichtstifte der Schlagwerk-Kadraturteile müssen **fest** wieder eingeschraubt werden. Um ein Verwechseln zu vermeiden – was viel Zeit kostet und Ärger oder gar Beschädigungen verursachen kann – sollte man sie in ein Lochschema eingesteckt haben, das der Platine ungefähr entspricht. Die zugehörigen Vorsteckstifte sollen in ihrem Konus den Bohrlöchern passend sein, da sie sonst nicht so festsitzen, wie es nötig ist; entweder werden die Löcher mit der Reibahle nachgearbeitet oder es wird ein neuer Stift gefeilt. An den Enden sollte die hässliche Spur der Zwickzange verrundet werden. Nach Möglichkeit sollen Vorsteckstifte von oben nach unten eingesetzt werden können, damit sie bei Lockerung – wider Erwarten! – nicht sofort herausfallen können. Da übrigens der Vorsteckstift vor dem Minutenzeiger sich mitdreht, muss er besonders sorgfältig und fest eingedrückt werden.

Die Schraubenkopf-Einschnitte dürfen nicht verwürgt aussehen, sondern sind in solchen Fällen nachzuarbeiten; der Umfang der Schraubenköpfe sollte glatt gedreht werden und der Einschnitt mit der Schraubenkopffeile nachgefeilt werden, wobei eine Kantenbrechung mit der spitz eingesetzten Vierkantfeile schnell vorgenommen werden kann, die ein Aufdrücken von Grat verhindert. Bei polierten Schraubenköpfen empfiehlt sich die Verwendung einer Messingklinge im Schraubendreher.

Zusammensetzen

Das Zusammensetzen der Uhr auf der – meist – unteren Platine beginnt natürlich mit den Teilen, deren Räder zu unterst nahe der Platine laufen. Ragen irgendwelche Achsen nach unten hindurch – wie vom Minutenrad und dem Schöpferrad oder Sekundenrad – wird die Platine auf einen Papp- oder Holzuntersatz gelegt;

um Kratzer zu vermeiden kann ein Leinentuch darüber gespannt werden. Der Uhrmacher hat dazu verschieden grosse Holzringe mit etwa 3 bis 4 cm Höhe.– Beim Federhaus oder dem Walzenrad sind vor dem Einsetzen die Stellen zu ölen, an die man später bei zusammengesetztem Werk nicht oder nur schwer gelangen kann. Falls ein elektrischer Aufzug oder eine andere Mechanik zwischen den Platinen ist, muss auch hier entsprechend vorher geölt werden.
Wenn die Räder zwischen die Platinen gebracht sind, muss geprüft werden, ob das Räderwerk mit geringster Kraft frei läuft. Auch soll man – so lange die Uhr noch ohne Kraft ist – alle Achsen senkrecht nach oben anheben, ob sie ‹Achsialspiel› (der Uhrmacher sagte früher 'Höhenluft') haben und mit leichtem, klarem ‹Klick› wieder zurückfallen. Man sieht auch bei zusammengesetztem Schlagwerk, ob der Hammer nicht schon angehoben wird, wenn der Auslösestift angehalten ist und ob der Anlaufstift unter dem Windfang steht, bzw. etwa 1/2 Umgang Anlaufweg hat. Sonst muss jetzt noch – so lange das Werk noch nicht geölt ist – die Korrektur vorgenommen werden, da dies bei geöltem Werk unangenehme Schmiererei verursachen würde.

Ölen

Das Ölen erfolgt mit einem Ölgeber, der aus einem schlank kegelig gefeilten Messingdraht hergestellt werden kann; die Spitze wird mit der flachen Hammerbahn schaufelförmig angeschlagen und auf etwa 0,6 bis 0,7 mm Breite zurecht gefeilt. Geölt wird stets nur aus einem Ölnapf, wozu der Uhrmacher zwar einen Achatstein mit kleiner Hohlung benutzt; in Einzelfällen kann aber auch ein Glasnapf oder ein Uhrglas mit Wölbung dazu dienen. Napf und Ölgeber sind stets sauber mit Benzin zu reinigen und die Ölsorten dürfen nicht vermischt werden. Die Zapfenlager werden mit ‹Öl für Grossuhren› (z.B. Moebius 8040) geölt. Für die Hemmungen verwendet man ein Öl mit grösserer Viskosität, das weniger verläuft (z.B. Moebius 941). Für starke Zugfedern wird oft auch Graphit-Schmierung vorgezogen (Öl mit Graphitzusatz).
Die Lagerzapfen werden von aussen mit einem Tropfen Öl in die Ölsenkung versehen, jedoch so, dass sie nur etwa zur Hälfte gefüllt sind und nichts über den Rand auf die Platine läuft. – Ausserdem müssen die Anrichtstifte für die Hebel oder Räder etwas geölt werden; nur wenig belastete Teile sollten entweder gar nicht – zum Beispiel der ‹Vorfall› bei Repetitions-Schlagwerken – oder nur schwach geölt werden; es genügt in solchen Fällen, die Welle mit einem öligen Putzholz zu reiben. Bei geringen Kräften kann zuviel Öl zum ‹Kleben› führen und damit Störungen verursachen. Auch Druckstellen von Stahl auf Stahl sollen etwas Öl oder Fett erhalten, da sich sonst ‹Reibrost› bilden kann. Der Schöpfer beim Rechenschlagwerk und die Schlossscheibe – auf deren Umfang ständig der Einfallhebel gleitet – erhalten ebenfalls Öl.
Läuft ein Zapfen – des Ankers oder des Hemmungsrades – gegen einen Deckstein, so ist es ratsam, den Deckstein vor dem Einsetzen genau in der Mitte mit einem Öltropfen zu versehen. Es wird sich meist um einen ‹flachen› Lochstein handeln; wäre es ein gewölbter Lochstein, müsste man besser anders verfahren: den Deckstein trocken aufschrauben und vor dem Einsetzen des Zapfens einen Tropfen Öl in die innere Ölsenkung geben. Der Zapfen soll dann das Öl mitnehmen auf den Deckstein und zwischen der Wölbung des Lochsteines und der Fläche der Deckplatte bildet sich zufolge der Kapillarwirkung ein Ölvorrat. – Die Hemmung wird auf der Ausgangsseite mit einem Tropfen Öl auf die Hebefläche geölt; dann wird der Anker einige Zähne durchgeführt und die Palette wieder nachgeölt, bis alle Zähne des Rades etwas Öl erhalten haben. Zuviel Öl ist hier besonders schädlich, da sich das Öl sehr bald in die Winkel bei Rad oder Anker verziehen wird. – Obwohl es auch manchem Uhrmacher nicht einleuchten will, muss die Minutenradwelle – auf der sich das **Minutenrohr beim Verstellen der Zeiger dreht – unbedingt geölt oder gefettet** werden! Andernfalls reibt sich das Minutenrohr bald völlig fest. – Vor dem Aufdrücken des Minutenrohres darf das darunter liegende Lager des Minutenrades nicht vergessen werden.

Aufstellen der Uhren

Das Aufstellen einer Uhr bedingt, dass sie sicher steht; es muss also gegebenenfalls eine dünne Holzplatte oder ein Stück feste Pappe untergelegt werden. – Pendeluhren haben oft Schraub-Füsse, mit denen ein fester Stand bequemer erreicht werden kann.
Für das Aufhängen einer Uhr sollte der Haken so eingeschlagen oder eingeschraubt werden, dass er schräg von oben her in der Wand sitzt und sich die Uhr flach an die Wandfläche anlegt. Zwei unten etwa vorhandene Spitzkörner-Schrauben sollen fest in die Wand eingedrückt werden, um die Uhr gegen jedes Verrücken – beim Aufziehen – zu schützen. Manchmal befindet sich auch unten in der Mitte des Gehäuses eine Vorrichtung in Form einer Gabel, in deren Mitte ein Nagel oder eine Schraube die Uhr gegen unbeabsichtigtes Verschieben sichert.
Für Konsolen gilt ebenfalls, dass sie flach an der Wand anliegen. Hier ist aber durch die Aufhängung an zwei Haken die Uhr gegen ein Schiefstellen beim Aufzug gut gesichert, sofern sie auf der Konsole fest steht.
Wichtig ist das Einrichten des ‹Abfalls› – der Abfall der Radzähne symmetrisch zur Ruhelage des Pendels. Führt man das Pendel nach einer Seite aus bis zum ‹Tick›, so muss nach dem Loslassen das Pendel so weit

zurückschwingen, dass auch auf der Gegenseite das ‹Tack› erfolgt.
Zur Korrektur lässt sich meist die Ankergabel auf der Ankerwelle verdrehen, wenn man mit zwei Fingern den Anker oben festhält. In guten Uhren befindet sich auch oft an der Ankergabel eine Schraube, mit der der Abfall genau und bequem berichtigt werden kann. In primitiveren Fällen muss allerdings die dünne Ankergabel verbogen werden. Bei Pendulen, deren runde Werke im Gehäuse meist nur mit zwei Schrauben festgezogen werden, kann der Abfall durch geringes Verdrehen des Werkes im Gehäuse genau eingestellt werden. Andererseits muss in solchen Fällen das Werk besonders fest angeschraubt werden, da es sich sonst verdrehen kann beim Aufziehen der Uhr und der Abfall verstellt würde.

Anhang

Rezepte zur Pflege von Gehäuse und Zifferblatt

Alabaster ist eine feinkörnige, weisse und durchscheinende Gipsart, die durch Waschen mit Wasser leicht den Glanz verliert.
Nicht polierte Alabaster-Gehäuse können in warmer Seifenlösung – nicht länger als eine halbe Stunde – liegen, wodurch der Schmutz aufweicht. Danach ist gut zu spülen und mit weichem Tuch zu trocknen.
Für eine etwas stärkere Behandlung empfiehlt sich eine Mischung von 10 Teilen Wasser und 1 Teil Schwefelsäure, womit das Gehäuse abzubürsten ist. Danach ebenfalls abspülen und trocknen.
Rostflecke lassen sich mit einer Lösung von 20 Teilen Wasser und 1 Teil Zinnchlorid entfernen.
Fettflecke werden mit Benzin abgewaschen, auch hilft längeres Auflegen von Pfeifenerde.
Stark verschmutzte Alabaster-Gehäuse, die durch Abwaschen mit reinem Alkohol nicht sauber werden, müssen abgeschliffen werden. Dies geschieht mit Ackerschachtelhalm, der wie eine Kratzbürste geformt wird, unter Benutzung von venezianischer Seife und geschlämmter Kreide. Poliert wird mit Wiener Kalk mittels Flanellappen.
Kitt für Alabaster lässt sich aus Gips herstellen, der mit Fischleim oder mit Wasserglas zu einem dicken Brei verrührt wird.
Blatt-Vergoldung. Das hauchdünn geschlagene und auf Seidenpapier gelieferte Blattgold ist in 20 Kt., 23 3/4 und 24 Kt. erhältlich, jedoch wird reines Blattgold (24 Kt.) fast nur für Aussen-Vergoldungen verwendet.
Es empfiehlt sich ein Lack-Untergrund. Darauf wird die ‹Französische Mixtur› aufgetragen, die in drei verschiedenen Trocknungs-Stufen lieferbar ist: 3 Stunden – 12 Stunden – 24 Stunden. Dieser Lack muss noch leicht klebend sein, wenn das Blattgold aufgelegt wird. Mit weicher Bürste werden etwaige Konturen nachgedrückt. Die Blatt-Vergoldung soll man jedoch dem Fachmann überlassen, da die Vergolder-Technik grosse Erfahrung erfordert.

Elfenbein – das aus den Stosszähnen der Elefanten stammt – wird oft zu Intarsien verarbeitet. Es wird leicht gelb; zum Bleichen gibt es zahlreiche Rezepte. Ratsam ist, vor dem Bleichen das Elfenbein zu reinigen.
Reinigen: Elfenbein wird durch eine Waschung mit Salmiakgeist und Spiritus – zu gleichen Teilen gemischt – sauber.
Weiss machen von Elfenbein erfolgt durch Abreiben mit einem in Terpentinöl getränkten Flanellappen; danach wird der Gegenstand – möglichst unter einer Glasglocke – einige Tage der Sonne ausgesetzt. Auch Abreiben mit Chlorwasser vor dem Sonnenbad ist wirksam.
Ein stärkeres Bleichmittel ist Wasserstoffsuperoxyd. Ebenso ist ein längeres Bad von 2-4 Stunden in mit Schwefelsäure angesäuertem Wasser wirksam.

Wenn Elfenbein poliert werden muss, ist es zuvor mit Bimsstein zu schleifen. Dann trägt man auf ein Stück Flanell mit in Öl angemachte Zinnasche auf und reibt damit nach und nach immer trockener, bis tadellose Politur entstanden ist. – Auch mit Schlämmkreide oder Kalk und Seife lässt sich Elfenbein polieren.

Um Elfenbein biegsam zu machen, legt man es in eine Lösung von reiner Phosphorsäure, bis es ganz oder teilweise durchsichtig geworden ist. Dann wird es in reinem Wasser gewaschen und ist nun biegsam. An der Luft wird es wieder hart, erhält aber seine Biegsamkeit zurück, wenn man es in heisses Wasser taucht.

Kitt für Elfenbein ist aus 30 g Gips und 10 g Eiweisspulver herstellbar; beides wird mit Wasser zu einem Brei verrührt.

Email ist ein durch Metalloxyde gefärbter Glasfluss, der bei etwa 800 Grad Hitze dem Metall – Kupfer, Silber oder Gold – in einem Muffel-Ofen aufgeschmolzen wird. Es gibt verschiedene Techniken:

Bei **Grubenschmelz** werden auf der Metall-Oberfläche im Ätzverfahren oder durch Gravur Felder ausgehoben, die mit Email ausgefüllt werden, so dass wieder eine bündige Oberfläche entsteht.

Zellenschmelz ist ein Verfahren, bei dem aus feinem Draht gewalzte Stege auf die Metall-Oberfläche geheftet werden; die hiermit gebildete Zeichnung wird durch unterschiedlich farbiges Email ausgefüllt und gebrannt.

Maleremail entsteht, wenn Emailpulver feucht auf die Metallunterlage aufgetragen wird; man malt also wie mit Öl oder Tempera und fixiert die Farben im Feuer.

Allen Techniken gemeinsam ist das Auftragen und Brennen mehrerer Emailschichten, die bei Verwendung transparenter Farben Tiefenwirkung erzielen.

Feine Risse in hellen Emailteilen lassen sich weniger sichtbar machen, wenn man sie mit der Schnittfläche einer **Knoblauchzehe** einreibt; der Saft zieht den Schmutz aus dem Riss.

Ausgeplatzte Stellen auf der Vorderseite lassen sich mit **Emailkitt** ausbessern; diese weisse Masse schmilzt in der Wärme und erkaltet schnell. Man erwärmt eine Messerspitze, holt damit etwas Kitt aus der Dose und spachtelt die ausgesprungene Stelle damit aus. Nach dem Erkalten kann die Stelle mühelos glatt geschabt werden. – Man kann auch etwas Emailkitt in die ausgebrochene Stelle legen und das Blatt erwärmen, bis der Kitt schmilzt. Bei Überhitzung wird der Kitt jedoch leicht gelblich, was unter Umständen bei getönten Emailblättern erwünscht sein kann.

Holzgehäuse. Alte Holzgehäuse, die unter Holzwürmern leiden, versuche man zunächst von dem Mehl aus den Löchern zu befreien, sei es durch Klopfen, Ballonspritze oder dünnen Draht. Danach träufele man mit kleinem Haarpinsel so viel Benzin in die Löcher, bis dieses die Larve erreicht.

Statt Benzin kann man die stärkere Lösung verwenden aus 5 g Karbolsäure in 100 g Wasser.

Ebenso ist eine 10-prozentige Kreolin-Lösung, in die Wurmlöcher eingebracht, sehr wirksam. Es ist ratsam, danach die Löcher durch Tischlerleim abzuschliessen.

Die Malerei auf Holz wurde sehr früh mit Ölfarbe ausgeführt (1770). Um 1775 wurde die Lackschildmalerei eingeführt. Hierbei wurde auf weissgrundiertem Holz mit Wasserfarben gemalt und dann ein Lack aufgetragen. Später (1780) wurde ein Mastixfirnisüberzug angewendet.

Der genaue Arbeitsgang war, dass die Holzbretter einen viermaligen Grundierungsanstrich erhielten, der mit Bimsstein poliert und mit dem Handballen glatt gerieben wurde. Darauf kam eine dreimalige Lackierung mit Weisslack, die man mit einem Wollballen blankkrieb. Nach dem Aufmalen des Zifferblattes und der Verzierungen wurde ein Lack aus Sandarak-Harz und Weingeist aufgetragen, nach dem Trocknen mit Kreidestaub geschliffen und mit einem in Leinöl getränkten Lappen poliert.

Gebeizte Holzgehäuse lassen sich mit Möbel-Polierpasten oder Lösungen sehr gut auffrischen.

Defekte Holz-Gehäuse einfacher Art werden vom Tischler repariert und eventuell neu gebeizt, falls dies angebracht ist.

Kitt für verschiedene Materialien bietet die moderne Chemie für fast alle Fälle in wesentlich besserer Zusammensetzung als es früher möglich war. Es gibt Kitte, die in sehr kurzer Zeit abbinden, sei es als Ein- oder Zwei-Komponenten-Kleber. Aber auch Kitte mit längerer Abbinde-Zeit sind von einer derartigen Festigkeit, dass ein neuer Bruch eher an einer neuen Stelle entsteht, als dass die Kitt-Stelle auseinandergeht.

Marmorgehäuse lassen sich auffrischen, wenn man sie mit einem Brei behandelt, der aus ungelöschtem Kalk mit soviel Seifenwasser hergestellt ist, dass ein mässig flüssiger Brei entsteht. Die Mischung bleibt einen Tag auf dem Marmor, wird danach abgewaschen und das Gehäuse gut trocken gerieben.

Flecke auf Marmor sind zunächst mit Zitronensaft abzureiben, danach wird ein Leinwandbausch mit Terpentin und reinem Wachs getränkt und damit kräftig nachgerieben, bis die Stelle trocken und glänzend ist.

Rostflecke in Marmor werden mit flüssiger Oxalsäure behandelt und danach wieder poliert wie nachstehend beschrieben.

Marmorgehäuse werden poliert, wenn sie nach der Reinigung in lauwarmem Wasser mit einem Flanellappen bis zur Erwärmung gerieben werden, der mit 88 Teilen Terpentinspiritus, 10 Teilen weissem Wachs und 2 Teilen Oxalsäure getränkt wird.

Marmorkitt wurde früher aus Tischlerleim und Gips hergestellt. Der Leim wurde aufgelöst, der Gips mit Wasser zu einem dünnen Brei verrührt und beides vermischt. Das Auftragen muss schnell erfolgen, da Gips schnell fest wird.

Onyx-Gehäuse auffrischen. Man mische 10 Teile weisses Wachs, 2 Teile Oxalsäure (Acidum oxalic.), 88 Teile Terpentinspiritus und trage die Mischung mit einem Flanellappen auf. Danach wird jede Stelle nachgerieben, bis sie warm wird, wodurch die neue Politur entsteht.

Perlmutter ist die innere Schicht gewisser Muscheln und Schnecken, bestehend aus dünnen Lagen von Aragonitplättchen mit Zwischenlagen von Konchyolin. Perlmutter wird auch zu Intarsien verarbeitet. Zum Polieren verwendet man eine Mischung von Tripel mit verdünnter Schwefelsäure, wobei die Säure jedoch nie allein auf das Perlmutter gebracht werden darf, da sonst matte Stellen entstehen.

Porzellan ist empfindlich gegen unsanfte Behandlung, dafür aber leicht zu reinigen, wozu jede Seifenlösung geeignet ist. Porzellan lässt sich bei Bruch, wenn die Teile noch vorhanden sind, vom Fachmann durch Nachbrennen wieder reparieren, doch wird Vergoldung etwas matter.

Reinigungsmittel. Die modernen Waschmittel besitzen eine Reinigungskraft, die mit früheren alten Rezepten kaum zu vergleichen ist und können darum auch zum Reinigen von Metall-Uhrengehäusen verwendet werden.

Rost von Eisen und Stahl entfernen. Die elektrolytische Entrostung ist ein besonders bewährtes und schonendes Verfahren, erfordert jedoch ein entsprechendes Gerät für Netzanschluss (Stromstärke 10 Amp. und 10 Volt Ausgang), ferner eine galvanische Wanne für die 20%ige Natronlauge, in die ein V2A-Blech als Anode eingehängt wird.
(Das Verfahren ist von Dr. W. Lympius in den ‹Schriften der Freunde alter Uhren›, Heft XVII/1978 ausführlich beschrieben.)
In dem ‹Chemisch-Technischen Rezeptbuch für Uhrmacher› von E. Eyermann, 1912 und 1923, ist ein Verfahren aufgeführt, das sich Dr. Bucher patentieren liess. Ein Uhrmachermeister hat es kürzlich von einem Apotheker zusammenstellen lassen und mit sehr gutem Erfolg angewendet:

- 3 g Tragantgummi in 100 g Wasser auflösen
- 3,5 g Weinsäure in 50 g Wasser
- 0,5 g reine Schwefelsäure werden hinzugefügt. Alsdann setzt man noch pulverisierte Rosolsäure
- 100 g Ferrosulfat
- 5 g Kali-Alaun in 100 g Wasser bei.

Die Lösung wird einfach auf die rostigen Gegenstände aufgetragen, wonach der Rost ohne Angriff des Eisens abfällt.

Schildpatt ist bei Uhrgehäusen insbesondere durch **André-Charles Boulle** in Verbindung mit Messing angewendet worden. Auch mit farbigen Holzarten aus Indien und Brasilien, mit Metallen und Schildpatt ahmte er Blumen, Früchte und Tiere nach und komponierte daraus Gemälde mit Stilleben, Jagden und Schlachten.
Seine Technik bestand darin, dass er gleichzeitig die Motive in Messing und Schildpatt aussägte und entsprechend verwendete.

Um Schildpatt zu polieren, trägt man auf ein Stück Flanell in Öl angemachte Zinnasche auf und reibt damit nach und nach immer trockener, bis eine fehlerfreie Politur entstanden ist. Auch Pariser Rot mit Öl ist dazu geeignet.

Schildpatt zu schweissen ist möglich durch Wasserdampf-Hitze, wodurch die Teile in weichen Zustand versetzt werden und die Bruchstellen sich verbinden. Es wird empfohlen, die beiden Teile mit einem feuchten Lappen zu umwickeln und dann mit einem heissen Gegenstand (Zange!) zu umfassen. Die Hitze muss ausreichend sein, um Papier gelb zu sengen. (Besser dem Fachmann überlassen.)

Stahlteile blau anlassen. Die blank geschliffenen Teile dürfen nicht mehr mit den Fingern angefasst werden. Unregelmässig geformte Teile legt man auf ein Blech, das mit Messingspänen in der Form des anzulassenden Teiles bestreut wird. Bei Zeigern sollen etwa beim Zeiger-Auge entsprechend der Form mehr Späne liegen, damit mehr Hitze übertragen werden kann und das Anlassen gleichmässig vor sich geht. – Wellen rollt man auf einem Anlassblech hin und her.
Da die Farbe ‹nachläuft›, ist das Teil schon vor Erreichen der gewünschten Farbe aus der Hitze zu nehmen. Mit einer spitzen Flamme lässt sich die Hitze besser verteilen, als wenn das Ganze auf einer gleichmässig erhitzten Fläche liegt.

Anlassfarben. Im einzelnen entstehen folgende Anlassfarben die auf Interferenz des Lichtes an den weniger als 1/1000 Millimeter dicken Oxydschichten zurückzuführen sind.

Strohgelb	220 °C	Diese Färbung ist gehärteten Bohrerschneiden, Sticheln usw. zu geben.
Dunkelgelb	250 °C	für Sperrfedern bzw. für Sperrkegelspitzen, Punzen usw.
Braun	260 °C	
Purpurrot	275 °C	für Schraubenköpfe.
Dunkelrot	290 °C	

Dunkelblau	300 °C	für alle federnden Teile.
Hellblau	310 °C	für die Punzenteile, auf die geschlagen wird.
Hellblau ins Grünliche	335 °C	bequem zu feilen.
Beginnendes Glühen	525 °C	
Kirschrote Glut	800 °C	zum Härten aller Federn usw. bestgeeignete Glut.
Hellrote Glut	1000 °C	zum Biegen des Stahls im Feuer.
Weissglut	1300 °C	zum Schweissen des Stahls.
Schweisshitze	1400 °C	

Tula ist eine an Grossuhren seltener angewendete Färbung, die als Kitt in die Gravierungen eingeschmolzen wird. Der Kitt besteht aus einer durch Schwefel und Kohle gefärbten Mischung von geschmolzenem Silber, Kupfer und Blei, die pulverisiert und durch Salmiak flüssig gemacht wird. Das Ganze wird mit der Oberfläche bündig geschliffen.

Vergoldete Gehäuse
Bronze-Gehäuse sind feuervergoldet, Zinkguss-Gehäuse sind galvanisch vergoldet. Zur Untersuchung schabt man innen etwas die Vergoldung ab.

Feuervergoldete Bronzegehäuse können mit folgender Lösung behandelt werden:
– 100 g Salmiakspiritus
– 10 g doppeltkohlensaures Natron
– 20 g reiner Spiritus
– 15 g Schwefeläther
– 12 g doppeltkohlensaures Kali.
Die Lösung kann aufbewahrt werden, ist jedoch vor jedem Gebrauch zu schütteln. Grüne Flecke auf dem Gehäuse sind zuvor mit Watte und Salmiakspiritus zu betupfen. Das Gehäuse ist zu zerlegen, doch sind Schrauben und Muttern wieder einzusetzen.
Etwas Lösung wird in eine Schale gegossen und mit einem Borstenpinsel wird die Vergoldung bearbeitet, bis sie rein ist.
Die gewaschenen Stücke werden in ein ausreichend grosses Gefäss mit frischem Wasser gelegt, so dass alle Teile völlig unter Wasser liegen.
Das Wasser wird abgegossen und danach heisses Wasser eingefüllt, in dem die Teile sich einige Zeit erwärmen sollen. In Sägespänen trocknen.

Fingerflecke sind beim Zusammensetzen und später durch Benutzung von Lappen oder Papier streng zu vermeiden.
Vergoldete Zinkgussgehäuse können wie oben angegeben mit folgender Lösung behandelt werden:
– 200 g destilliertes Wasser
– 50 g Zyankali (Vorsicht! Starkes Gift!)
– 8 g Natron
– 40-50 Tropfen Schwefeläther
– 40-50 Tropfen reiner Spiritus
Einfache Reinigung in einem Seifenbad mit etwas Natron.

Auffrischen der Vergoldung erfolgt in einer Zyankali-Lösung (Vorsicht! Starkes Gift! Keine Wunden an den Händen!) 100 g auf 1 Liter Wasser. Gründlich unter fliessendem Wasser nachspülen und in warmen Sägespänen trocknen.

Zaponlack entfernen. Zaponlack blättert leicht von Gegenständen ab, wenn man ihn kurze Zeit in kochendes Wasser legt.

Zifferblatt-Versilberung reinigen. Ein einfaches Mittel: Cremor Tartari mit Wasser angerührt auf das Zifferblatt einwirken lassen und danach abspülen.
Zyankali-Lösung (Vorsicht! Starkes Gift!) mit Wasser verdünnt, kann mit Watte aufgebracht werden und wird danach gründlich abgespült. Vorsicht bei nur aufgedruckten Zahlen, die leicht verschwinden! Abradieren mit Radiergummi hilft in leichten Fällen.

Zifferblatt-Zahlen schwarz auslegen. Nitro-Lack ist das einfachste Mittel, Gravuren in Metall schwarz auszulegen, zumal Fehler durch Nitro-Verdünnung schnell beseitigt werden können.
Oxydation ist eine andere Möglichkeit, Metallflächen dunkle Färbung zu geben. Allerdings muss dann die helle Originalfärbung wiederhergestellt werden. Mit der in Goldschmiedebedarfs-Grosshandlungen erhältlichen ‹Oxyd-Tinktur› ist die Oxyd-Färbung am einfachsten möglich und auch durch Abwischen der Kontrast am leichtesten herstellbar.
Grössere und massive Silberteile können mit einer Oxyd-Flüssigkeit eingepinselt und erwärmt werden; die Tinktur besteht aus einem Stück Schwefelleber, das in Wasser zum Kochen gebracht wird und dem unter Umrühren einige Tropfen Salmiakgeist zugesetzt werden. An der Oberfläche wird die Färbung mit Bimssteinmehl oder feinem Sand abgeschliffen, so dass nur die Vertiefungen dunkel bleiben. Der Gegenstand wird nach dem Auswaschen in Sägemehl getrocknet. Zaponierung verhindert das Anlaufen.

Zink vergolden. In 10 g dest. Wasser löst man Chlorgold auf, das aus 5 g Gold gewonnen wird, fügt eine Lösung von 30 g Zyankali auf 40 g Wasser hinzu und filtriert die Lösung.
Getrennt werden 50 g trockene Schlämmkreide und 2,5 g gepulverter Weinstein gemischt und davon der ersten Lösung soviel hinzugefügt, dass ein Brei entsteht. Dieser wird mit einem Pinsel aufgetragen und danach gewaschen.

Zinn alt machen. Zinn lässt sich antik machen, wenn man eine Lösung von Alaun in warmem Wasser bereitet. Nach dem Erkalten bringt man einige Tropfen Schwefelsäure oder Salzsäure hinein. Der Gegenstand wird einige Sekunden eingetaucht und in Wasser gründlich abgespült.

Diese ‹historische› Rezeptsammlung ist zusammengestellt u.a. aus folgenden Büchern:
‹Chemisch-Technisches Rezeptbuch für Uhrmacher›, von E. Eyermann, Verlag Knapp, Halle a.d.S., 1912.
‹Materialkunde für Uhrmacherei u. Feinmechanik, Technologie I. Teil›, von Prof. Dipl.-Ing. H. Eckl, Verlag F. Berger, Horn, N.-Ö., 1952.
‹Das ABC des Uhrmachers› von Studienrat A. Gruber, Uhrmachermeister G. Münch und Uhrmachermeister K. Strock. Herausgegeben von der Neuen Uhrmacher-Zeitung, Ulm, 1955.
‹Der Museumsfreund› Heft 2, 1962, Dr. Inge Schroth. Herausgegeben vom Württ. Museumsverband, Stuttgart.
Und aus verschiedenen Jahrbüchern für Goldschmiede und Uhrmacher, Verlag Rühle-Diebener, Stuttgart.

Werkzeug

Zur Reparatur alter Pendeluhren gibt es Spezial-Werkzeuge ausser der üblichen Werkzeug-Ausrüstung, die der Uhrmacher auch für seine übrigen Reparaturarbeiten benötigt. Es ist sicher unnötig, die üblichen Kleinwerkzeuge wie Kornzangen, Schraubenzieher, Hämmer, Lupen usw. hier aufzuführen.

Zur wichtigsten Werkstatt-Ausrüstung gehört zweifellos die **Drehbank,** die zur sauberen Ausführung der verschiedensten Arbeiten unentbehrlich ist.

Charakteristiken der Drehbank: robust und sehr stabile Wange
Spitzenhöhe 50 mm
Spitzenweite 170 mm

Spannzangen für Spindelstock 8 mm ∅ mit Bohrungen von 0,1 bis 7,2 mm
Präzision 0,01 mm
Zubehörteile, die der Pendulier am häufigsten benutzt:

Zubehörteile, die der Pendulier am häufigsten benutzt:

Bohrreitstock   Fräsapparat für 8 mm-Einsätze   Schleifapparat   Teilscheibe 160 mm ∅

Die **Drehbank mit Motor** ist auf einem mit Kunststoff überzogenen Holzsockel lieferbar, der eine Schublade für sämtliche Zubehörteile enthält.

Die klassische Uhrmacher-Drehbank mit halbrunder Wange kann selbstverständlich ebenfalls verwendet werden.

Charakteristiken:
Spitzenhöhe 40 mm
Spannzangen für Spindelstock 8 mm ⌀ mit Bohrungen von 0,1 bis 7,2 mm
Auch diese Drehbank ist lieferbar mit Bohrreitstock, Fräsapparat, Schleifapparat und einer Teilscheibe. Als zusätzliches Zubehörteil kann eine gekröpfte Wange verwendet werden, die es ermöglicht, Scheiben bis zu einem Durchmesser von 140 mm zu drehen.

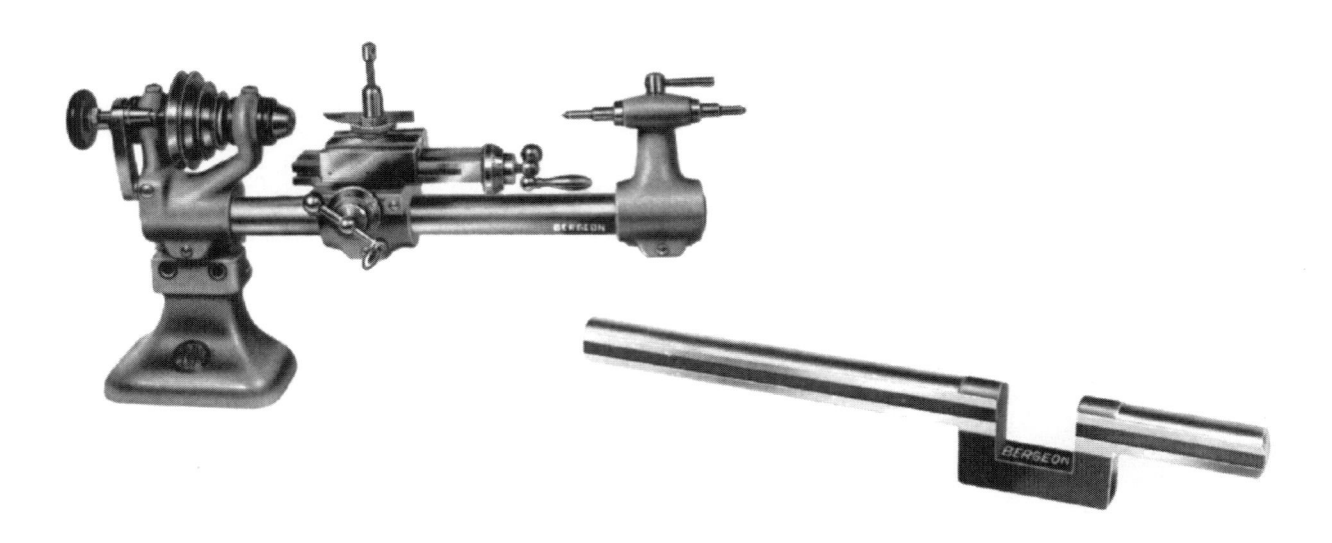

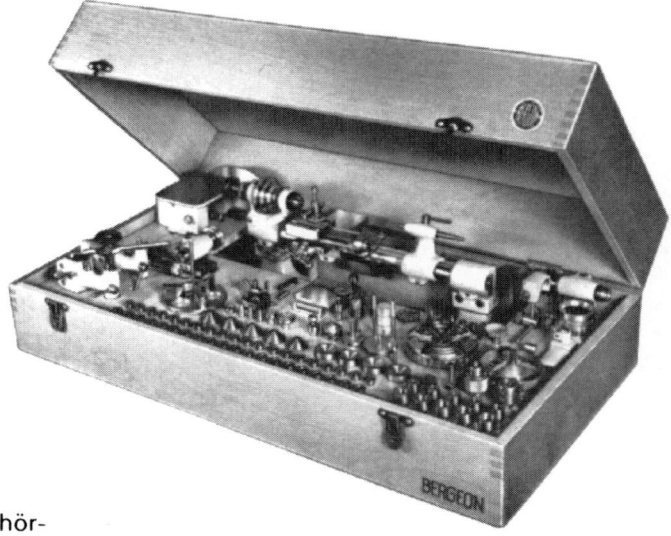

Sockel aus Gusseisen für Drehbank und Motor.

Grosser Kasten für die zahlreichen Drehbank-Zubehörteile.

Zum **Schleifen und Polieren der Zapfen** gibt es einen äusserst genauen Apparat mit Widia-Scheibe. Dieser Apparat kann auf allen Drehbank-Marken verwendet werden, die für Einsätze mit 8 mm ⌀ eingerichtet sind.

Die **Saphir-Polierfeile** wird für das Vollenden verwendet. Ihre nutzbare Länge beträgt 30 mm, die Breite 4 mm.

Die **Widia-Polierfeile** — grosses Modell — hat eine nutzbare Länge von 46 mm und eine Breite von 4,5 mm.

Der Presstock und sein Werkzeugkoffer.

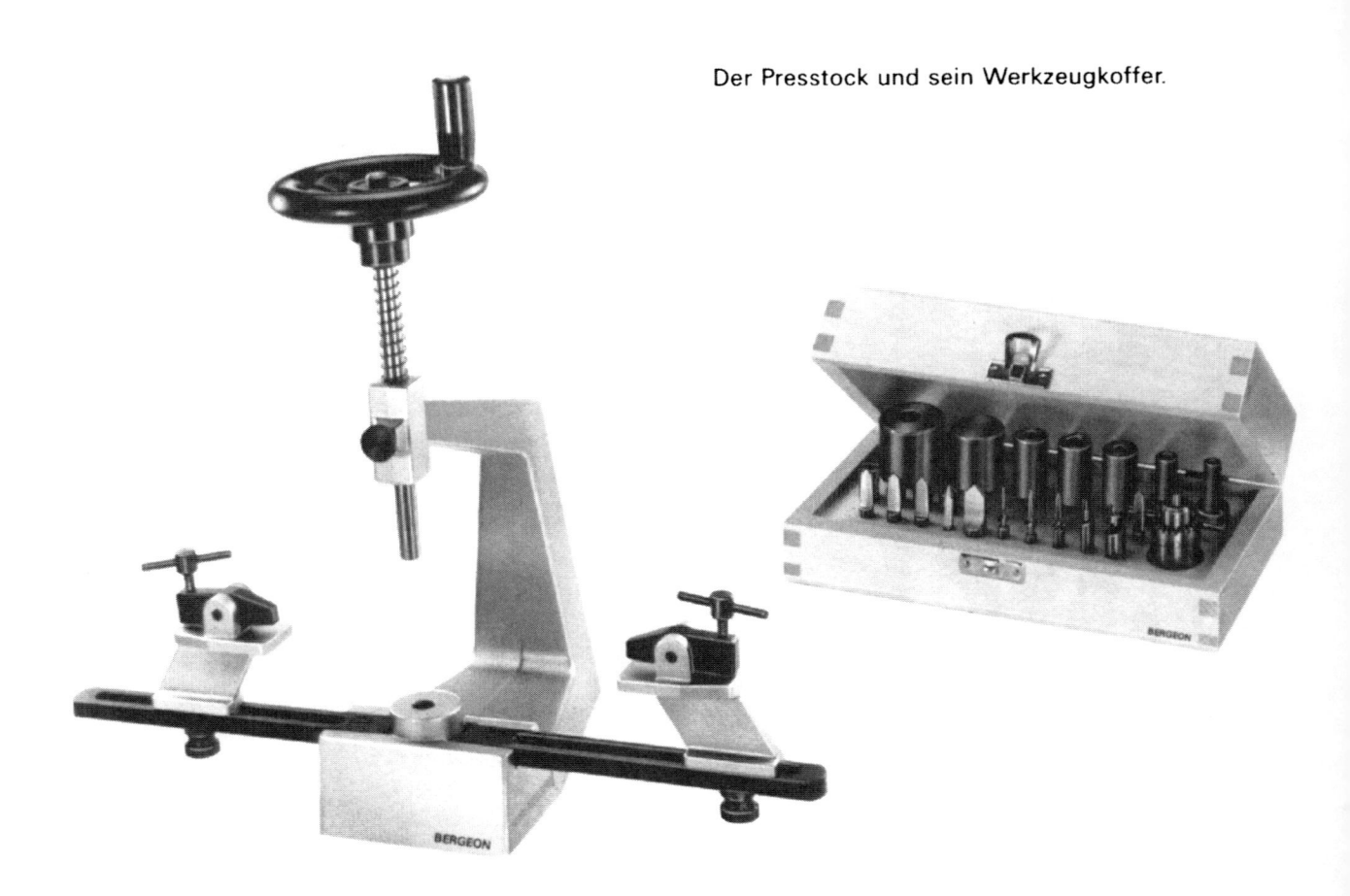

Der **Presstock** zum Einpressen der Grossuhr-Futter ist für den Uhrmacher unentbehrlich. Seine wichtigsten Vorteile:
Die Platinen mit einem Durchmesser von 50-220 mm werden von den Spannbacken festgehalten. Verwendbare Tiefe 108 mm, Höhe bis zu 70 mm.
Genau vertikale und vollkommen zylindrische Kaliberbohrung eines neuen Loches.

Leichtes Einpressen einer neuen Buchse aus Messing oder Bronze.

Die einfache Gebrauchsanweisung:
a) Platine befestigen und von oben zentrieren
b) Mit passendem Kaliber-Senker Loch aufbohren
c) Neue Buchse von innen einpressen.

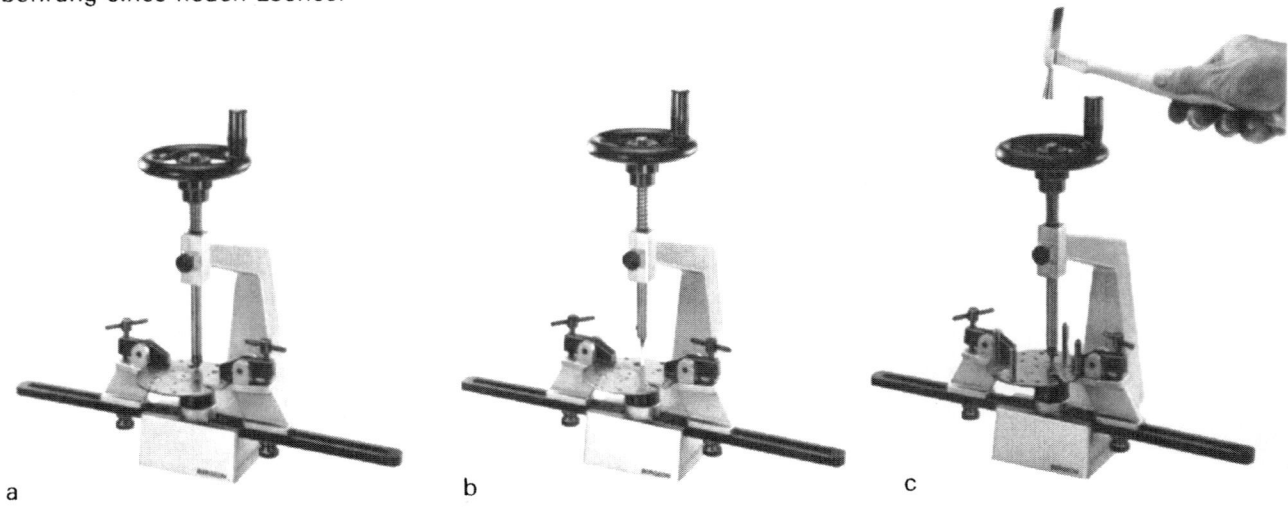

a   b   c

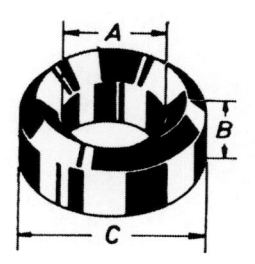

Vollständiges Sortiment der Grossuhr-Futter.

Mit dem NEUEN **Federwinder** ist das Herausnehmen und Einwinden einer Grossuhr-Zugfeder einfach und gefahrlos.

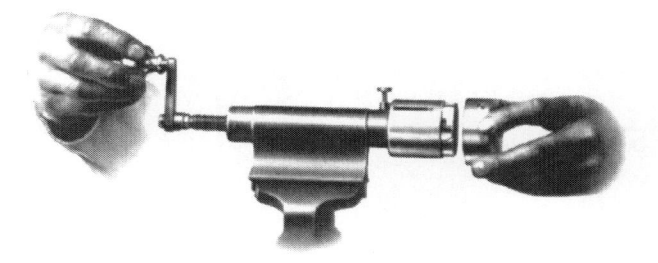

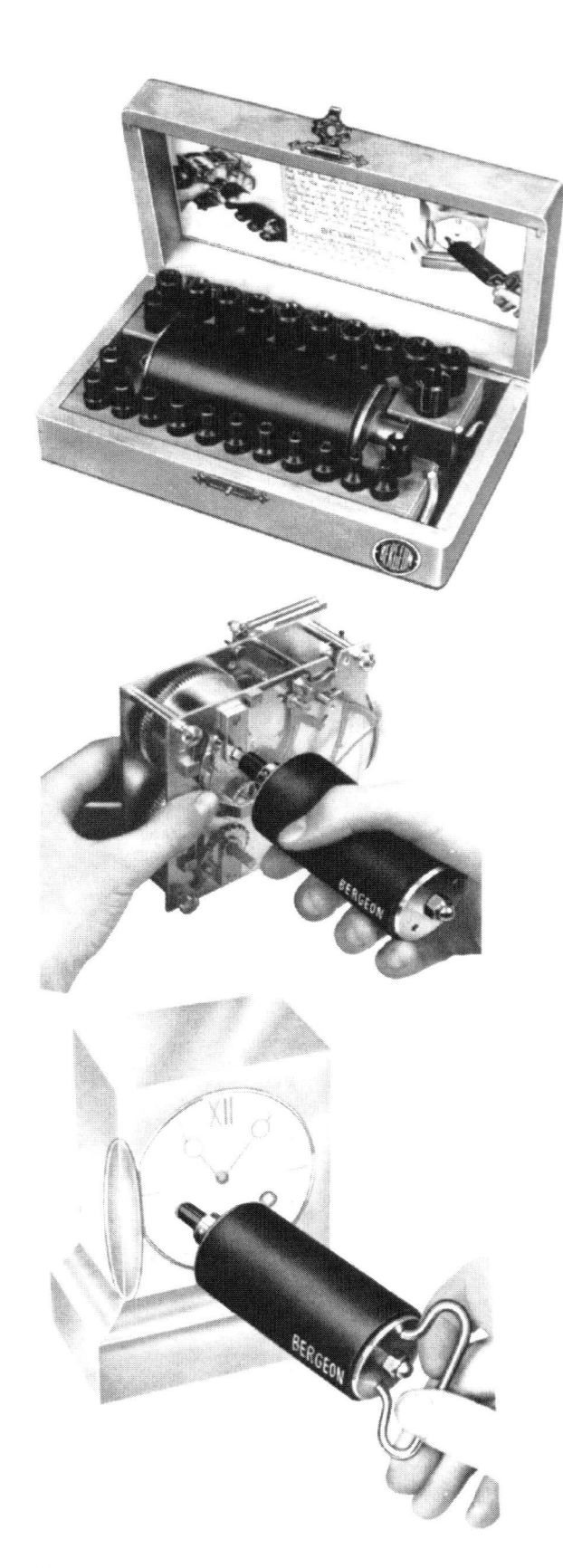

Der **Schlüssel zum Entspannen der Grossuhr-Zugfedern** ermöglicht gefahrlose Arbeit:
Man braucht nur noch einmal den Sperrkegel auszuklinken und kann durch mehr oder weniger starken Druck auf die bremsende Gummihülle — die den Zylinder umgibt — in einem einzigen kurzen Arbeitsgang die Feder entspannen.

Durch Aufmontieren eines Metallgriffes wird das Werkzeug auch zum Aufzugschlüssel mit seinen 24 numerierten Einsätzen mit viereckigem Loch von 1,75 bis 7,5 mm.

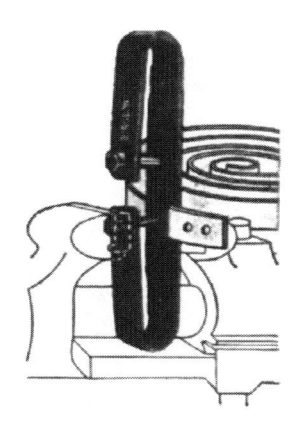

Der **Federlocher für Grossuhr-Federn** wird in den Schraubstock gespannt. Mit ihm ist ein müheloses Ausstanzen von Löchern in ausgeglühte Zugfeder-Enden möglich.
Bei der Reparatur antiker Grossuhren ergibt sich oft die Notwendigkeit, ein defektes Rad zu ersetzen, also neu zu fräsen.
Es gibt eine Neuheit in Form eines **Satzes von nur 26 Fräsern.** Ein Spezialist hat nach theoretischen Berechnungen und praktischen Versuchen diesen Satz zusammengestellt, der den Uhrmacher in die Lage versetzt, alle Räder mit 25 und mehr Zähnen für jedes Modul zu fräsen. Diesen BERGEON-TECNOLI Fräsersatz gibt es sowohl mit rundem als auch flachem Zahngrund. Für alte Uhren kommt nur flacher Zahngrund in Betracht.
Es gibt einen speziellen Werkzeugschaft 8 mm ⌀ zur Aufnahme des zu fräsenden Rades. Mit ihm ist es möglich, Rad und Werkzeugschaft zwischenzeitlich in den Eingriffzirkel zur Kontrolle zu spannen.

131

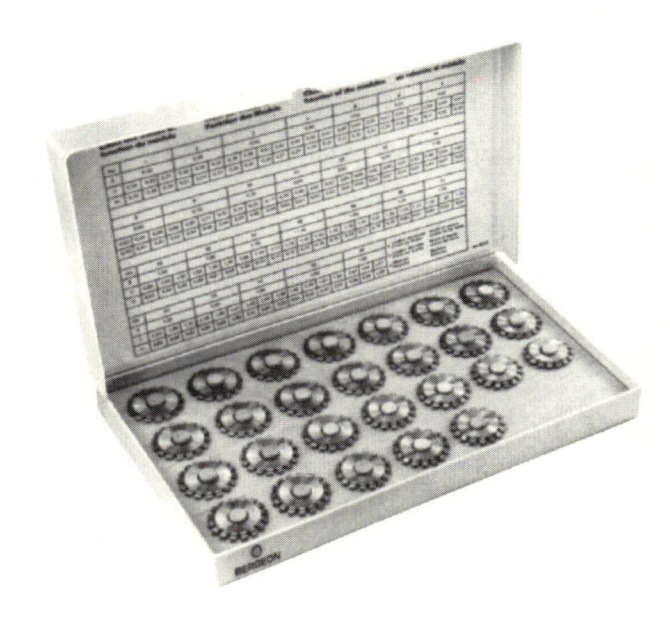

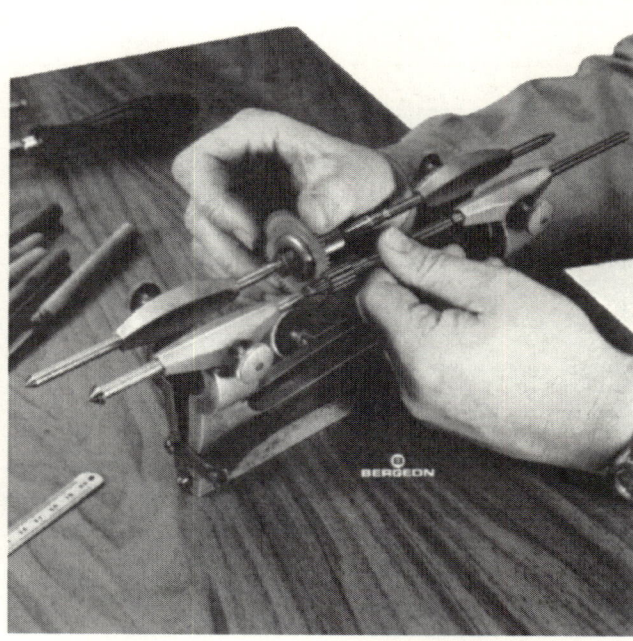

Inhalt des vollständigen Fräsersatzes BERGEON-TECNOLI

BERGEON - TECNOLI		Pour fonds plats Für flache Gründe For flat bottoms Para fondos planos			Pour fonds ronds Für runde Gründe For round bottoms Para fondos redondos		
Module Modul Modulus Módulo	Epaisseur Dicke Thickness Espesor mm	No	gr.	Pce Fr.	No	gr.	Pce Fr.
0.18 - 0.19 - 0.20	2.5	6375 - 1	10		6376 - 1	10	
0.21 - 0.22 - 0.23	2.5	6375 - 2	10		6376 - 2	10	
0.24 - 0.25 - 0.26 - 0.27	2.5	6375 - 3	10		6376 - 3	10	
0.28 - 0.29 - 0.30	2.5	6375 - 4	10		6376 - 4	10	
0.31 - 0.32 - 0.33	2.5	6375 - 5	10		6376 - 5	10	
0.34 - 0.35 - 0.36	2.5	6375 - 6	11		6376 - 6	11	
0.37 - 0.38 - 0.39	2.5	6375 - 7	11		6376 - 7	11	
0.40 - 0.41 - 0.42	2.5	6375 - 8	11		6376 - 8	11	
0.43 - 0.44 - 0.45 - 0.46	3.5	6375 - 9	11		6376 - 9	11	
0.47 - 0.48 - 0.49	3.5	6375 - 10	12		6376 - 10	12	
0.50 - 0.51 - 0.52	3.5	6375 - 11	12		6376 - 11	12	
0.53 - 0.54 - 0.55	3.5	6375 - 12	12		6376 - 12	12	
0.56 - 0.57 - 0.58	3.5	6375 - 13	12		6376 - 13	12	
0.59 - 0.60 - 0.61 - 0.62	4.5	6375 - 14	12		6376 - 14	12	
0.63 - 0.64 - 0.65	4.5	6375 - 15	12		6376 - 15	12	
0.66 - 0.67 - 0.68	4.5	6375 - 16	13		6376 - 16	13	
0.69 - 0.70 - 0.71	4.5	6375 - 17	13		6376 - 17	13	
0.72 - 0.73 - 0.74	4.5	6375 - 18	13		6376 - 18	13	
0.75 - 0.76 - 0.77 - 0.78	4.5	6375 - 19	13		6376 - 19	13	
0.79 - 0.80 - 0.81	4.5	6375 - 20	13		6376 - 20	13	
0.82 - 0.83 - 0.84	5.5	6375 - 21	13		6376 - 21	13	
0.85 - 0.86 - 0.87	5.5	6375 - 22	14		6376 - 22	14	
0.88 - 0.89 - 0.90	5.5	6375 - 23	14		6376 - 23	14	
0.91 - 0.92 - 0.93	5.5	6375 - 24	14		6376 - 24	14	
0.94 - 0.95 - 0.96 - 0.97	5.5	6375 - 25	14		6376 - 25	14	
0.98 - 0.99 - 1.00	5.5	6375 - 26	14		6376 - 26	14	

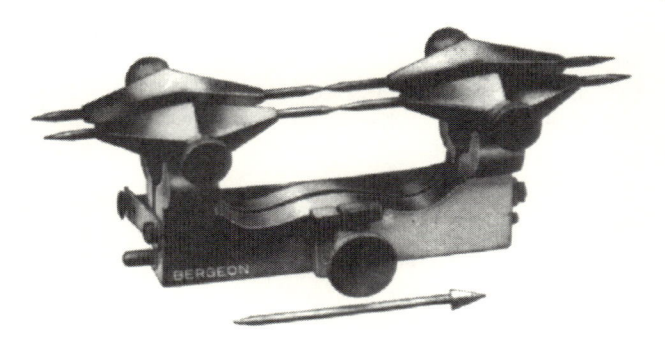

Der **Eingriffzirkel** ist eine wertvolle Hilfe, um festzustellen, ob das neu geschnittene Rad einwandfrei mit dem zugehörigen Trieb im Uhrwerk arbeitet.

Dieses bereits im 18. Jahrhundert bekannte Modell wird auch heute noch benutzt. Erhältlich sind die Längen 120 und 155 mm.

Dieser moderne Eingriffszirkel ist sehr genau und leicht. Seine Ausmasse erlauben, auch Räderpaare grosser Pendulen zu kontrollieren. Verwendbare Höhe 122 mm, Achsenabstand 145 mm, maximaler Durchmesser der Räder 118 mm.

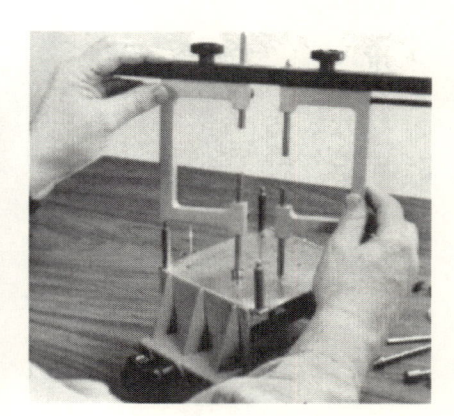

Moderne **Reinigungslösungen** entfernen Schmutz und verharztes Öl bequemer, gründlicher und schneller als frühere Verfahren. Hier das grosse Modell einer Reinigungsmaschine mit Metallbehältern (Innen-Durchmesser 250 mm) und einem Korb (Innen-Durchmesser 185 mm), zwei Drehrichtungen. Der Arbeitsvorgang ist der gleiche wie bei der Reinigungsmaschine für Kleinuhren:
1. Behälter: Reinigungsbad (Bergeon 1 A oder Rubisol)
2. und 3. Behälter: Spüllösung (Bergeon 3 A und F 45)
Trocknen in der Heizkammer.

Die Ultraschall-Reinigung ist besonders schnell und intensiv. Die **Ultraschall-Wanne** gibt es in verschiedenen Grössen, mit oder ohne Heizung. — Benutzt wird ein spezielles Ultraschall-Bad.

Ein **Werkhalter** ist notwendig beim Zerlegen eines Uhrwerkes und beim Zusammensetzen nach der Reparatur:

Satz von 4 runden Werkhaltern aus Holz.

Sehr stabiler Werkhalter aus Guss.
Zwei Modelle mit nutzbaren Öffnungen von 150 mm und 200 mm.

Zwei Werkhalter-Modelle aus Holz für Pendulen, zur Wandaufhängung bezw. zur Aufstellung auf den Werktisch.

135

Mit dem Werkhalter aus Metall mit zwei Positionsmöglichkeiten kann ein Uhrwerk in verschiedene Stellungen gebracht werden.
Gerade und gebogene Spannbacken in verschiedenen Breiten.

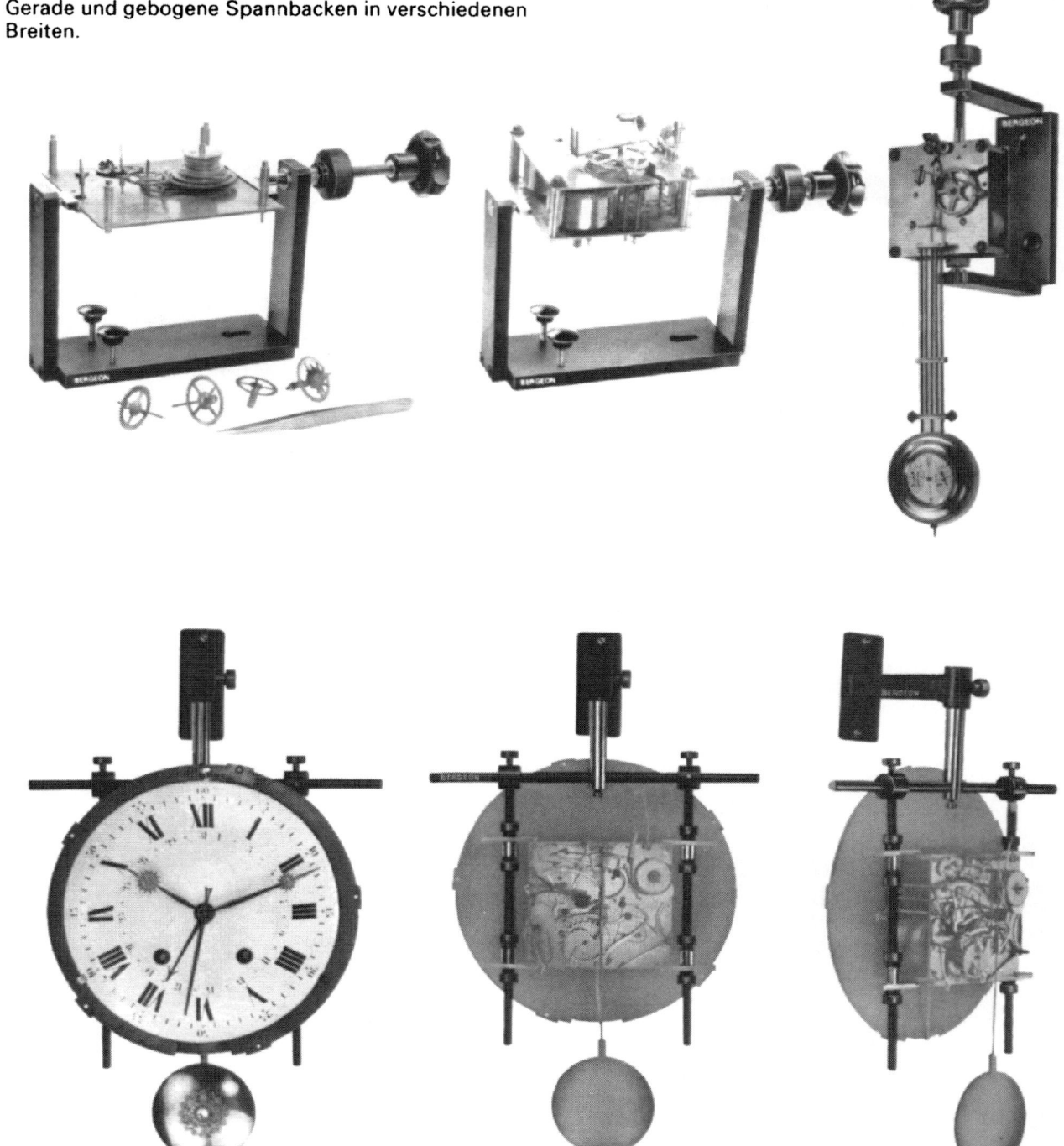

Werkhalter aus Metall zum Aufhängen und in alle Richtungen drehbar.
Grosse Kapazität: 210 × 230 mm.

Weitere nützliche Werkzeuge

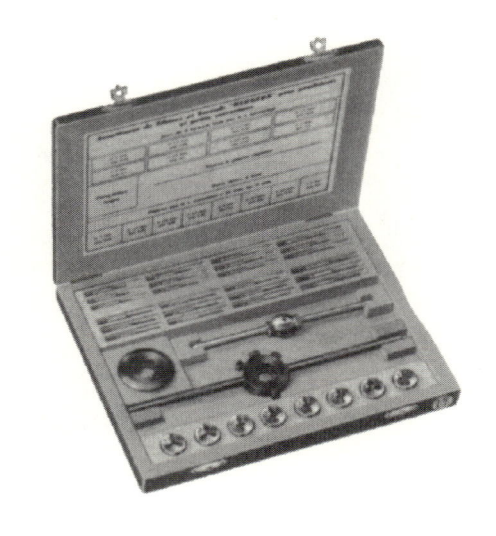

Sortiment von **Schneideisen** und je drei **Gewindebohrern** in 8 Durchmessern von 1-3 mm.

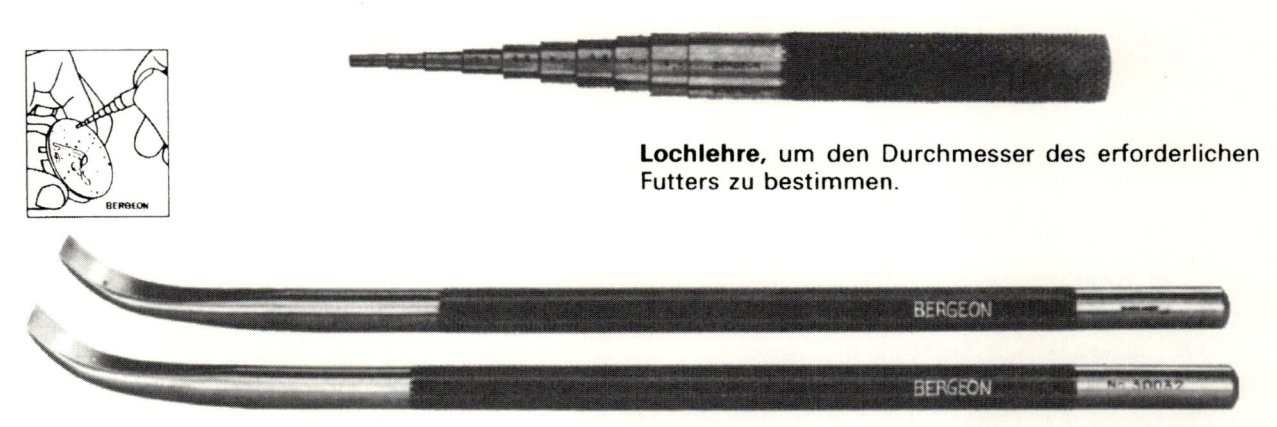

Lochlehre, um den Durchmesser des erforderlichen Futters zu bestimmen.

Stahlhebel zum Abnehmen der Zeiger, Länge 210 mm.
Zum Schutz des Zifferblattes sollte ein Stück Pappe unter die Hebel gelegt werden.
Absolut sicheres Werkzeug zum Abziehen auch sehr fest sitzender Zeiger.

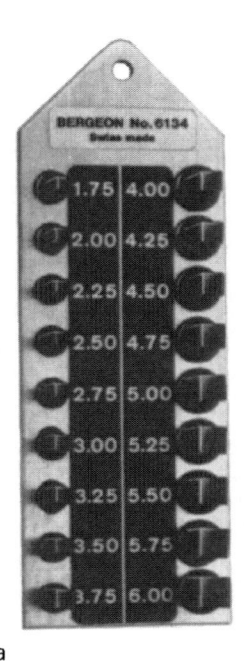

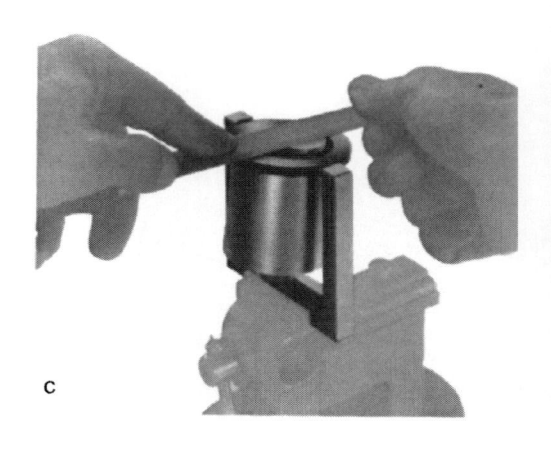

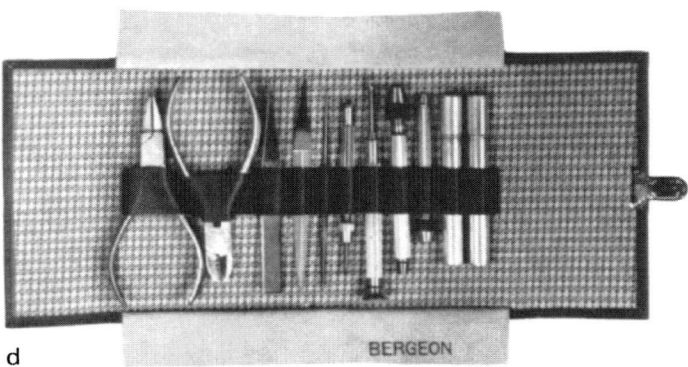

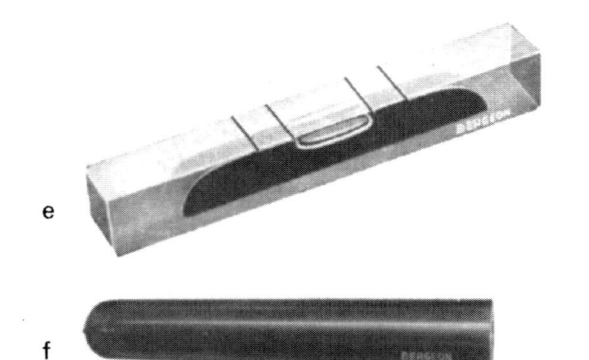

a) **Lehre für Pendulenschlüssel.**

b) **Anreiss-Zirkel** zum Markieren und Vorzeichnen, Kapazität 55 mm.

c) **Werkzeug zum Flachfeilen,** in der Höhe verstellbar. Maximale Dicke 7 mm.

d) **Werkzeugtasche** für Besuche bei Kunden.

e) **Wasserwaage** als Hilfe beim Aufhängen von Uhren.

f) **Ölgeber** mit Reservoir, mit dem man schnell und sicher ölen kann. Das überflüssige Öl fliesst automatisch in den Öler zurück.

Sach-Register

	Kapitel	Seitenzahl
A		
‹Abfall› richten	V	118-119
Abspannen der Zugfeder	I	25
Alabaster	Anhang	119
‹Alles oder nichts›	IV	112
Anker-Konstruktion	II	34
Anlassfarben	Anhang	121
Anlauf-Warnung	IV	72-73
Anreiss-Werkzeug	I	13
Arrondieren der Zapfenenden	I	9
Aufbau der Pendeluhren	I	7
Aufstellen und Aufhängen einer Uhr	V	118-119
Ausdehnungs-Koeffizienten	II	50
Automaten-Figur	IV	82
Automatische Schlag-Abstellung	IV	78
Automatische Schlagregelung	IV	94
Automatische Umschaltung (Sonnerie)	IV	116
Ave Maria-Melodie	IV	102
B		
Bassermann-Jordan, Ernst v.	Einleitung	6
Baumbach	III	65
Berechnung von Zahnrad-Eingriffen	I	19
Berechnungsbeispiele für Zahnrad-Eingriffe	I	21-22
Berner, G.-A.	IV	107
Bertele, Prof. Dr. H. v.	Einleitung	6
Berthoud, Ferd. (Freie Pendel-Hemmung)	II	43
Berthoud, Ferd. (Hilfsaufzug)	I	28
Berthoud, Ferd. (Isochrone Hemmung)	II	35
Berthoud, Ferd. (Zeitgleichungs-Planetengetriebe)	III	64-65
Berthoud, Ferd. (Zug-Repetition)	IV	108-109
Blasebalg	IV	81-82
Blattfeder ausfeilen	IV	101
Blattvergoldung	Anhang	119
Boulle, André-Charles	Anhang	121
Branding, H.	IV	90-91
Brocot-Anker	II	37
Brocot-Hemmung	II	38
Brocot-Pendelfeder	II	48
Brocot, 100 jähriger Kalender	III	62
Bronzegehäuse, feuervergoldet, reinigen	Anhang	122
Buchsen anfertigen	I	12
Buchsen einnieten	I	12
Buchsen einpressen	I	11
C		
Canterbury, Melodie	IV	102
Ceulen, Jan van	IV	85
Chimes, alte englische Glockengeläute	IV	103
Clement, William (Hakenhemmung)	II	34
Clement, William (Pendelfeder)	II	48
Comrie	III	65
Comtoise-Uhren	II	56
Comtoise-Halbstundenschlag	IV	73
Comtoise-Schlagwerk	IV	95-97
Comtoiser Zifferblätter aus 13 und 25 Teilen	III	67
Cycloiden-Verzahnung, Formeln	I	19-20
D		
Datumzeiger, zurückspringend	III	60
Diderot et d'Alembert, ‹Tanzmeister›	I	13
Diderot et d'Alembert, Hammer-Betätigung	IV	74
Diderot et d'Alembert, Zug-Repetition	IV	108-109
Digitale Stundenangabe	III	66-68
Dreibein-Werkzeug	I	12
Dreiviertel-Schlagwerke	IV	97-99
E		
Eingriffe prüfen	I	16
Eingriffsberechnung	I	19-20
Eingriffsberechnungs-Beispiele	I	21-22
Eingriffsformeln	I	20
Eingriffzirkel	I	17
Elfenbein	Anhang	119-120
Ellicott, Digitale Stundenanzeige	III	66-67
Ellicott, Kompensation an Pendelfeder	II	48
Ellicott, Kompensationspendel	II	50
Email	Anhang	120
Englische Glockengeläute	IV	101-103
Encyclopédie Diderot et d'Alembert ‹Tanzmeister›	I	13
Encyclopédie Diderot et d'Alembert Hammer-Betätigung	IV	74
Encyclopédie Diderot et d'Alembert Zug-Repetition	IV	108-109
Epicycloide	I	19
F		
Factor 2 ha	I	19
Fadenaufhängung des Pendels	II	46-47
Falschschlagen	IV	88
Federhaushaken	I	25
Federhaus-Zähne ersetzen	I	24-25
Federhaus-Zähne richten	I	24
Federhaus-Zahnkranz ersetzen	I	25
Federkern-Durchmesser	I	25
Federlocher für Zugfedern	I	25-26
Federwinder	I	26
Festes Federhaus	I	26
Flöten-Spieluhren	IV	82-83
Fräser (Einzahnfräser) Anfertigung	I	22

	Kapitel	Seitenzahl
Fräser-Einstellung	I	22
Französische Glockenspiel-Melodien	IV	103
Freischwingendes Pendel	II	45
Friesen-Uhren	I	31
G		
Galileo Galilei	II	46
Gegengesperr	I	28
Gegenschwungpendel	II	53
Gerstenkorn-Verzahnung	I	21
Gewichts-Antrieb	I	28
Gewichtsaufzug nach Huygens	I	29
Glasemann, R.	IV	111
Glasglocken	IV	81
Glocken aus Metall	IV	80
Glockenumstellung durch Schlossscheibe	IV	76
Graham-Hemmung	II	37
Graham-Hemmung, Fehler	II	40
Graham-Anker, verschiedene Ausführungen	II	37-38
Graham-Anker, Anfertigung	II	40-41
Graham-Anker, Reparatur	II	39
Graham-Scherenanker	II	42
Graham, Kompensationspendel (Quecksilber)	II	51
Grande et petite sonnerie in Neuenburger Pendule von Jaquet-Droz	IV	112-115
Grande sonnerie	IV	107
Grashopper-Hemmung	II	42
Grimthorp and Henderson	III	65
Gros, Charles	II	42
Guilmet, frei-schwingendes Pendel	II	45
H		
Hakenanker, Anfertigung	II	34-35
Hakenanker, Pariser Form	II	34
Hakenanker, Schwarzwälder Blechanker	II	34
Haken-Hemmung	II	34
Hammer-Betätigung und Umschaltung	IV	74-78
‹Hand› (in Repetition)	IV	109
Harrison's Grashopper-Hemmung	II	42
Harrison's Rost-Pendel	II	49
Hemmungen, aussergewöhnliche	II	42
Hemmung mit konstanter Kraft von Th. Reid	II	43
Hemmungsrad	II	38-39
Henderson	III	65
Hilfsaufzug von Berthoud	I	28
Höhensupport zum Räderschneiden	I	18
Hohltriebe, schadhaft	I	15
Holzgehäuse	Anhang	120
Holz-Pendelstange	II	50-51

	Kapitel	Seitenzahl
Holzräder schneiden	I	15
Hooke, Robert	II	34
Hundertjähriger Kalender von Brocot	III	62
Huygens, endloser Antrieb	I	29
Huygens, Zykloiden-Pendelaufhängung	II	46
Hypocycloide	I	19-20
J		
Jaquemart (‹jack›) siehe auch Roccatagiata	IV	82
Jaquet-Droz, Pierre, Sonnerie	IV	112-116
Jürgensen, Urban (Schwerkraft-Hemmung)	II	44
Justierkloben bei Schlossscheiben-Schlagwerk	IV	86
K		
Kalenderangaben	III	60
Kegelpendel	II	46
Kette einwinden bei Schnecke	I	27
Ketten für Gewichtsantrieb	I	30
Ketterer, Anton (Kuckucks-Uhr)	IV	89
Kitt	Anhang	120
Kittel, Anton (Pendeluhr m. Schwerkrafthg.)	II	44
Klangkörper	IV	80-83
Knibb, Samuel (Schlossscheibe)	IV	84
Kompensationspendel	II	49-50
Kopenhagen-Melodie	IV	102
Korrekturfaktor 2 ha	I	20
Krumm, G.-A.	IV	92
Kuckucksuhren mit Rechenschlagwerk	IV	89-90
Kugelhemmungen	II	43-44
L		
Lager für Schwarzwälder Holzgestelle	I	11
Lager neu justieren	I	12-13
Lagerbuchsen anfertigen	I	12
Lagerbuchsen einnieten	I	12
Lagerbuchsen einpressen	I	11
Lantern-Uhren, Huygens-Antrieb	I	29
Le Roy, Pierre	II	48
M		
Mahler (Kompensationspendel)	II	50
Maître à danser (Werkzeug zum Anreissen)	I	13
Malerei auf Holz	Anhang	120
Malteserkreuz-Staffeltransport	IV	97
Malteserkreuz-Stellung	I	26
Margetts	III	65
Marmorgehäuse	Anhang	120

	Kapitel	Seitenzahl
Melodien für Schlagwerke	IV	101-103
Minutenradzapfen reparieren	I	9
Minutenteilung auf Zifferblatt, Hilfsapparat	III	66
Modul	I	19-20
Mondphasen	III	62-63
Morbier-Uhren	IV	95-96
Morez-Uhren	II	56
Musée International d'Horlogerie, La Chaux-de-Fonds	IV	113
Musikwerke	IV	82-83
Mysteriöse Uhren	II	45

N
	Kapitel	Seitenzahl
Nachtabstellung der Schlagwerke, automatisch	IV	78
Neuenburger Pendulen-Werke	IV	113
Neuenburger Pendulen mit Viertel-Rechenschlagwerk und Zug-Repetition	IV	111-112
Neuenburger Pendule (P. Jaquet-Droz)	IV	112-116
Nitrolack	Anhang	122
Non-Sonne	IV	107

O
	Kapitel	Seitenzahl
Ölen	V	118
Ogival	I	19
Onyx-Gehäuse	Anhang	121
Oxydation aufbringen	Anhang	122

P
	Kapitel	Seitenzahl
Paletten schleifen	II	40
Pariser Dachanker	II	34
Pariser Rechenschlagwerk	IV	94-95
Peitsche	IV	72-73
Peitsche	IV	112-114
Pendel-Aufhängungen	II	46
Pendelfeder	II	47-48
Pendelfeder mit Kompensation	II	48
Pendel für Pariser Pendulen (Tab.)	II	55
Pendel-Kompensation von Ellicott	II	48
Pendellängen-Berechnung	II	54-55
Pendellinse anfertigen	II	49
Pendel-Tabelle	II	52
Penduluhren-Aufbau	I	7
Pendeluhren mit Schwerkrafthemmung	II	43-44
Pendeluhr regulieren	II	51-52
Pendulen mit 4/4 Schlagwerk	IV	107-110
Pendulen, Stilarten	IV	106
Perlmutter	Anhang	121
Petite sonnerie	IV	107
Pfeifen für Kuckuck- und Wachtelruf	IV	81-82-89
Pirouette	II	32

	Kapitel	Seitenzahl
Planetengetriebe von Berthoud	III	64-65
Polieren	I	8-9
Polieren von Zapfen	I	8-9
Polierfeilen für Zapfen	I	8-9
Poliermittel	I	9
Polierschaufel	I	9
Porzellan	Anhang	121

Q
	Kapitel	Seitenzahl
Quecksilber-Kompensationspendel	II	50

R
	Kapitel	Seitenzahl
Radansatz drehen	I	14
Radeingriffe prüfen	I	16
Radfräser	I	19
Rad-Mittelloch ausdrehen	I	23
Rad-‹Spiegel› drehen	I	24
Rad schenkeln	I	22-23
Rad strecken	I	17
Radzähne ersetzen	I	15-16
Radzähne schadhaft	I	15
Räder aus Holz schneiden	I	15
Räderschneidmaschine	I	18
Rechenabfall, geräuschlos	IV	94
Rechen-Konstruktion	IV	100
Rechenschlagwerk	IV	70-71
Rechentransport	IV	91-93
Rechentransport durch Hammer	IV	95
Rechentransport, lautlos	IV	92-93
Rechentransport, lautlos, durch Zahntriebe	IV	103
Regulieren ohne Sekundenzeiger	II	52-53
Reid, Th. (Hemmung mit konstanter Kraft)	II	43
Reinhard, A. (Mess-Ständer)	I	13
Reinhard, A. (Holzräder schneiden)	I	15
Reinhard, A. (Eingriffzirkel)	I	17
Reinhard, Arnold (Räder-Schenkel-Schablone)	I	23
Reinhard, Arnold (Federhauszähne ersetzen)	I	24
Reinhard, A. (Spindel-Kluppe)	II	33-34
Reinhard, A. (Pendellinse wölben)	II	49
Reinhard, Arnold (Teilung auf Zifferblatt)	III	66
Reinhard, A. (Staffelstern sägen)	IV	101
Reinhard, A. (Blattfeder ausfeilen)	IV	101
Reinigen der Uhrwerke	V	117
Reinigungsmittel	Anhang	121
Repetitions-Rechenschlagwerk	IV	107-108
Roccatagiata	IV	83
Röhren-Gong	IV	81
Rollen-Anker	II	37
Rost entfernen	Anhang	121
Rund-Gong	IV	80

	Kapitel	Seitenzahl
S		
Sägeuhr	I	30
Saunier, Claudius (Spindelhemmung)	II	33
Schablone zum Räderschenkeln	I	23
Schaukel-Schiff am Pendel	II	53-54
Schenkeln der Räder	I	22-23
Schildpatt	Anhang	121
Schlagregelung bei Westminster, selbsttätig	IV	104-106
Schlagwerk, Aufbau	IV	69-71
Schlagwerk-Auslösungen	IV	71-72
Schlagwerk-Melodien	IV	101-103
Schlagwerk ohne Rechen oder Schlossscheibe	IV	96
Schlagwerk zusammensetzen	IV	86-87
Schlossscheiben-Anfertigung	IV	87
Schlossscheiben, Entwicklung	IV	83-84
Schlossscheiben-Schlagwerk	IV	69-70
Schlossscheibe, Tast- u. Gleitschlossscheibe	IV	85
Schlossscheiben-Schlagwerk, Funktion	IV	86
Schnecke	I	27
Schneiden-Lagerung für Pendel	II	47
Schnepper-Auslösung	IV	74
Schwarzwälder Kuckucks- und Wachteluhr	IV	88-90
Schwarzw. Schlossscheibenwerk mit Repetition	IV	90-91
Schwerkrafthemmung von Tiede	II	44
Schwingungszahl-Berechnung	II	54
Science Museum London (Schlossscheibe von Jan van Ceulen)	IV	85
Seifenlauge für polierte Uhrwerke	V	117
Seilantrieb	I	29
Seile und Ketten	I	30
Shelton (Digitale Stundenanzeige)	III	66-67
Silence	IV	107
Sonnentag, mittlerer und wahrer	III	63-65
Sonnerie, grande et petite	IV	107
Sonnerie (P. Jaquet-Droz)	IV	112-115
Spiegel an Rad drehen	I	24
Spindelhemmung	II	32
Spindelhemmung, alte Regeln	II	33
Spindel-Anfertigung	II	33-34
Spindel-Hemmungsrad	II	39
Spindel-Kluppe (Rheinhard)	II	33-34
Spindel reparieren	II	33
St. Michael-Melodie	IV	102
Stab-Gong	IV	81
Stahl anlassen	Anhang	121-122
Stern für Stundenstaffel sägen	IV	101
Sternzeit-Übersetzungsgetriebe	III	65
Stichelfräser	I	22
Stiftenhemmung mit Scherenanker	II	42
Stilarten von Pendulen	IV	106
Stirnzapfen	I	7
Stolberg, Lukas	III	60
Strasser, Prof. Dr. L.	II	41
Strömgren og Olsen	III	65
Stundenstaffel auf Schaltstern	IV	96-97
Stundenstaffel fest auf Stundenrad	IV	96
Stundenstaffel, Konstruktion	IV	100
Stundenstaffel mit Malteser-Eingriff	IV	97
Surrer	IV	91
Synodischer Mondumlauf	III	62
T		
Tag- u. Nachtumschaltung bei Sonnerie	IV	116
‹Tanzmeister›, Werkzeug zum Anreissen	I	13
Thomas-André, A.	IV	76
Tiede, F. (Schwerkrafthemmung)	II	44
Tompion, Th.	II	37
Tonnenzapfen	I	7-8
‹Toter Schlag›	IV	115
‹Tout ou rien› (‹Alles oder nichts›)	IV	112
‹Treize-pièces› - Zifferblatt	III	66-67
Triebe abgenutzt (‹eingeschlagen›)	I	10-11
Trieb-Berechnung	I	19-20
Trieb eindrehen	I	13-14
Trieb-Facetten polieren	I	14-15
Trieb rundsetzen	I	14
Trinity-Melodie	IV	102
Tuben- oder Röhren-Gong	IV	81
Tula	Anhang	122
U		
Umschaltung Tag und Nacht, Sonnerie	IV	116
Ungerer	III	65
Utzschneider, Liebherr und Werner (Hemmung mit konstanter Kraft von Reid)	II	43
V		
Vergoldete Gehäuse	Anhang	122
Vérité (Kugelhemmung)	II	43
Verrunden der Zapfenenden	I	9
‹Viertelstück› (Sonnerie)	IV	115-116
Vierviertel-Rechenschlagwerk	IV	107-108
Vierviertelschlag-Steuerung durch doppelte Schlossscheibe	IV	76
Vorfall, auch Überfall (frz. Surprise)	IV	109
Vuillamy (Graham-Anker)	II	37
W		
Wachtelruf	IV	89
Warnung-Anlauf	IV	69-70
Weckerwerk	I	29-30

	Kapitel	Seitenzahl
Welle in Trieb einbohren	I	10
Wenzel, J.	IV	90-91
Werkständer	II	53
Werkzeug zum Anreissen	I	13
Westminster Standuhrwerk	IV	103
Westminster Tischuhrwerk	IV	78
Westminster-Schlagwerk mit autom. Regelung	IV	94-95
Westminster-Schlagwerk mit autom. Regelung	IV	104-106
Westminster Tonfolge	IV	102-103
Whittington-Melodie	IV	102
Wiener Rechenschlagwerk	IV	91-92
Windfänge	IV	79-80
Windfang-Eingriff-Regelung	IV	94-95
Winnerl, J. (Kugelhemmung)	II	43

Z

	Kapitel	Seitenzahl
Zahnrad-Eingriffsberechnung	I	19-20
Zahnrad-Eingriffe prüfen	I	16-17
Zahnrad ersetzen	I	20-21
Zahnrad strecken	I	17
Zapfen einbohren	I	10
Zapfen neu aufsetzen	I	10
Zapfen polieren	I	8
Zapfen-Polierfeilen	I	8-9
Zapfenenden verrunden	I	9
Zapfenlager ausgelaufen	I	11
Zaponlack entfernen	Anhang	122
Zeiger	III	59
Zeigerwelle einbohren	I	10
Zeigerwerke	III	59
Zeitgleichungs-Anzeige	III	63-65
Zentrierscheibe	I	9
Zentrifugal-Regulator	IV	80
Zifferblatt aus 13 und 25 Teilen	III	66
Zifferblattversilberung reinigen	Anhang	122
Zifferblattzahlen schwarz auslegen	Anhang	122
Zinkgussgehäuse, vergoldet, reinigen	Anhang	122
Zink vergolden	Anhang	123
Zinn antik machen	Anhang	123
Zufüttern von Zapfenlagern	I	12
Zugfedern	I	25
Zugfedern abspannen	I	25
Zug-Repetition (Berthoud)	IV	108-109
Zug-Repetition, Variante	IV	112
Zusammensetzen der Uhr	V	117-118
Zykloide	I	19-20
Zykloiden-Pendelaufhängung	II	46
Zykloiden-Verzahnung, Formeln	I	20

Quellenangabe
‹ Reparatur antiker Pendeluhren ›

‹Carriage Clocks› by Charles **Allix**, 1974, Antique Collectors' Club.

‹Illustriertes Fachlexikon der Uhrmacherei› von G.-A. **Berner**, 1961, Herausgegeben von La Chambre suisse de l'Horlogerie, La Chaux-de-Fonds.

‹Encyclopédie de **Diderot et d'Alembert**›, Paris 1751-1772, Horlogerie et Orfèvrerie, Franco Maria Ricci, Parma/Scriptar, Lausanne.

‹Die Getriebelehre› von C. **Dietzschold**, 1905, Verlag Schettler's Erben, Cöthen.

‹Chemisch-Technisches Rezeptbuch für Uhrmacher› von E. **Eyermann**, 1912, Verlag Wilhelm Knapp, Halle a.d. Saale.

‹Das Pendel› von Dr. K. **Giebel**, 1928, Zentralverband der Deutschen Uhrmacher, Halle/Saale.

‹Echappements d'Horloges et de Montres› von Charles **Gros**, 1913, Selbstverlag des Verfassers, Paris, rue Borda 1.

‹Flötenuhren aus dem Schwarzwald› von Günther **Holzhey**, Berliner Union Verlag, Stuttgart.

‹Wunderwerk Uhr› von Cedric **Jagger**, 1977, Albatros Verlag A.G., Zollikon.

‹Les Œuvres des Jaquet-Droz›, édité par le Comité des Fêtes du 250e anniversaire de la naissance de Pierre Jaquet-Droz (1721-1790), La Chaux-de-Fonds - Le Locle.

‹Die Schwarzwälder Uhr› von Adolf **Kistner**, 1927, Verlag C. F. Müller, Karlsruhe.

‹Lehrbuch für den Uhrmacher› von A. **Kittel**, 1893, Verlag von H.A. Ludwig Degener, Leipzig.

‹Meisterwerke der Uhrmacherkunst› von Luigi **Pippa**, 1968, Verlag Scriptar S.A., Lausanne.

‹A book of English Clocks› von R.W. **Symonds**, 1947, Penguin Books, London.

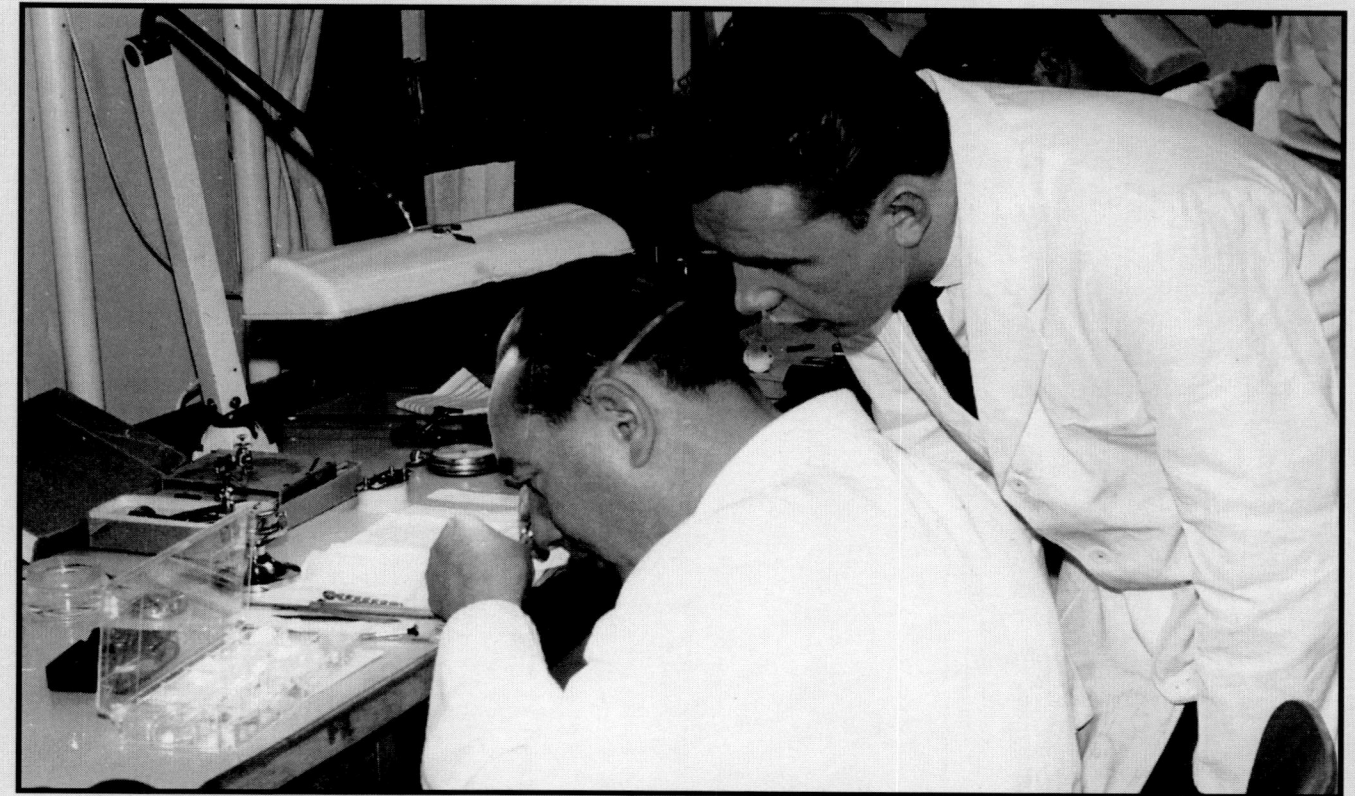

Hans Jendritzki in der Meisterklasse: Die Arbeiten am Werktisch waren für Hans Jendritzki und für seine Schüler wichtige Anregungen (Meisterklasse 1961/62)

DIE VIER LEBEN DES HANS JENDRITZKI 1907–1996

Text: **Manfred Lux**

Vielen Lesern dieser Zeitschrift sind die Artikel von Hans Jendritzki zu technischen Abhandlungen aus der Uhrentechnik in Erinnerung. Um ihn aber in seinem gesamten Wirken zu würdigen, muss man die Stationen seines beruflichen Lebens und die jeweiligen Schwerpunkte betrachten, die er gesetzt hat oder die das Leben ihn hat setzen lassen. Hans Jendritzki hat auf den verschiedenen Feldern gewirkt: als Uhrmacher, als Konstrukteur und Erfinder, als Lehrer und als Fachschriftsteller. Diese vier Felder haben sich gegenseitig beeinflusst und ergänzt. Der Lehrer an der Uhrmacherschule Hamburg profitierte von seiner praktischen Tätigkeit als Uhrmacher am Werktisch. Dem Konstrukteur komplizierter Uhrentechniken nutzten seine Kenntnisse der Fachliteratur und der Geschichte der Zeitmesstechnik. Der Fachschriftsteller konnte seine Erfahrungen aus dem Unterricht und seine konstruktiven Fähigkeiten einbringen.

Der Uhrmacher

Hans Jendritzki ist am 25.07.1907 in Wolmirstedt bei Magdeburg geboren. Sein Vater hatte hier ein Uhrenfachgeschäft mit Optik und Schmuck. Er lernte bei seinem Vater das Uhrmacherhandwerk, ergänzte aber auf Wunsch seines Vaters die Lehre im Lehrbetrieb von Kitzki in Hamburg-Altona. Seine Meisterprüfung im Uhrmacherhandwerk machte er 1935 in Berlin.

Er nahm verschiedene Stellen als Uhrmacher in Süddeutschland an und gelangte schließlich nach Luzern, um bei Gübelin einige Jahre zu arbeiten. Hier knüpfte er die ersten Kontakte zu Bergeon.

Am Uhrmacherwerktisch finden wir Hans Jendritzki wieder, als er 1945 nach einer abenteuerlichen Flucht aus Dresden im väterlichen Geschäft tätig wird. Weil sein Bruder, ebenfalls Uhrmacher, nicht aus dem Krieg zurückkam, lag es nahe, dass er die Stelle seines Bruders einnahm, um später das

Fachgeschäft zu übernehmen. Hier ereilte ihn der Ruf aus Hamburg, doch wieder seine Lehrtätigkeit an der Uhrmacherschule aufzunehmen, dem er dann auch folgte.

Auch nach seiner Pensionierung saß er häufig wieder am Werktisch in seiner Wohnung in Hamburg. Hier vollendete er etwa 1980 die Sekundenpendeluhr in gestürzter Ausführung, die heute im Uhrenmuseum von Jürgen Abeler in Wuppertal zu sehen ist.

Der Konstrukteur

1938 wurden Hans Jendritzki als Konstrukteur und Hans Apel als Regleur an das Institut für Uhrentechnik und Feinmechanik in Hamburg-Harburg berufen. Dieses Institut hatte die Aufgabe, deutsche Chronometer und B-Uhren leistungsfähiger und konkurrenzfähiger zu machen. Auftraggeber war u.a. die Deutsche Seewarte in Hamburg. Das Institut war zunächst eine Einrichtung der Freien und Hansestadt Hamburg, wurde später dem Reichsamt für Wirtschaftsausbau unterstellt.

Jendritzki hatte schon früher in der Ausbildung zum Uhrmacher und auch als Schriftleiter bei der „Uhrmacherkunst" Talent und Freude am technischen Zeichnen entwickeln können. Wohl auch wegen dieser Fähigkeiten ist man auf ihn aufmerksam geworden. Im Konstruktionsbüro des Instituts arbeitete er an neuen Konstruktionen für B-Uhren, um deren Gangleistungen zu verbessern. 1940/41 entwickelte er ein Anker-Chronometer mit elektrischem Antrieb für die Luftwaffe. Hier entstanden auch seine ersten Ideen, Hemmungen mit konstanter Kraft zu entwerfen, Ideen, die ihn fast sein ganzes Leben lang immer wieder beschäftigten. Weitere Konstruktionen beschäftigten sich mit der Verbesserung des Unruh – Spirale – Systems der Schiffschronometer. Die Entwicklung von Lagern war mit einer Reihe von Einpressversuchen verbunden.

Einige seiner Konstruktionen:

- Elektrisches Tourbillon
- Chronometer-Hemmung mit konstanter Kraft (1942)
- Sekundenpendeluhr, gestürzte Ausführung (1976)
- Konstanter Spiralfeder-Antrieb (Uhrmacherschule Hamburg)
- Preisausschreiben der Deutschen Gesellschaft für Chronometrie mit der Aufgabenstellung: „Vorschlag für Maßnahmen zum Ausgleich der Veränderlichkeit der Zugfederkraft in Uhren"

Der Lehrer

Hans Jendritzki arbeitete im Institut für Uhrentechnik und Feinmechanik (IfU) zunächst in der Hauptabteilung „Forschung und Entwicklung". Die zweite Hauptabteilung, „Fachschule für Uhrmacher", im Institut unterstand Hermann Brinkmann, der schon viele Jahre Lehrer und Schulleiter der Uhrmacherschule in Altona war. Weil sich die Zahl der Uhrmacherlehrlinge immer mehr erhöhte, bat er Herrn Jendritzki, für einige Stunden im praktischen Unterricht auszuhelfen. 1941 wird Herr Jendritzki gebeten „beim praktischen Unterricht mit wöchentlich 13 Stunden mitzuwirken". Danach wird er offiziell von der Schulbehörde Hamburg mit einem Lehrauftrag angestellt. Diese Tätigkeit wird unterbrochen durch die Übersiedlung des IfUs nach Dresden.

Nach dem großen Bombenangriff auf Dresden im Februar 1945 und vor dem Einzug der russischen Streitkräfte flüchteten Jendritzki und die meisten Mitarbeiter in Richtung Westen. Hans Jendritzki und seine Frau fanden Unterschlupf bei den Eltern in der Nähe von Magdeburg.

Bereits Ende 1945 konnte der Schulbetrieb an der Staatlichen Uhrmacherschule Hamburg in Altona wieder aufgenommen werden. Die Kriegsgeneration drängte in die Ausbildung und in die Meisterschule. Jendritzki wurde an die Schule mit einer vollen Stelle berufen. Er arbeitete sowohl in der Berufsfachschule als auch in der Meisterschule. In der Berufsfachschule werden junge Menschen in den theoretischen und praktischen Fächern in drei Jahren zum Uhrmacher ausgebildet. Im Werkstattunterricht werden Teile von Uhren angefertigt und auch Uhrenreparaturen ausgeführt. Aus seinen

Hans Jendritzki

Hans Jendritzki und „seine" Berufsfachschulklasse in Hamburg (1956)

Im Konstruktionsbüro des Instituts für Uhrentechnik und Feinmechanik in Hamburg konnte Hans Jendritzki seine Ideen umsetzen (1940)

Praxiserfahrungen konnte Herr Jendritzki hier gute Impulse in den Unterricht einbringen.

In der Meisterschule für Uhrmacher waren seine Konstruktionserfahrungen bei der Planung und der Durchführung der Meisterstücke sehr gefragt. Nicht immer fanden seine ausgefallenen Ideen bei den anderen Kollegen eine offene Zustimmung.

1967 schied er als Oberstudienrat aus dem Hamburger Schuldienst aus.

Aus seiner Arbeit in der Schule entstand das „Lehrbuch für das Uhrmacherhandwerk", das er mit anderen Kollegen verfasste.

Der Fachschriftsteller

Seinen Neigungen und seiner Begabung entsprechend fand Jendritzki schon in frühen Lebensjahren (1934) eine Stelle als Schriftleiter bei der „Uhrmacherkunst" in Berlin.

Der Verlag Wilhelm Knapp, Halle (Saale), war ein renommierter Verlag der Uhrenbranche. Die Zeitschrift, das „Allgemeines Journal der Uhrmacherkunst" wurde bereits 1875 in Halle gegründet.

Zahlreiche Fachbücher für Uhrmacher erschienen in diesem Verlag. Auch die ersten Buchveröffentlichungen von Hans Jendritzki erschienen in diesem Verlag. Die erste Auflage von „Die Reparatur der Armbanduhr" erschien 1937. Unmittelbar nach dem Krieg kam eine überarbeitete Neuauflage heraus und in rascher Folge mussten weitere Auflagen gedruckt werden. Das zeigte den Bedarf an Fachliteratur in diesen Jahren. 1950 war es bereits die 8.-9. Auflage. Die kleine Buchreihe „Werkstattwinke des Uhrmachers" erschien auch zuerst 1939. Sie wurde nach dem Krieg durch die Bände II und III erweitert. Diese Werkstattwinke entstanden aus den Erfahrungen zahlreicher Uhrmacher am Werktisch und wurden von Jendritzki gesammelt und illustriert. „Zeitsparende Werkzeuge und Arbeitsverfahren sind es, die selten in grundlegenden Fachbüchern Erwähnung finden. Sie würden sonst verloren gehen und immer wieder von neuem „erfunden" werden." (aus dem Vorwort von H. J.) Auch im Verlag Wilhelm Knapp erschien nach 1950 das zweibändige „Lehrbuch für das Uhrmacherhandwerk", an dem Hans Jendritzki neben O. Böckle, W. Brauns und F. Schmidt gearbeitet hat. Es war das erste Lehrbuch für Uhrmacher nach dem Krieg und fand eine weite Verbreitung.

Persönliche Kontakte zu Bergeon in Le Locle und zum Verlag des „Journal Suisse D'Horlogerie et de Bijouterie", dem Scriptar S. A. in Lausanne ergaben eine fruchtbare Zusammenarbeit. Aus dieser sind verschiedene Werke entstanden, die alle im Scriptarverlag erschienen sind:

„Der moderne Uhrmacher" ist das wahrscheinlich am meisten verkaufte Buch zum Thema Reparatur mechanischer Kleinuhren. Es ist in 9 Sprachen übersetzt worden. Es beschreibt die Reparaturtechniken, mit zahlreichen Fotos und Zeichnungen, die die einzelnen Arbeitsschritte erklären. Der Einsatz von Maschinen und

Die Zeichnungen von Hans Jendritzki zeigen seine ganz persönliche Note. Sie kommen aus der Praxis und sind für den Praktiker bestimmt. Durch Schattierungen ergeben sie ein gutes plastisches Aussehen.

Kantenbrechung mit einfachem Anschlag

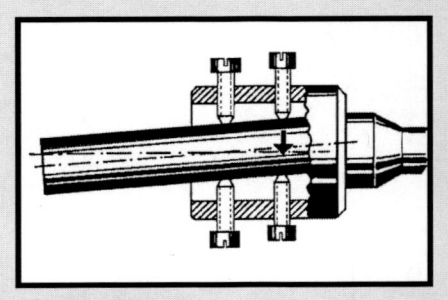

Achtschraubenfutter

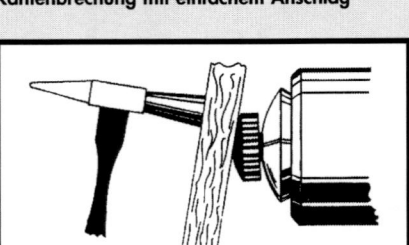

Krone richten

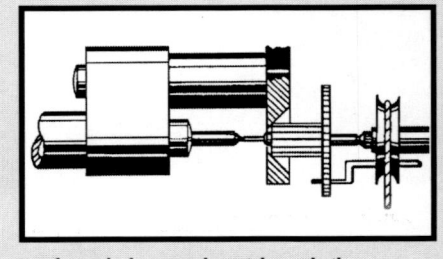

Zapfeneinbohren in der Trichterscheibe

Nach seiner Pensionierung baute Hans Jendritzki diese Sekundenpendeluhr in „gestürzter Bauart" (1974–1976)

Werkzeugen wird beschrieben, wobei besonders die Produkte von Bergeon gezeigt werden.

Speziell mit der Reparatur der Schweizer Armbanduhr beschäftigt sich „The Swiss Watch Repairs Manual".

Zwei Bücher beschäftigen sich mit der Reparatur von antiken Uhren, „Reparatur antiker Pendulen", mit J. R. Matthey und die „Reparatur antiker Pendeluhren". Neben einem großen beschreibenden Anteil finden Uhrensammler und Uhrmacher viele Anregungen für die Behandlung von alten Uhren. Auch unkonventionelle Reparaturtechniken werden beschrieben. In diesen Werken stechen die zahlreichen instruktiven Illustrationen aus der Hand von Hans Jendritzki hervor.

„Der Uhrmacher an der Drehbank", beschreibt den Aufbau, die Handhabung und die Pflege der Uhrmacher-Drehmaschine. Einzelne Arbeitstechniken werden gezeigt, wie das Drehen von Aufzug- und Unruhwellen. Wie der Titel es sagt, wendet sich „das Technische Rüstzeug des Uhrenverkäufers" an Fachverkäufer im Uhrenfachgeschäft. Mit vielen Fotos und Zeichnungen versucht der Autor dem Verkäufer die inneren Geheimnisse der Uhr klarzumachen. Das Buch ist 1952 erschienen. Seine beiden Bücher zur Reglage sind im französisch- und englischsprachigen Raum stark gesuchte Werke und sind deshalb in der Schweiz neu aufgelegt worden. Wie populär Jendritzkis Publikationen heute noch sind, zeigen nicht nur die französischsprachigen „Raubkopien" die bei ebay angeboten werden, sondern auch die überarbeiteten Bücher, die im Verlag „Historische Uhrenbücher" erschienen sind. Dieser plant auch, das Reglage-Buch in die deutsche Sprache zurückzuführen.

Im „Handbuch der Chronometrie und Uhrentechnik", herausgegeben von Prof. Günther Glaser, T.U. Stuttgart, bearbeitete Jendritzki das Kapitel über die Hemmungen mit konstanter Kraft. Weitere weniger bekannte Schriften sind:

- Werbeschrift: „Bist du aber pünktlich...", ca. 1960-70
- Watch Adjustment, Sciptar 1972, nie auf deutsch erschienen
- Le réglage d'une montre à balancier spiral, Scriptar 1967, nie auf deutsch erschienen

FACHARTIKEL UND AUFSÄTZE
Seine Aufsätze in den verschiedenen deutschen, österreichischen und schweizerischen Uhrmacherzeitungen beschäftigen sich mit besonderen Uhren, Details aus Uhren und Uhrengeschichte. Seine zahlreichen Publikationen verfasste er bis ins hohe Alter.

ZAHLREICHE FACHARTIKEL IN DEN ZEITSCHRIFTEN:
- DIE UHR/UJS
- Uhrmacherkunst
- Alte Uhren/Klassik Uhren
- Neue Uhrmacher Zeitung
- Deutsche Uhrmacherzeitung (Diebener)
- JSH Schweizer Uhrmacherzeitung
- DGC – Publikationen
- Der Uhrmacher (Österreich)
- Artikel in Uhrmacher-Jahrbüchern
- Artikel in Feinmechanik und Optik

u. a.

Historische Uhrenbücher

Alle Infos und Neuerscheinungen unter:
www.uhrenliteratur.de

Jendritzki/Stern/
Der Uhrmacher an der Drehbank
Berlin 2006, 3. erw. Aufl., 115 S., 280 Abb.
DIN A4 Hardcover, ISBN 3-9809557-0-2

Jendritzki/Stern/Heydt
**Die Armband- und Taschenuhr in der Reparatur –
Handbuch für Uhrmacher und Uhreninteressierte**
2006, 312 S., 870 Abb. + CD-ROM, ISBN 3-9809557-1-0

Dipl.-Ing. Josef Hottenroth
Die Taschen- und Armbanduhr (Bd. I, II, III)
ca. 1955, Reprint
ISBN 3-9809557-4-5,
ISBN 3-9809557-9-6
ISBN 3-9809557-5-3

Herrmann Grosch, Curt Dietzschold, Albert Hüttig
Praktisches Handbuch für Uhrmacher
1907, 320 S., 273 Abb., Reprint, ISBN 3-9809557-2-9

Edmundt Eyermann, Richard Reutebuch
Chemisch-technisches Rezept- und Nachschlagebuch
1952, 320 S., 44 Abb., 44 Tab., Reprint, ISBN 3-9809557-6-1

Lehotzky
**Technische Grundlagen der mechanischen Uhren von der Turm-
bis zur Armbanduhr**
430 S., 572 Abb., Neuauflage Berlin 2006, ISBN 3-9809557-3-7

Irk
Der Chronometergang
1923, 102 S., 26 Abb., Reprint, ISBN 3-9809557-8-8

G. W. Rösling
Der Thurm-Uhren-Bau auf seiner jetzigen Stufe der Vollkommenheit
1843, 254 S., 15 Tafeln, Reprint
ISBN 3-9810461-1-0

Jendritzki: Der moderne Uhrmacher
1962, 2. Auflage, 232 S., ca. 750 Abb., Jubiläumsausgabe zum
100. Geburtstag Jendritzkis, ISBN 978-3-9810461-6-8

Jendritzki: Reparatur antiker Pendeluhren
1991, 4. Aufl., 160 S., ca. 350 Abb., Reprint, Jubiläumsausgabe zum
100. Geburtstag Jendritzkis, ISBN 978-3-9810461-7-5

B. Humbert
Moderne Kalender- und Datums-Uhren
128 S., 189 Abb., Reprint 1949-1953, Erstausgabe 2007, ISBN 978-3-9810461-8-2

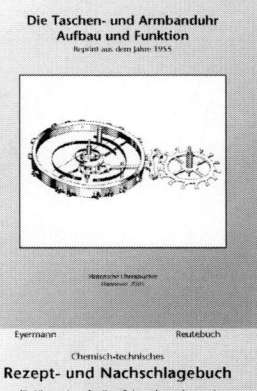

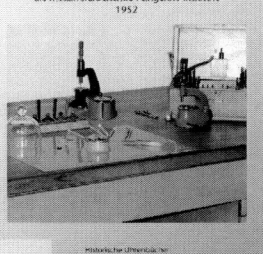